国家重点研发计划项目（2019YFC0507501）；国家自然科学基金项目（U21A204）；广西科技重大专项（桂科 AA20161004-4）

漓江流域景观演变及可持续利用

贺桂珍 等 著

科 学 出 版 社

北 京

内 容 简 介

漓江流域自然风光旖旎，以独特的喀斯特地貌和山水洞石复合景观生态系统吸引着来自世界各地的游客。漓江流域作为典型的中国南方喀斯特地貌区，景观资源可持续利用已成为相关管理机构和科学家关注的热点问题。本书对漓江流域喀斯特景观资源的分布现状、景观时空演化、自然和人为影响因素进行系统分析，并选取典型案例深入剖析，最后对喀斯特景观管理的方法进行总结，为探索典型脆弱区喀斯特景观资源可持续利用有效模式提供科学支持，并对推动桂林可持续发展议程创新示范区建设，落实 2030 年可持续发展议程地方实践具有典型示范效应。

本书可供生态环境专业研究人员、区域生态环境管理人员及相关人员阅读参考。

审图号：GS 京（2024）1949 号

图书在版编目（CIP）数据

漓江流域景观演变及可持续利用／贺桂珍等著 . —北京：科学出版社，2023.9
ISBN 978-7-03-075141-6

Ⅰ.①漓… Ⅱ.①贺… Ⅲ.①漓江–流域–景观结构–演变②漓江–流域–景观结构–永续利用 Ⅳ.①P901

中国国家版本馆 CIP 数据核字（2023）第 044617 号

责任编辑：刘 超 杨逢渤／责任校对：樊雅琼
责任印制：徐晓晨／封面设计：无极书装

科学出版社 出版
北京东黄城根北街 16 号
邮政编码：100717
http://www.sciencep.com
北京富资园科技发展有限公司印刷
科学出版社发行 各地新华书店经销
*
2024 年 9 月第 一 版 开本：787×1092 1/16
2024 年 9 月第一次印刷 印张：16 1/4
字数：370 000
定价：180.00 元
（如有印装质量问题，我社负责调换）

参加编写人员

(以姓名笔画为序)

于 航　于名召　王 宁　王庆刚　邓亚东　史文强
吕飞南　朱少琦　刘 虹　杨欠荣　吴 夏　汪智军
沈利娜　张远海　赵 丹　赵 翔　殷建军　高秀秀
唐 伟　蓝高勇　樊千涛

各 章 作 者

第1章　贺桂珍
第2章　沈利娜　张远海　史文强　邓亚东
第3章　于名召
第4章　殷建军　唐 伟　汪智军　吴 夏　蓝高勇
第5章　赵 翔　贺桂珍
第6章　高秀秀　王 宁　于 航　赵 丹
第7章　王庆刚　杨欠荣　吕飞南　刘 虹　朱少琦
第8章　樊千涛　贺桂珍
第9章　贺桂珍

自 序

在《漓江流域景观演变及可持续利用》付梓之际，正值国内普遍关注和践行新质生产力和高质量发展的关键时期。中华大地山河壮丽，三山五岳等名山大川各领风骚，长江黄河黑龙江珠江等江河湖泊各具特色。之所以把研究的视野聚焦于漓江，有三个方面考量。

其一，有百里画廊美誉的漓江，是中国向世界展示的一张靓丽名片。南宋诗人王正功曾有名句："桂林山水甲天下，玉碧罗青意可参。"漓江对于广西、中国乃至世界来说地位特殊，是"全球最美河流"之一，流域内有世界上最优美壮观的喀斯特地貌自然遗产，保护好这些独特的山水资源，是实现人与自然和谐共生的重要保障。

其二，桂林市党委、政府在习近平生态文明思想科学指引下，把打造桂林世界级旅游城市作为重大政治任务，提出"世界眼光、国际标准、中国风范、广西特色、桂林经典"的总体思路，建设世界级山水旅游名城、可持续发展议程创新示范区和文化旅游之都。桂林市党委、政府成立领导小组和专班，以建设可持续发展议程创新示范区为统揽，推进产业振兴、乡村振兴、科教振兴，把绿水青山的美丽颜值，转化成金山银山的丰厚价值。而"治乱、治水、治山、治本"的漓江治理经验之于其他地方也具有很强的借鉴意义。

其三，漓江不仅是一江之水，因其养育着流域内近 350 万人民群众，实为经济社会发展的载体。漓江生态保护和开放发展并行，是"在保护中发展、在发展中保护"的生动写照。桂林市在促进漓江全流域保护、全流域治理、全流域提升方面的经验做法获国务院通报表扬。当全球环境治理面临前所未有的困难时，作为发展中国家的中国拿出漓江范例，足以说明漓江是我国生态文明建设的一个缩影。习近平总书记多次在不同场合反复叮嘱"一定要呵护漓江，科学保护好漓江"，对外宣示了保护生态环境的"决心"，也传递出中国构建人与自然生命共同体的"信心"。

四年来，调研组先后深入到兴安、阳朔、灵川、雁山、临桂、恭城等多个县区，围绕保护漓江、洞穴保护、产业发展、景观变化及保护、文旅融合发展等方面，对桂林可持续发展议程创新示范区建设工作进行全面深入的调研。四年来，编写组从统筹谋划、组织分工、编撰修改，全体成员倾注了大量的心力、心智，从"漓江流域景观资源分布格局"等九个章节阐述了漓江的"前世今生"。研究的意义是主动寻求根本性原因与更可靠的科学依据，并为地方的规划编制、景观资源保护、产业提升发展等提出可资借鉴的建议。希望这部《漓江流域景观演变及可持续利用》为确保党的二十大精神在八桂大地落地生根、开花结果、尽收其效，为持续推进桂林世界级旅游城市和可持续发展议程创新示范区建设添砖加瓦。

在此感谢国家重点研发计划课题和国家自然科学基金联合基金项目的资助，桂林市科技局等各部门在调研过程中给予的支持，项目执行过程中诸多专家宝贵的建议。此工作也得到中国科学院生态环境研究中心和中国科学院大学的支持！在此一并表示感谢！

贺桂珍

2024 年 5 月 27 日于北京

目 录

第1章 | 绪 论

桂林自然风光旖旎,以独特的喀斯特(Karst)地貌和山水洞石复合景观生态系统吸引着来自世界各地的游客。喀斯特(我国亦称岩溶)是一种碳酸盐岩等可溶性岩石经过水的化学溶蚀、流水冲蚀和重力崩坍作用所形成的多种地表、地下奇异的景观与现象组合(袁道先等,2016)。由喀斯特作用所形成的地貌,称喀斯特地貌。喀斯特地区是地球上最多样化的水文地质类型之一,与大气层、水圈和生物圈的物理化学过程以及人类历史和发展密切相关。岩石、水、土壤、空气、动植物和微生物等有机生命相互作用,共同塑造了以山、水、洞为主的多种地表、地下形态瑰丽的喀斯特景观(韦跃龙等,2008)。喀斯特地貌遍布世界各地,约占全球无冰陆地面积的15.2%(Goldscheider et al.,2020),尤其在欧洲、亚洲、北美洲和非洲集中分布,大洋洲亦有少量分布。我国是世界上喀斯特地貌分布面积最大的国家,主要分布于广西、云南、贵州等省(自治区),南方地区喀斯特面积占全国喀斯特总面积的55%。拥有热带到寒带各种喀斯特地貌类型,说到喀斯特,人们首先想到的是桂林山水,又或是"天下第一奇观"云南石林。面对城镇化和工业化进程带来的漓江流域生态系统和景观退化问题,了解典型喀斯特景观的时空变异过程及驱动机制对喀斯特世界自然遗产保护、景观资源可持续利用及流域生态安全维护具有重要意义。本章从研究背景、研究现状、研究范围和方法、内容架构方面等为读者勾画全书的轮廓。

1.1 研究背景

漓江流域地处广西东北部的桂林市,流域南北长约120km,东西宽20~60km,流域内分布的热带喀斯特地貌面积达2452km²。漓江是国家重点保护的13条江河之一,独特的山水资源和旅游价值使漓江成为一条具有国际影响的河流,被认为是全球最美的15条河流之一。漓江风景名胜区包括桂林市阳朔县以及临桂区、灵川县、兴安县、永福县、龙胜等各族自治县的部分地区,以世界上最为典型的喀斯特景观为基础,以奇山、秀水、田园、幽洞、美石为自然风景特色,以悠久的历史文明和丰富的山水文化为人文风景底蕴,以观光游览、文化休闲和科学研究等为主要功能,是具有世界遗产价值的国家级风景名胜区。

漓江流域是国家重点生态功能保护区、国家生态文明先行示范区和桂林市重要生态安全战略区,是著名的国际旅游胜地,2014年桂林入选中国南方喀斯特世界自然遗产(第2期)。2018年,漓江流域的桂林成为国务院设立的第一批国家可持续发展议程创新示范区,以景观资源可持续利用为主题被赋予开展可持续发展议程建设经验积累和路径探索的重任。在"十四五"规划中,桂林市政府确定了"全面建成世界一流的国际旅游胜地,基本建成国家可持续发展议程创新示范区"两大宏伟目标。作为典型的喀斯特地貌区,漓江流域生态环境脆弱，城市化和产业发展已导致了石漠化、水土流失、生态功能退化等一系列生态环境问题，威胁喀斯特生态系统的安全运行（谢玲等，2019；Chen et al.，2011；Jiang et al.，2014），突出表现在生态系统服务功能受损，导致其生态屏障作用不断被削弱，严重影响到流域的生态安全和可持续发展（何毅和唐湘玲，2020；Li et al.，2021；Wang et al.，2019）。自 20 世纪 70 年代末以来，有关部门对漓江开展了 3 次大的专项综合治理（廖业桂，2004），通过关、停、并、转污染企业，补水、截污及城市固废处理，以及植树及水土保持，解决漓江水质水量问题，改善漓江生态环境。近年漓江流域社会经济发展与生态保护修复面临许多新的挑战，如融合美丽山水与丰厚文化的流域景观游憩期待和现实散乱化生态景区与社区聚落之间的矛盾；要素分割、碎片化生态恢复与全流域生态保护修复之间的矛盾；高质量生态保护修复与社会经济发展尤其是乡村振兴及城乡融合发展之间的矛盾。2017 年，习近平总书记在广西考察时指出"广西生态优势金不换"，要坚持把节约优先、保护优先、自然恢复作为基本方针，把人与自然和谐相处作为基本目标。2021 年 4 月 25 日习近平总书记在漓江阳朔考察时指出，要坚持山水林田湖草沙系统治理，坚持正确的生态观、发展观，敬畏自然、顺应自然、保护自然，上下同心、齐抓共管，把保持山水生态的原真性和完整性作为一项重要工作，深入推进生态修复和环境污染治理，杜绝滥采乱挖，推动流域生态环境持续改善、生态系统持续优化、整体功能持续提升。在漓江流域开展喀斯特景观系统的演变过程、影响因素、驱动机制研究，推动桂林可持续发展议程创新示范区建设，对落实 2030 年可持续发展议程地方实践具有典型示范效应。

1.1.1　漓江流域喀斯特的形成是一个长期的水文地质演化过程

喀斯特是流水的杰作，是亿万年滴水穿石塑造的自然奇景。纵观过去的水文地质学研究，喀斯特形成需具备如下条件：①石灰岩、白云岩等可溶性碳酸盐类岩石是喀斯特形成的基本要件，如果没有这一基本的物质基础，其他岩性的岩石不可能发育成喀斯特。②由喀斯特浅层和深层含水层形成的双层水结构是喀斯特形成的动力因素，通过喀斯特双层水结构对这些可溶性碳酸盐类岩石的溶蚀和侵蚀，形成千姿百态的喀斯特地形地貌景观。③气候因素、生物因素等为喀斯特形成的外部条件，影响喀斯特地表和地下地貌景观的发育状况。④喀斯特具有特殊的地形地貌景观，诸如沉积、堆积、洞穴、石芽、洼地、溶槽等。

桂林喀斯特发育的上古生界海相沉积地层（中泥盆统–下石炭统）是距今 3.3 亿多年前世界上热带喀斯特发育地层中最古老的地层，喀斯特发育最早可追溯至早三叠世末或中三叠世初期，约有 2.4 亿年的历史。桂林喀斯特出露的地层主要由台地相的质纯厚层的碳酸盐岩组成，碳酸盐岩连续总厚度介于 2500～3000m，方解石与白云石含量之和介于 95%～100%，氧化钙和氧化镁含量在 55% 以上，而且岩石坚硬，保存了热带喀斯特发育历史上跨度最长、连续性最好的多种系列信息，如多条不同相区地层剖面、丰富的古生物化石、多个生物礁体、典型地质构造、大量洞穴古脊椎动物、古人类化石产地等。自海西晚期以来，桂林地域地质构造发展史可分为六个阶段：海西晚期海盆上升成陆阶段、印支期弧形构造发育阶段、燕山早期新华夏系断裂发育阶段、燕山晚期北西向断裂发育阶段、喜山早期差异抬升阶段、喜山晚期间歇上升阶段，加上河流的冲刷和溶蚀，逐步形成桂林独特的喀斯特地貌。相应地，桂林喀斯特地貌的形成大致经历四个阶段：海西晚期溶沟（槽）发育阶段、印支期溶蚀凹（坳）地发育阶段、燕山期峰丛桂（谷）地发育阶段、喜山期峰丛解体和峰林平原化阶段。桂林特有的喀斯特地貌的形成主要源自几个有利的条件。①本区分布有大规模且巨厚的纯碳酸盐岩。②经过多次地壳的构造运动后，岩石出现众多的节理和裂隙，为之后的外源水溶蚀留下了通道。③周边的地壳在构造运动中抬升的速度比桂林盆地快，使桂林盆地成为三面环山、一面有出口的相对低洼的汇水区。④桂林喀斯特区三面的山脉均是非碳酸盐岩山脉。从东、西、北三面的非碳酸盐岩山上流下来的具有很强溶蚀力的"外源水"汇集在桂林盆地之中，是形成桂林峰林平原和峰丛洼地的主要动力。⑤桂林喀斯特区降水丰沛且气候炎热。桂林北面猫儿山年降水量达2500mm，桂林及东西两面的山区降水量都在1500mm以上，特别是漓江流域有2/3的区域是非喀斯特区，该区汇集的水流到了面积仅占流域1/3的桂林盆地，正是这些"外源水"溶蚀了盆地中一个个山峰的坡脚，使其坡面不断崩塌平行后退，使一个个石峰彼此分离，相互之间有了一定的距离，才造就了漓江流域典型的峰林平原和峰丛洼地景观。

1.1.2　漓江流域喀斯特是一种独特的景观资源系统

"景观"（Landscape）一词在不同学科迄今并无统一的概念，大致可区分为美学、地理学和生态学三种定义。美学上的景观指具有审美特征的地表景色（何东进，2016）；地理学上的景观指特定区域内由地形、地貌、土壤、水体和动植物等构成的地域综合体；景观生态学上的景观为供人类生存的总体空间可见实体（Forman，1997；Naveh and Lieberman，1994）；生态学意义上的景观是由相互作用的不同类型生态系统所组成的，是一个由不同土地单元镶嵌组成的，具有明显视觉特征的，处于中间尺度（生态系统之上、大地理区域之下），且具有经济、生态和文化等多重价值的地理实体。景观资源又称风景资源，是指能够引起人们进行审美与欣赏活动，以及可以作为风景游览和开发利用对象的事物与因素的资源（严国泰，2009）。但并不是任何景观都可以成为景观资源，只有那些具有资源属性，即当前条件下可以开发利用的景观才能成为景观资源。根据《风景名胜区总体规划标准》（GB/T 50298—2018），景观资源分为自然景观资源和人文景观资源两大类，其中自然景观资源分为天景、地景、水景和生景四类；人文景观资源分为园林、建筑、历史遗迹和民俗四类。在一定的范围内，不同类型、不同单元的景观资源并不是彼此孤立的，而是相互联系、相互依赖的，它们相互结合成一个具有特定结构和功能的有机整体，这就是景观资源系统，一般由自然景观资源和人文景观资源两个子系统构成（严国泰，2009）。

20世纪90年代，联合国教育、科学及文化组织（United Nations Educational, Scientific, and Cultural Organization，UNESCO）提出地质遗产的概念，将重要的地质地貌景观、矿产资源及产出地、地层剖面和古生物遗迹等统称为地质遗产。Eder（1999）等相继提出了地质种类和地质遗迹等概念。按照《地质遗迹保护管理规定》，地质遗迹是"在地球演化的漫长地质历史时期，由于各种内外动力地质作用，形成、发展并遗留下来的珍贵的、不可再生的地质自然遗产"。地质遗迹具有地质属性、遗产属性和价值属性等多种属性（龚克，

2011）。2007 年，由云南石林、贵州荔波、重庆武隆共同组成的中国南方喀斯特（一期）成为世界自然遗产。2014 年，广西桂林、贵州施秉、重庆金佛山和广西环江组成中国南方喀斯特（二期）对原项目进行了扩展。漓江流域的景观资源包括地质遗迹景观、生物景观、其他自然景观、人文景观和硬质景观。其中，地质遗迹景观是漓江最主要的景观资源。桂林是一座有悠久历史的城市，在喀斯特区内不仅有以甑皮岩、宝积岩为代表的史前文化遗址，还有人类创造的伟大的水利枢纽工程——灵渠和相思埭运河，文人被优美的桂林喀斯特山水折服而在石山上留下的大量的石刻文化，以及喀斯特区人民长年以来生产生活留下的民俗文化和特色建筑，这些都是漓江流域宝贵的景观资源。

漓江流域景观资源系统是由流域内相互作用和依赖的各类景观资源结合而成的具有特定结构和功能的有机整体（宋林华，1994），可从以下几点加以理解。①漓江流域景观资源系统由流域特定范围内以地质遗迹景观为主的各类景观资源相互结合而成，每个景观资源类型称为系统的组成要素（要素结构），每个景观单元称为系统的组成元素（元素结构）。②根据系统的多级多层次特征，流域内若干类型景观资源的结合或者特定类型景观资源可成为不同规模、不同等级的景观资源系统；同样，由若干景观单元组成的景区、景群或者特定景观单元也可成为不同规模、不同等级的景观资源系统。③漓江流域景观资源系统的每个组成部分，如每类景观资源或每个景观单元，都是具有特定价值和功能的资源，因此，作为整体的景观资源系统，更是具有多方面的价值和功能，包括科学、观赏、经济、人文、生态等方面的价值和地学科普、地学旅游等方面的功能（韦跃龙，2021）。④如果以漓江流域景观资源系统为主体，那么围绕该系统并对该系统产生影响的各种事物和因素等，就是景观资源系统所处的环境。景观资源系统不是孤立存在的，它必然和外部环境产生物质、能量和信息的交换，两者是相互融合的。因此，景观资源系统和环境可构成一个更大规模、更高等级层次的系统，即漓江流域景观资源-环境系统，该系统占据的自然区域或土地空间，通常说来就是整个流域，是从微观到宏观不同尺度上的具有异质性或斑块性的空间单元，因此是广义的景观（Wiens and Milne，1989）。

1.1.3 漓江流域喀斯特景观既是可持续发展的表征又是实现 2030 可持续发展目标的途径

1987 年以来，可持续发展已成为世界和时代的主旋律，可持续发展本质上是多维的、整体性的——经济、社会、生态、文化的共同繁荣，这意味着需要跨越传统人文与自然学科的界限和鸿沟，寻求一种整体性的方法与合作途径。与可持续发展直接相关的是一门新兴的整合型学科方向——可持续性科学，它研究人与环境之间的动态变化（Kates et al.，2001）。景观尺度是可持续性科学研究与实践具有操作性的空间单元。景观可持续性通过空间显式方法来研究景观格局、生态系统服务和人类福祉之间的动态关系（赵文武和房学宁，2014；Wu，2013）。

喀斯特景观涉及气候、地理、地质、水文、生物、生态、经济、社会和文化等多方面，横跨自然和人文双重维度。喀斯特景观可持续性具有跨学科、多维度特征，强调景观弹性和可再生能力；景观生态服务是连接自然资本与人类福祉的关键桥梁，也是将景观可持续性与景观生态学紧密联系在一起的纽带（Wu，2019；黄璐等，2022）。当各国意识到景观旅游所带来的机遇和挑战时，旅游业、文化和自然遗产被纳入了联合国可持续发展目标。2015 年 9 月 25 日，联合国 193 个成员国在纽约总部召开的"联合国可持续发展峰会"上正式通过 17 个可持续发展目标，旨在于 2015～2030 年以综合方式解决社会、经济和环境三个维度的发展问题，使各国转向可持续发展道路。其中，喀斯特景观、可持续旅游、文化与自然遗产问题与 17 个可持续发展目标中的 6 个目标紧密联系，它们分别是：目标 2——零饥饿，确保可可持续发展的粮食生产系统；目标 6——清洁饮水和卫生设施，保护及恢复与水有关的生态系统，包括含水层；目标 8——体面工作和经济增长，促进可持续发展的观光业；目标 11——可持续城市和社区，全球文化与自然遗产的保护；目标 12——负责任消费和生产，自然资源的永续管理，促进地方文化与产品的永续观光；目标 15——陆地生物（麦克拉伦等，2020）。2018 年 2 月 13 日，桂林获批建设国家可持续发展议程创新示范区，从景观资源的保护、生态产业的创新、文化保护的传承和发展三方面的可持续发展入手，深化对外开放，在国际合作发展上做出示范。桂林漓江流域地上山水景观和地下溶洞景观形成具有高度吸引力的特殊旅游景观资源，一方面，喀斯特景观资源的可持续利用情况可以作为表征当地环境可持续发展的指标之一；另一方面，景观本质的综合性和整体性使其可以成为思考与实现可持续发展目标的出类拔萃的概念与工具（鲍梓婷，2016）。守护好漓江流域的自然生态，保育好山水洞自然资源，维护好生物多样性，就是新发展理念的重中之重，也是推动区域高质量发展的差别化竞争力。

1.2　喀斯特景观保护的相关理论

　　漓江流域景观是以喀斯特景观为主的复合景观资源-环境系统，与生态学、地理科学、地质学、土地资源管理、旅游管理、考古学等学科关系密切。不同学科发展的理论为漓江流域喀斯特景观保护提供了基础。

1.2.1　景观生态学理论

　　景观生态学研究在一个相当大区域内由许多不同生态系统所组成的整体（即景观）的空间结构、相互作用及协调功能。它强调系统的等级结构、空间异质性、时空尺度效应、干扰作用、人类对景观的影响及景观管理（伍业纲和李哈滨，1992）。自德国自然地理学家将景观概念引入生态学，景观生态学业已发展为一门新兴的交叉学科。基于欧洲科学研究的传统，景观生态学定义为：研究某一景观中生物群落之间错综复杂的因果反馈关系的学科。从景观的组成结构、功能动态及景观管理角度出发，景观生态学是研究景观结构、功能和变化的一门科学，是一门集多方位现代生态学理论和实践于一体的、突出"格局-过程-尺度-等级"观点的一个新生态学范式。景观生态学是地理学和生态学之间的一门中间学科，在形成和发展过程中吸收了许多生态学和其他学科的现有理论，尤以生态系统理论、一般系统理论和岛屿生物地理学理论构成了其基础理论。岛屿生物地理学理论也应用于非海岛系统，并用作自然保护区设计的理论基础。此外，被称作地理学第一定律的空间相关理论也是景观生态学的重要理论基础之一，用来研究景观要素的空间格局。我国地理学家提出的分区、类型、地段与定位器方面的综合地理系统理论，把生态系统的概念扩大为社会-生态系统，并寻求建立人地关系的协调。景观结构与功能原理、景观空间异质性和斑块性、干扰学说、等级理论、尺度效应理论、边缘效应、"源-汇"理论、斑块动态理论、斑块-廊道-基底模式、复合种群理论、景观稳定性理论、景观连接度、中性模型和渗透理论，以及格局-过程-服务理论是景观生态学的理论精华（Forman and Godron 1986；陈利顶等，2014；邬建国，2000）。

景观生态学的发展从一开始就与土地规划、管理和恢复等实际问题密切联系，其应用也越来越广泛，包括在保护生物学、景观规划、自然资源管理等方面的应用，随着景观可持续性科学概念的提出，其应用范围将更加广泛（Wu，2013，2019）。景观生态学注重景观结构和功能、生态整体性和景观异质性、景观格局与过程研究，因此景观生态学的理论和方法在景观保护及旅游开发过程中也经常运用。因为漓江流域是一个不同等级、不同空间尺度的复合生态系统或景观生态系统的载体，生态系统功能的发挥离不开生态系统格局与生态过程的相互作用，故景观生态学的综合整体思想及其理论精华（如景观空间异质性、景观格局、干扰学说、等级理论、生物多样性以及景观稳定性理论等）将为漓江流域景观保护和管理奠定理论基础。

1.2.2　人地关系理论

地球表层系统中两大类（组）要素相互作用——人和地的关系，成为地球表层系统中最值得重视的主要关系。人地关系矛盾的协调过程自古至今一直是地理学和其他相关科学重点研究的综合课题，中国自古以来就有天命论、天人合一、天人感应论和人定胜天论等，这都是关于人地关系的不同认识。人地关系论是探讨人类及各种社会活动与地理环境关系的理论。从历史演变看，人地关系论经历了从地理环境决定论到人是能动积极因素的可能论（或然论），到自然环境同社会环境分离的人地观及突出人为作用的人地观，到适应论、协调论与和谐论，再到可持续发展人地观的发展历程（陆大道，2002）。

人地关系论是地理学最基本的理论，是现代地理学的中心任务，是地理科学研究的立足点和出发点，并被引入生态学、环境科学等领域。进入 21 世纪以来，地理学的发展始终以人类与地理环境的相互作用关系为基础，经历了环境-社会、环境、人类-社会等动态研究领域，研究的核心是人地关系地域系统，以传统统计监测数据、社会调查数据以及遥感影像数据等为主体的数据源，为人地系统的描述和解释提供长期的支撑（陆大道，2002）。20 世纪 90 年代以来，学者关于人地关系论与可持续发展关系的研究不断涌现，现代人地关系协调论是可持续发展的理论基础，其核心是人口（Population）、资源（Resources）、环境（Environment）与发展（Development）的协调。人地关系是可持续发展的现代演化，即可持续发展是人地关系的现代发展，或者说可持续发展理论是关于人地关系的最新理论，协调人地关系，本质上就是协调人口、资源、环境与发展的关系。新时期的人地研究注重区域-空间性的同时，在研究方法与技术上逐步趋向于综合性与定量化表达（方创琳，2004；傅伯杰，2014；Liu et al.，2007），亟须构建多源数据融合的多要素–多尺度–多情景–多模块–多智能体集成的时空耦合模型，以提高人地要素相互作用的耦合性和复杂性认识。人类与环境或者说人文系统与自然生态系统既对立又统一，最终要求相互协调、和谐与可持续发展，人类作为地球的主人，应当积极主动地保护和改善生态系统状况，努力扭转生态系统退化趋势。深入探究人类活动影响和自然环境驱动下的陆地表层系统变化及其与人类社会可持续发展之间的关系，在局地、区域和全球不同尺度的可持续发展决策中发挥重要作用。

1.2.3　可持续发展相关理论

可持续发展这一理念正式开始于 20 世纪 80 年代国际上几个重要政策文件，包括《世界保护战略》和《我们共同的未来》，随后获得了国际社会的广泛认同。1987 年联合国世界环境与发展委员会将可持续发展定义为：既满足当代人的需要，又不对后代人满足其需要的能力构成危害的发展。1992 年、2002 年、2012 年三届可持续发展地球峰会有效促进了全球的可持续发展进程。换言之，可持续发展是一个不可分割的系统，需要经济层面、环境层面、社会层面以及资源层面等很多层面进行协调发展。可持续发展与环境保护，是一组既存在不可分割的联系又能区分开来的概念。可持续发展的一个特别重要的方面是保护生态环境。众所周知，发展是可持续发展的核心问题，但它有严格要求的前提，即努力提高人口素质素养、严格控制人口数量、最大力度地保障资源的可持续利用和全力保护环境。可持续发展是当今时代的主题，更是目前人类面临的最大挑战之一。经过 30 余年的发展，可持续发展的概念现已渗透到各国政府和组织的议程中，也渗透到全世界教育和研究机构的日常任务中。

可持续发展的挑战是在长期内协调社会发展目标与地球环境限制。为了对这一可持续发展挑战的应对有所帮助，利用科学技术促进可持续发展的多项变革，关注自然与社会之间的动态互动，同时同样关注社会变化如何塑造环境以及环境变化如何塑造社会。1999 年，美国国家研究委员会出版了《我们共同的议程》报告，呼吁建立一门能够应对可持续发展的挑战和机遇的新兴学科——可持续性科学（Sustainability Science）。2001 年，Kates 等在 Science 杂志撰文指出，可持续性科学是"在局地、区域、全球尺度上研究自然和社会动态关系的科学，是为可持续发展提供理论基础和技术手段的科学"。该论文的发表标志着为可持续发展提供理论和实践基础的可持续性科学正式诞生。可持续性科学是一个不断发展的科学领域，是一种不寻常的、包容的、无处不在的科学实践，并预示着它的持续影响和长期存在。可持续性科学从不同的角度出发，包括隐性知识、生态学和经济学、工程学和医学、政治学和法律等众多方面。因此，它的核心问题范围、质量控制标准不断变化。可持续性科学必然需要人类社会的各种观点之间、理论和应用科学学科之间的合作，而且必须弥合理论、实践和政策之间的差距。这门科学在十几年时间里迅速发展，正在形成其科学研究体系和相应的概念框架。可持续性科学作为一门综合性科学，主要研究的是人与环境之间的动态关系，尤其是耦合系统的脆弱性、稳定性以及恢复性。它横跨人文科学、自然科学以及社会科学，将应用与基础研究互相结合，重点研究环境、经济和社会之间的相互关系（邬建国等，2014）。

我国学者提出了社会–经济–自然复合生态系统理论，其与可持续发展有异曲同工之妙。构成这一复杂系统的社会、经济、自然三个子系统各有其特点，每个系统都有自己的结构、功能和发展规律，但它们的存在和发展会受到其他系统结构和功能的制约。社会制度会受到政策、人口以及社会结构的限制，研究社会组织和人类活动的关系时，文化、传统习惯和科学水平都是必须考虑的因素。在计划经济体制下，经济运行水平的高低是根据物质的投入产出、产品的供求平衡、资金和利润的积累速度来分析的，它影响着再生产的扩大。随着科学技术的进步，人类的生产活动从自然界所得到的资源数量和质量会不断扩大，但也是有限度的。生物资源作为可再生资源，在大量繁殖和提高周转率的过程中，会受到时间、开发方式和空间因素的限制（马世骏和王如松，1984）。人类社会是一种以资源的流动为生命线，以人类行为为主体，以自然环境为支撑，使社会文化成为经脉的一种社会–经济–自然复合生态系统，这三个子系统是相互促进的。三个子系统在时间、数量、空间、顺序和结构上的相互作用和生态耦合机制决定社会–经济–自然复合生态系统的演替和发展方向。社会–经济–自然复合生态系统理论的核心是生态整合，通过整合结构和功能，以及三个子系统及其内部其他成分之间关系的协调，使它们之间的这种耦合关系变得和谐有序，使人类社会、经济和自然之间的复合生态关系的可持续发展得以实现（王如松和欧阳志云，2012）。

随着社会–经济–自然复合生态系统的提出及与其相关的研究日益增多，新兴的学科——可持续生态学也应运而生。可持续生态学作为一门自然科学与社会科学的交叉学科，运用生态学的原理和方法解决自然与社会经济的和谐发展问题。换句话说，生态学不断地将人类和社会经济活动纳入研究范畴（吕永龙等，2019）。随着时代的发展，作为重点研究内容在不断更新的一门学科，可持续生态学当前和未来的研究热点主要包括生态安全格局构建、生态文明建设、联合国2030年可持续发展目标的落实、新型城镇化和工业化对生态系统的影响以及应对全球环境变化等。

景观作为人和环境相互作用的基本空间单元，是有效研究和维系可持续性的最小尺度，同时也是上通全球下达局地的一个重要枢纽尺度。2002年景观可持续性初步成为景观生态学的研究议题，景观可持续性研究在可持续性科学的发展中具有重要地位。2013年，邬建国教授将景观可持续性科学定义为聚焦于景观和区域尺度，通过空间显示的方法来研究景观格局、景观服务和人类福祉之间动态关系的科学（Wu，2013）。这标志着为景观可持续性研究提供理论与实践指导的景观可持续性科学正式诞生。这一定义强调了景观服务和人类福祉的动态关系与景观格局之间的相互影响，并指出景观可持续性科学将着力于解决与景观组成和配置相关的可持续性科学的核心问题。景观可持续发展的最终目的是提高特定区域的人类福祉，即满足当代人和后代人的物质、文化和精神需求。由于影响可持续性的关键因素几乎都存在于具有特定社会、文化、生态特征的景观或区域，因此景观可持续性科学毫无疑问是可持续性科学的重要组成部分。景观生态系统的自适应机制、空间弹性、脆弱性分析等可以为推进景观可持续性科学提供重要的理论与方法基础（Wu et al.，2014）。景观可持续性具有跨学科多维度特征。景观可持续性的多维度是在三重可持续性维度（环境、经济、社会）的基础上产生的。Selman（2008）确定了景观可持续性的5个维度：环境、经济、社会、政治、美学。而Musacchio（2009）将景观可持续性维度进一步细化为 6 个：环境、经济、公平、美学、体验和道德。可持续性景观是一个多维度、多结果的动态系统，它体现多功能，并能够持续稳定地提供景观服务。景观可持续性的多维度也决定了其生态和文化知识的多样性，包括景观建筑学、景观生态学、可持续发展、可持续性科学、可持续性设计、设计科学等众多方面。

景观可持续性科学以景观格局、景观服务、人类福祉三者之间的动态关系为主要研究内容，为更好地理解这个动态关系，在非均质景观中需仔细考虑生物多样性、生态过程、气候变化、土地利用变化以及其他经济社会驱动因素对景观格局的影响。景观可持续性科学研究的核心问题是面对内外干扰，景观格局该如何长期维持和改进景观服务和人类福祉之间的关系。景观或区域尺度上总会存在一些能够维持与改善景观服务和人类福祉的更为可取的景观配置。识别和设计这些理想的景观配置则是景观可持续性科学的关键点。景观可持续性科学在理论、方法、应用上要特别注意异质性、关联性及景观服务与人类福祉的权衡与协同（赵文武和房学宁，2014）。

景观可持续性科学的研究方法充分融合了景观生态学空间显示方法、可持续性指标体系和地理信息系统（Geographic Information System，GIS）、遥感（Remote Sensing，RS）等方法技术，其理论框架和研究方法体系正在逐步形成和完善之中。景观生态学实验在近几十年得到了广泛应用，并为人类正确理解格局–过程关系机制提供了大量证据。为衡量和评价景观可持续性，制定可靠的景观可持续性指标是非常必要的。常见的可持续性指标框架有压力–状态–响应框架（Pressure-State-Response）、驱动力–状态–响应框架（Driving force-State-Response）、驱动力–压力–状态–影响–响应框架（Driving force-Pressure-State-Impact-Response）、基于主题框架、基于资本框架等。然而，在景观可持续科学应用研究中，景观格局指标只有在对景观服务与人类福祉关系有可靠衡量时才具有良好的科学价值。随着景观可持续性科学理论的进一步发展与完善，在景观水平上将会形成集成自然–社会–经济要素、全面且具有操作性的景观可持续性指标体系。景观可持续性科学也应当结合 GIS、RS 等技术。这些高速发展的技术平台为景观可持续性研究提供了强大的数据基础和数据处理技术。遥感已经成为景观可持续性研究不可或缺的数据源，通过遥感影像我们可以对土地利用变化、植被覆盖类型等进行动态监测、制图，从而为预测环境风险、进行景观规划设计和保持景观可持续性提供基础。GIS 具有较强的空间数据处理和分析能力，能够满足用户在数据处理分析方面的需求，引入 GIS 能够有效地促进定量化技术在景观可持续性科学上的应用。

景观可持续性科学与景观生态学联系紧密，两者都强调空间异质性和景观格局–过程在研究中的重要意义，景观服务则是将两者连接在一起的纽带。但二者也存在区别，景观生态学主要偏重自然生态研究，而景观可持续性科学则是一个注重目标导向、任务驱动协调人类与自然相互关系的多学科交叉科学。景观生态学是研究和改进空间格局与生态过程关系的科学，而景观可持续性科学则聚焦于社会、经济和环境状况变化情景下景观服务与人类福祉的动态关系。景观生态学为景观可持续性科学提供了有效研究自然–社会关系的最具操作性的尺度，也为景观可持续性科学研究空间异质性、自然和社会经济格局、尺度、不确定性问题等提供理论和方法支持。景观可持续性从产生之时便呈现出与景观生态学相互影响、相互促进的趋势。景观可持续性科学既是可持续性科学的新领域，又为景观生态学注入了新鲜血液。

在未来的发展中，景观可持续性科学应将可持续性科学与可持续性设计更好地整合到景观生态学的理论、方法和应用上。立足于景观尺度，景观可持续性科学同时也应该处理好景观间的联系甚至景观与整个区域乃至与全球的联系，注重跨尺度人和自然相互作用对景观可持续性的影响。在强调目的驱动和地域驱动研究的同时，景观可持续性科学也要重视基础性研究，如空间异质性对景观服务可持续性的影响机制，景观服务与预期变化方向的异同及这种协同或者权衡的背后机制，预期景观变化轨迹对景观服务弹性和脆弱性的影响，以及面对各种驱动力情况下景观管理对景观服务弹性的影响程度等。景观可持续性科学是可持续性科学的重要组成部分，虽然处于起步阶段，但必将成为未来十多年可持续性科学的研究热点。

1.2.4 喀斯特景观研究进展

本部分使用文献计量学方法，分析了喀斯特景观研究的产出和趋势、学科多样性、研究主题、传播渠道等。利用英文数据库 Web of Science 和中文数据库中国知网（CNKI），2021 年 11 月 10 日以关键词"Karst landscape"和"喀斯特景观"进行搜索，结果表明，产出的英文文献和中文文献分别为 1871 篇和 179 篇。英文文献中 93.4% 为期刊论文，其他类型还包括会议论文、摘要、社论、书籍等；中文文献中 135 篇为期刊论文，24 篇为学位论文，11 篇为会议论文，9 篇为报纸报道。第一篇可获得英文文献和中文文献分别出现在 1935 年和 1958 年，中间有长时间没有相关报道。从 1978 年开始国际上相关文献开始增加，特别是 2001 年以后，喀斯特景观研究产出快速增长，从 2001 年的 15 篇增加到2020 年的 195 篇。自 1958 年有过中文文献报道之后，国内 1959 ~ 1983 年无相关中文文献，1984 ~ 1991 年仅有断断续续的研究，1992 年之后相关研究渐多，但除了 2008 年、2014 年、2016 年、2017 年文献数介于 10 ~ 22 篇之外，其他年份均是个位数，跟国际相比，国内相关研究较少（图 1-1）。

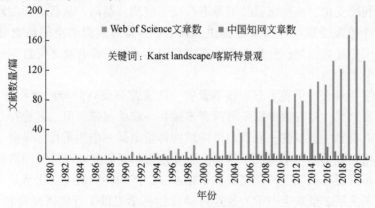

图 1-1 Web of Science 和中国知网喀斯特景观研究产出

资料来源：Web of Science 及中国知网

喀斯特景观研究是一个跨学科研究领域, 通过对所有产出的学科方向进行分析, 发现国际的产出分布在 97 个学科方向, 表 1-1 显示前 20 个学科方向, 其中居于前 3 位的是 Environmental Sciences/Ecology (环境科学/生态学)、Geology (地质学) 和 Biodiversity Conservation (生物多样性保护), 比例分别达到 48.69%、41.26% 和 25.92%, 接下来为 Agriculture (农业)、Physical Sciences (物理学)、Forestry (林业)、Water Resources (水资源)、Geography (地理学) 等, 文献比例达到 10%~24%, 而 1%~10% 的学科方向有 32 个, 其余 53 个方向不足 1%。国内的文献产出集中在 20 个学科方向, 其中居于前 3 位的是旅游、自然地理学和测绘学、地理, 产出分别占 39.66%、32.96% 和 18.99%, 紧随其后的是资源科学、地质学和环境科学与资源利用 (表 1-1)。

表 1-1　英文文献和中文文献中喀斯特景观研究的方向　　　　　　(单位:%)

英文文献中的研究方向	比例	中文文献中的研究方向	比例
Environmental Sciences/Ecology	48.69	旅游	39.66
Geology	41.26	自然地理学和测绘学	32.96
Biodiversity Conservation	25.92	地理	18.99
Agriculture	23.57	资源科学	10.61
Physical Sciences	21.59	地质学	5.03
Forestry	15.98	环境科学与资源利用	4.47
Water Resources	15.87	工业通用技术及设备	3.35
Geography	14.91	中等教育	2.79
Plant Sciences	14.16	文化	2.79
Physical Geography	13.68	建筑科学与工程	2.79
Meteorology Atmospheric Sciences	13.42	美术书法雕塑与摄影	1.68
Geochemistry Geophysics	12.08	农业经济	1.12
Science Technology Other Topics	10.74	初等教育	1.12
Zoology	9.35	生物学	1.12
Life Sciences Biomedicine	7.59	美学	0.56
Marine Freshwater Biology	6.95	考古	0.56
Mathematics	6.57	行政法及地方法制	0.56
Engineering	6.52	农业基础科学	0.56
Paleontology	6.04	科学研究管理	0.56
Oceanography	4.44	冶金工业	0.56

资料来源：Web of Science 及中国知网。

从研究的主要主题来看，中文文献中首要的主题是喀斯特景观，有 34 篇相关文献；其次是喀斯特和织金洞，分别有 22 篇和 21 篇相关文献。接下来的地质公园、中国南方喀斯特、喀斯特地貌和世界自然遗产等也是重要的主题（图 1-2）。

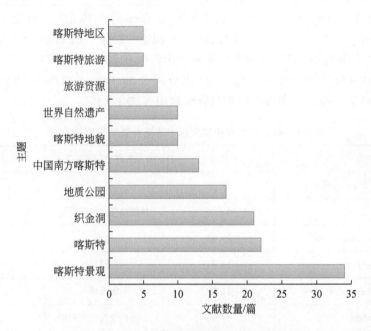

图 1-2　中文文献中喀斯特景观研究的主题
资料来源：中国知网

根据统计，英文文献的发表刊物共有 824 种，平均每种刊物发文 2.27 篇，前 20 种刊物发表了 30% 的文章，前 55 种刊物发表了 50% 的文章，527 种刊物发表一篇文章（图 1-3）。具体到每种刊物，可以看到 *Carsologica Sinica* 上文章数量最多，高达 100 篇，占所有文章数量的 5% 以上。其次是 *Geomorphology* 和 *Acta Ecologica Sinica*，刊文量分别达到 48 篇和 42 篇，接下来 *Science of the Total Environment* 等 11 种期刊，刊文量为 20 ~ 34 篇。

本节对喀斯特的全球分布、可提供的资源及喀斯特景观研究现状进行了总结，可以发现我们生活的地球遍布喀斯特，约占全球无冰陆地面积的 15.2%，在洲际水平上以亚洲、北美洲较为集中；在国家尺度上，俄罗斯、中国、美国、加拿大绝对面积较大。喀斯特为人类提供所需的土地、水、矿产资源等，而且喀斯特景观本身拥有巨大的美学、文化和旅游价值。对喀斯特景观的研究始于 20 世纪前期，20 世纪 90 年代开始兴盛，特别是 2014年以来关注度明显增加，英文发文量迅速增加。喀斯特景观研究正逐渐成为横跨环境科学、生态学、地理学、地质学等学科的跨学科研究领域。

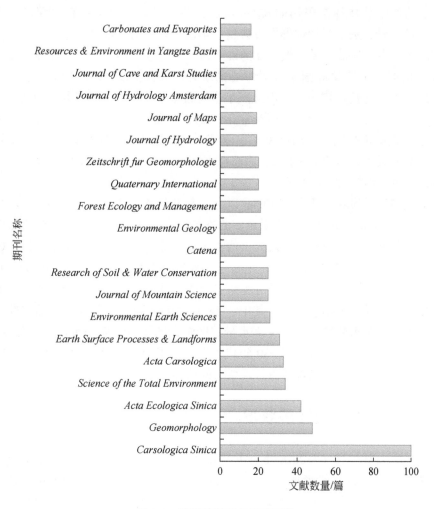

图 1-3　喀斯特景观的发表刊物

1.3　漓江流域概况

1.3.1　漓江流域的气候水文特征

漓江地处我国广西东北部的桂林市，南岭山系西南部，又名桂水、桂江、癸水、东江，属于珠江流域西江水系，全长164km，传统意义上的漓江起点为桂江源头越城岭猫儿山，现代水文定义为兴安县溶江镇灵渠口，终点为桂林市平乐县平乐镇。漓江上游河段为大溶江，下游河段为桂江。灵渠口为桂江大溶江段和漓江段的分界点，荔浦河、恭城河口为漓江段和桂江段的分界点。平乐镇以下称桂江，河流继续南流至梧州汇入西江。漓江是安静、清澈、光明的河流，也是繁华、喧嚣与悸动的河流。沿江河床多为水质卵石，泥沙量小，水质清澈。从桂林至阳朔的 83km 漓江河段，是漓江精华，有"深潭、险滩、流泉、飞瀑"的佳景，是喀斯特地形发育典型、丰富和集中的地带。

漓江流域属中亚热带季风气候，杜甫诗中的"五岭皆炎热，宜人独桂林"是对桂林气候的描述。根据中国气象局国家气候中心的统计，漓江流域 1951～2020 年平均气温为 19.1℃，最低年均气温为 17.9℃，而最高年均气温为 20.3℃，无霜期长达 300 多天，气候温和，四季分明，有"三冬少雪，四季常花"之说。最热的天气在 7～8 月，月平均气温为 28℃左右，极端最高气温不超过 39℃，不算太热；最冷的天气在 1～2 月，平均气温为 8～9℃，平均最低气温不低于 3.5℃，因而也不算冷，不过，也曾出现过−4～−3℃的严寒天气，偶降小雪，但持续时间都不长。

漓江流域多年平均降水量在 1900mm 以上，最低年均降水量为 1255mm，最高年均降水量为 3006mm，降水量充沛。降水量最多的季节为 4～7 月，降水量约占全年的 60%。根据桂林水文站数据，漓江径流特征值为年均径流量 24 亿～60 亿 m^3，径流系数为 0.69，平均径流量为 132.6m^3/s，径流量的变化主要受降水量时空分布的制约，洪枯季时间和降水量丰枯期大致吻合，年内各月径流量分配与流域降水量年内分配相似，年内的分配极不均匀，丰、枯水季节径流量相差悬殊，其中 3～8 月为丰水期，其余月份为枯水期，河流水量主要依赖于流域蓄水补给，所以受降水量的影响，漓江枯水期径流量的年际变化很大。漓江属低沙量的河流，但是 20 世纪 80 年代以来，由于上游森林砍伐过度及林分的变化，以及中游开发力度加强，河流含沙量呈现增大的趋势。

1.3.2 漓江流域社会经济状况

漓江流域的人口在 1950～2020 年有了很大变化，从 1950 年的 209 万人增加到 1990 年的 452 万人，此后 30 年持续增加（2020 年除外）（图 1-4）。2020 年第七次全国人口普查中，桂林全市常住人口为 493.11 万人，而 1990 年第四次、2000 年第五次和 2010 年第六次全国人口普查中，桂林全市常住人口分别为 452.20 万人、471.98 万人和 474.80 万人，30 年共增加近 41 万人，年平均增长率为 0.3%。

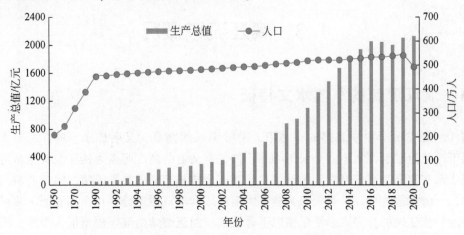

图 1-4　漓江流域 1950～2020 年人口和生产总值

漓江流域的经济不断发展，生产总值在 1990 年前非常低，从 1950 年的 1.46 亿元增加到 1990 年的 49.9 亿元，1991～2000 年缓慢增长，特别是在 2011～2020 年增加明显（图 1-4）。据《2020 年桂林市国民经济和社会发展统计公报》，桂林全市生产总值为2130.41 亿元，比上年增长 2.1%。分产业看，三次产业增加值分别为 484.46 亿元、486.48 亿元、1159.47 亿元。按户籍人口计算，全市人均地区生产总值为 43 200 元，全年组织财政收入为 207.87 亿元，全年社会消费品零售总额为 888.91 亿元，全年居民人均可支配收入为 27 745 元，其中城镇居民人均可支配收入为 38 145 元，农村居民可支配收入为17 345 元，全年城镇居民人均消费支出 21 507 元，农村居民人均消费支出 11 064 元。

漓江孕育了独特绝世而又秀甲天下的自然景观。1982 年 11 月，漓江被国务院列为第一批国家重点风景名胜区。1991 年 12 月漓江风景区在国家旅游局公布的"中国旅游胜地四十佳"名单中名列第二。1998 年 7 月被确定为首批"全国文明风景区旅游区示范点"。漓江流域是久负盛名的国际旅游胜地，自 1973 年接待第一批 977 名国际游客，旅游人数到 1980 年超过 11 万人次，2005 年超过 100 万人次，2011～2020 年年入境旅游人数迅速增加，到 2019 年超过 314 万人次。这一增长态势受到新冠疫情的影响而戛然而止，入境过夜游客 9.83 万人次，下降 96.9%。国际旅游消费 3549.51 万美元，下降 98.3%。1999～2019 年，桂林市国内旅游人数从 898.53 万人次增长到 1.38 亿人次，旅游总收入从 36.6亿元增长到 1874 亿元（图 1-5）。新冠疫情对地方旅游业造成很大影响，2020 年桂林全市接待国内游客 10 231.37 万人次，比上年下降 25.86%。国内旅游总收入为 1231.09 亿元，比上年下降 34.31%。

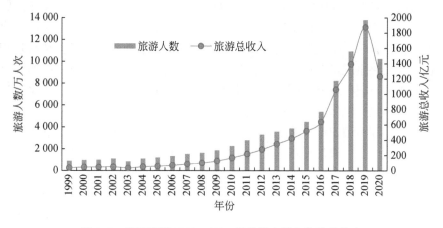

图 1-5　漓江流域 1999～2020 年旅游人数和旅游总收入

1.3.3　漓江流域喀斯特地貌

我国是世界上喀斯特分布面积最大的国家，已发现热带到寒带各种喀斯特地貌类型，喀斯特地貌几乎在我国所有的省（自治区、直辖市）都有分布，但主要分布于广西、云南、贵州等省（自治区）。20 世纪 50～60 年代，对喀斯特地貌的研究集中于类型方面；

20 世纪 70 ~ 80 年代进一步开展喀斯特溶洞、溶盆及发育演化规律的研究；20 世纪 90 年代后，逐渐跨入喀斯特水环境、生态地貌分类分区研究（程维明等，2017；蒋忠诚等，2016）。近 10 年来，学者针对石漠化生态修复与建设等问题，深入开展了土壤侵蚀特征、小流域生态恢复、石漠化岩性、土地利用关系等方面的研究（何霄嘉等，2019；Jiang et al.，2014；Wang et al.，2019）。

漓江流域位于中国地形阶梯第三级，南岭山系西南；地形特点是北、东、西三面高而南部低，中部呈自北向南延伸的谷地地势。北部越城岭，最高峰海拔为 2142m；东部海洋山，呈北东走向，主峰海拔 1783m；西部天平山和驾桥岭，呈南北走向，主峰海拔皆在千米以上。中部漓江喀斯特谷地地势低平，大致自北向南微倾斜，地面海拔 130 ~ 200m。漓江流域地貌有平原、低山、丘陵、中山、喀斯特峰丛洼地-谷地、半喀斯特岭丘-丛丘、喀斯特峰林-缓坡平原七种类型，其中喀斯特峰丛洼地-谷地面积为 2337. 16km²，占总面积的 13. 38%，半喀斯特岭丘-丛丘面积为 995. 00km²，占漓江流域总面积的 5. 70%，喀斯特峰林-缓坡平原面积为 3379. 58km²，占总面积的 19. 35%。

漓江流域热带喀斯特地貌不仅包含了宏观形态，即地表、地下喀斯特和喀斯特水文现象，而且也展现了丰富多彩和各种中观、微观喀斯特形态（表 1-2）。漓江流域喀斯特地貌具有连续分布面积广大、发育的地层时代最为古老、发育历史漫长而悠久、碳酸盐岩厚度大和坚硬质纯、构造运动的多期性和喀斯特发育的继承性、溶洞发育具有独特的次生化学沉积物、热带喀斯特地貌发育得非常深化、典型、齐全、配套等特点，这使它具有突出的世界级科学价值（刘金荣等，2001）。

漓江流域的喀斯特地貌由溶沟、溶洞、峰丛、峰林、孤峰等构成，具有世界上最独特、最壮观、最多样、最优美的喀斯特景观，是全世界范围内发育典型、类型齐全的喀斯特地貌，被誉为世界喀斯特地貌"皇冠上的明珠"。2014 年 6 月，桂林喀斯特地貌被联合国教育、科学及文化组织世界遗产委员会列入《世界遗产名录》，填补了广西在世界自然遗产名录上的空白。漓江流域不同河段的地质岩性、构造、地形、地貌、水文、气候、土壤等存在差异，导致其自然资源组成和生态现状存在着较大差异，漓江流域内现有国家级自然保护地 9 个，其中国家级自然保护区 3 个、国家级风景名胜区 1 个、国家森林公园 3 个、国家湿地公园 2 个。漓江流域内分布的热带喀斯特地貌面积达 2452km²，还绵延至区外。其中，峰丛洼地面积为 1285. 5km²，峰林平原面积为 1166. 6km²，喀斯特石峰达 11 433 座。其中，峰丛区石峰 7936 座，峰林平原区石峰 3497 座，真可谓万峰朝天，连续伸展漫延，极为雄奇壮观，这在世界热带喀斯特区也是独一无二的。桂林热带喀斯特地貌可分两大类，即纯喀斯特和半喀斯特地貌，以纯喀斯特地貌为主。纯喀斯特地貌又可分为峰丛洼地、峰林（丛）谷地两个类型和多个亚类。峰丛洼地以耸立的锥形石峰、大量深邃的多边形封闭洼地、坡立谷、尖溶痕、落水洞、地下河等为标志；峰林平原以平地拔起的塔状石峰、脚洞系统、谷地、石海、尖溶痕等为特征。它们都发育得非常深化而典型、齐全而配套，是我国乃至世界热带喀斯特的典型代表，被称为"中国式"或"桂林式"喀斯特。

表 1-2 漓江流域地貌分类及分布

Ⅰ级成因类型				Ⅱ级形态成因类型	
非喀斯特地貌	侵蚀地貌	流水堆积地貌	洪积裙（扇）		分布于灵川金石两渡桥、严关盆地、溶江盆地、尧山西坡
			岗地		分布于桂林南面二塘至六塘一带
			阶地	Ⅱ级阶地	兴安镇、灵川镇、溶江镇和三街镇等
				Ⅰ级阶地	全区广泛沿江分布
		流水溶蚀地貌	中山		海洋山、越城岭、都庞岭、摩天岭
			低山		尧山、越城岭东侧、驾桥岭周边
			丘陵		两江镇、荔浦镇、莲花镇
喀斯特地貌	溶蚀侵蚀地貌	从丘谷地			分布于平乐镇、荔浦镇、阳朔县
		岭丘谷地			分布于兴安镇、全州镇、灵川镇、临桂镇、阳朔县
		缓丘谷地			分布于兴安界首镇-全州县绍水镇、才湾镇、龙水一带、熊村河谷、阳朔白沙
		溶蚀侵蚀波状平原			主要分布在湘江、漓江的上游河谷
	溶蚀地貌	峰丛洼地	典型峰丛洼地		竹江—兴坪的漓江两岸、会仙镇、万福、花江两岸、遇龙河两岸、奇峰镇
			边缘峰丛洼地		海洋山脉西侧
			岛状峰丛洼地		临桂六塘—南边山、会仙镇
		峰林平原	典型峰林平原		临桂镇、会仙镇、葡萄镇、高田镇、兴安镇、福利镇
			边缘峰林平原		九屋镇、严关镇、大镜瑶族乡、沙子镇
			坡立谷峰林平原		杨堤镇忠南村、海洋乡冷水田村

资料来源：朱学稳，1988。

1.3.4 漓江流域喀斯特景观特性及面临问题

桂林喀斯特景观资源具有以下特性：①系统性。喀斯特地貌与地球四大圈层（即生物圈、水圈、大气圈、岩石圈）皆有联系。它的主体是石灰岩，从成分上看属于矿石，这些石头中存在着许多标本、有很高科研价值的化石、特色的矿石。喀斯特景观资源中的水是世界上公认的最好的水资源。喀斯特地区存在着许多特殊植物与微生物，其一旦离开喀斯特地区将无法生活。喀斯特地貌的形成与大气中的二氧化碳息息相关。喀斯特景观资源的内部是普遍联系的，需要整体性的保护。②易损性。喀斯特景观资源经过千百年的沉积才形成，其主要依靠化学作用，而化学作用是可逆的，故喀斯特景观资源容易被破坏。特别是峰林、峰丛，极易产生水土流失现象。

目前，桂林喀斯特景观资源保护和可持续利用主要面临以下几个问题：①人类的干扰活动过多，破坏喀斯特景观资源，如农业污染、游船污染、钟乳石盗采、破坏性开发旅游资源。作为最早服务于人类的自然景观之一，喀斯特景观资源退化问题普遍存在于全球不同的喀斯特地区。喀斯特景观资源开发与利用的过程中出现了景观退化的一系列问题，如景观格局产生较大变动、河水流量减少、水质污染、植被破坏、石漠化加重、美学价值降低。②喀斯特景观资源的可持续利用水平较低。桂林生态产业发展的基础较为薄弱，难以高水平支撑喀斯特景观资源保育与修复。③喀斯特景观资源价值化路径不畅。喀斯特景观资源未能转化为经济发展的优势（蔡德所和马祖陆，2008）。2012 年以来，广西壮族自治区人民政府和桂林市人民政府多方筹措资金支持喀斯特景观资源的保护与治理，也取得了相当的效果，但这些与生态环境保护的目标相去甚远，不但无法满足生态保护及修复工程的需要，还不足以补偿当地居民由于生态保护丧失的发展机遇，现有的生态成果也无法驱动社会经济发展。

20 世纪 70 年代末以来，有关部门对漓江开展了 3 次大的专项综合治理。1979 ~ 1980 年，由广西壮族自治区人民政府牵头，桂林等市联合组织开展的大型环境保护综合整治，参与单位 52 个，设立治理项目 82 个，总投资 2160 万元。其中，中央拨专款 1842 万元，先后关、停、并、转污染企业和扰民企业 50 家，主要是解决漓江水质污染问题。1989 ~ 1992 年，由桂林市人民政府组织的对漓江补水性质的综合整治，由国家旅游局下拨 300 万元，一部分资金用于解决航道疏通，另一部分资金用于加固防渗青狮潭水库输水渠，主要是解决漓江枯水期旅游通航问题。1998 ~ 2000 年，由桂林市人民政府组织利用世界银行贷款开展对漓江环境综合整治，总投资 6.5 亿元，其中世界银行贷款 4100 万元，项目分四大类，即污水和固体废弃物治理、漓江补水、小区改善及机构加强，由 11 个业主来承担完成，主要还是解决漓江水质水量问题，改善漓江生态环境。

步入 21 世纪，漓江流域社会经济发展与生态保护修复面临许多新的挑战，突出表现为：传统要素分割、碎片化、小块化的生态恢复与全流域基于生态系统自身演化与更替需求的流域生态保护修复之间的矛盾；高质量生态保护修复与社会经济发展尤其是乡村振兴及城乡融合发展之间的矛盾，或者说耕地保护、城乡建设用地扩张与生态用地扩展之间的矛盾；生态保护修复维护监测管理的长期投资需求与地方尤其是"生态旅游型城市"财政困难之间的矛盾；传统的部门分割、嵌入式生态保护修复管理向逐步一体化的生态保护修复管理过渡的困难与矛盾等（邵超峰，2020）。

1.4 本书结构与主要内容

迄今为止，国际上已有不少与喀斯特相关的高质量专著和文集出版，如 1988 年 White 有关喀斯特的著作 *Geomorphology and Hydrology of Karst Terrains*，2004 年 Gunn 的 *Encyclopedia of Caves and Karst Science*。2007 年 Palmer 的 *Cave Geology*，Parise 和 Gunn 的关于喀斯特环境危害的论文集 *Natural and Anthropogenic Hazards in Karst Areas*，特别是 2007 年 Ford 和 Williams 合著的 *Karst Hydrogeology and Geomorphology* 是关于喀斯特环境物理过程的经典著作。2011 年美国南佛罗里达大学 van Beynen 撰写了 *Karst Management*，对地表喀斯特、地下喀斯特、喀斯特含水层及喀斯特综合管理进行系统论述。国内有关喀斯特的专著最早的是袁道先和蔡桂鸿 1988 年的《岩溶环境学》，此后又出版了多本关于喀斯特的专著。1989 年朱学稳等撰写了《桂林岩溶地貌与洞穴研究》，1994 年宋林华主编了《喀斯特与洞穴风景旅游资源研究》论文集。1999 年刘涛对桂林旅游资源进行论述。2001 年和

2012 年，卢耀如先后出版著作系统总结了中国喀斯特发育规律与理论。诚然没有一本书能涵盖喀斯特或喀斯特管理的各个方面，但这些书对进行喀斯特学习和研究的人员都具有重要的参考价值。

漓江流域作为典型的中国南方喀斯特，景观资源可持续利用已成为相关管理机构和科学家关注的热点问题，目前有一些相关的硕博士论文和科研论文，但还没有专著加以论述。因此，在国家重点研发计划课题的支持下，本书对漓江流域喀斯特景观资源的分布现状、景观时空演化、自然和人为影响因素进行系统分析，并选取典型案例深入剖析，最后对喀斯特景观管理的方法进行总结，为探索典型脆弱区喀斯特景观资源可持续利用有效模式提供科学支持。

本书共包括 9 个章节，基本内容如下。

第 1 章绪论从研究背景、喀斯特景观保护的相关理论、漓江流域概况等方面介绍本书的缘起。

第 2 章在漓江流域 13 个县（市、区）开展地质遗迹景观资源调查，了解区域的地质、地貌，研究该区域喀斯特景观资源主要类型、发育规律、分布格局及特征，评价景观资源价值，并提出景观资源开发利用建议。

第 3 章主要从时间和空间两个维度探讨漓江流域典型景观的动态演化过程和形成机制。首先，通过流域土地覆被的演变从宏观上阐述漓江流域主要用地类型的分布及迁移转化特征；其次，分别从植被景观、湿地景观和峰林峰丛景观三个流域喀斯特景观的核心要素切入，分析景观的空间分布特征、演变过程及驱动要素。总体来看，漓江流域典型的喀斯特景观近年来受到的扰动加剧，威胁了流域内的生态平衡和生态安全。

第 4 章探讨气候变化对漓江流域喀斯特景观的影响，首先分析漓江流域气候特征及变化，其次利用洞穴沉积物记录分析漓江流域末次冰期以来的气候变化，并对漓江流域过去的环境演变和古人类演变进行论述。漓江流域气候不仅受到区域气候变化的影响，也响应全球气候变化过程。特殊的地理位置、地形地貌造就了漓江流域特殊的气候特征。漓江流域人类适应和改造喀斯特景观主要分为两个阶段：距今 3.5 万年以来，漓江流域的人类主要是适应该区域的自然环境。而自公元 1200 年左右以来，人类逐步开始影响和改变着漓江流域的自然环境。

第 5 章关注人类活动对流域景观的影响，利用 DPSR 框架，辨识漓江流域景观变化驱动因素，主要的人类活动包括农业活动、工业活动、城镇化建设、旅游活动，核算各驱动因子在 2000～2010 年及 2010～2020 年两个时段内的生态系统服务价值（Ecosystem Service Value，ESV）变化，进行经济效益和影响程度分析，并提出不同的响应策略。

第 6 章开展景观演变的人文因素实证研究，通过分析景观格局的演变特征及其人文因素，构建政策、经济、社会、文化和技术五个关键人文因素的分类体系，剖析人文因素驱动力系统及机制，并通过不同实证案例分别研究休旅介入、农业升级、产业聚集和城市更新对景观演变的影响和驱动机制。研究发现，人文因素相互关联，各因素包含因子众多，各因子之间存在复杂耦合关系，需要通过系统论的方法进行整体分析。

第 7 章为漓江流域乡村景观评价与生态设计，梳理乡村生态景观建设方法。以漓江流域桂林临桂区四塘镇的太平村为例，首先结合实地调研、遥感影像解译、景观分析对乡村景观进行识别和评价；其次根据研究区出现的生态退化问题，提出针对整个研究区景观和不同景观类型的整体设计策略；最后在整体策略的指导下，对研究的生产性景观（即农田、农业道路、沟渠）和生活景观（即居民点）进行一系列的生态化设计，从而提升研究区域乡村景观的多功能性。

第8章开展漓江流域喀斯特景观多维干扰评价。喀斯特干扰指数自2005年建立以来，已广泛应用于意大利、撒丁岛、美国、奥地利、波多黎各和新西兰等国家和地区。本章通过叙述喀斯特干扰指数基本概念、发展历程和应用情况，建立包括地貌、空气、水文、生物群和文化5个维度、共31个环境指标的指标体系，通过对漓江流域居民进行问卷调查获取第一手数据，在流域尺度上应用适应性的喀斯特干扰指数评估气候变化和人类活动对喀斯特景观的干扰。

第9章是可持续的喀斯特景观管理。采用历史分析、社会网络分析、比较研究等方法，对中国喀斯特景观保护和管理的历史进程进行全面阐述，分析喀斯特保护及管理的管理机构和管理方法。围绕桂林漓江流域喀斯特景观保护，阐述省级和市级的政策规章、参与机构网络。鉴于喀斯特生态系统的复杂性和部门利益冲突，直接出台喀斯特管理的法规还存在很大障碍，在此构建一个可持续导向的喀斯特景观管理框架，以期为推动喀斯特景观可持续性治理提供决策支撑。

参 考 文 献

鲍梓婷. 2016. 景观作为存在的表征及管理可持续发展的新工具. 广州: 华南理工大学.

蔡德所, 马祖陆. 2008. 漓江流域的主要生态环境问题研究. 广西师范大学学报 (自然科学版), (1): 110-112.

陈利顶, 李秀珍, 傅伯杰, 等. 2014. 中国景观生态学发展历程与未来研究重点. 生态学报, 34 (12): 3129-3141.

程维明, 周成虎, 申元村, 等. 2017. 中国近40年来地貌学研究的回顾与展望. 地理学报, 72 (5): 755-775.

方创琳. 2004. 中国人地关系研究的新进展与展望. 地理学报, 59 (S1): 21-32.

费格斯·麦克拉伦, 安得烈·梅森, 张柔然, 等. 2020. 基于《联合国可持续发展目标》探究中国海上丝绸之路申遗旅游管理的挑战. 中国文化遗产, (1): 15-22.

傅伯杰. 2014. 地理学综合研究的途径与方法: 格局与过程耦合. 地理学报, 69 (8): 1052-1059.

龚克. 2011. 桂林喀斯特区生态旅游资源评价与开发战略管理研究. 北京: 中国地质大学 (北京).

何东进. 2016. 景观生态学. 北京: 中国林业出版社.

何霄嘉, 王磊, 柯兵, 等. 2019. 中国喀斯特生态保护与修复研究进展. 生态学报, 39 (18): 6577-6585.

何毅, 唐湘玲. 2020. 1998—2018年漓江流域土地利用变化对生态系统服务价值的影响. 湖北农业科学, 59 (22): 77-82.

黄璐, 邬建国, 王珂, 等. 2022. 可持续景观规划—融合景观可持续性研究与地理设计. 生态学报, (2): 1-8.

蒋忠诚, 罗为群, 童立强, 等. 2016. 21世纪西南岩溶石漠化演变特点及影响因素. 中国岩溶, 35 (5): 461-468.

廖业桂. 2004. 关于漓江流域生态环境综合整治若干问题的思考. 中国环境管理丛书, (4): 16-17.

刘金荣，袁道先，梁耀成，等.2001.桂林热带岩溶地貌特点及其科学价值.中国岩溶，(2)：55-57.

刘涛.1999.桂林旅游资源.桂林：漓江出版社.

卢耀如.2001.岩溶-奇峰异洞的世界.广州：暨南大学出版社.

卢耀如.2012.中国喀斯特-奇峰异洞的世界.北京：高等教育出版社.

陆大道.2002.关于地理学的"人-地系统"理论研究.地理研究，21（2）：135-145.

吕永龙，王一超，苑晶晶，等.2019.可持续生态学.生态学报，39（10）：3401-3415.

马世骏，王如松.1984.社会-经济-自然复合生态系统.生态学报，(1)：1-9.

邵超峰.2020.桂林景观资源可持续利用面临的挑战和对策.可持续发展经济导刊，(7)：41-43.

宋林华.1994.喀斯特与洞穴风景旅游资源研究.北京：地震出版社.

王如松，欧阳志云.2012.社会-经济-自然复合生态系统与可持续发展.中国科学院院刊，27（3）：337-345，403-404，254.

韦跃龙，陈伟海，黄保健，等.2008.中国岩溶旅游资源空间格局.桂林理工大学学报，28（4）：473-483.

韦跃龙.2021.岩溶景观旅游开发方式演变及主题融合式开发的探讨.热带地理，41（5）：1073-1095.

邬建国，郭晓川，杨稢，等.2014.什么是可持续性科学？应用生态学报，25（1）：1-11.

邬建国.2000.景观生态学—概念与理论.生态学杂志，(1)：42-52.

伍业纲，李哈滨.1992.景观生态学的理论发展//刘建国.当代生态学博论.北京：中国科学技术出版社.

谢玲，邓晓军，卢月燕，等.2019.广西石漠化地区土地利用空间变化的生态风险研究.中国农业资源与区划，40（8）：113-121.

严国泰.2009.风景资源学.北京：中国建筑工业出版社.

袁道先.1994.中国岩溶学.北京：地质出版社.

袁道先，蔡桂鸿.1988.岩溶环境学.重庆：重庆出版社.

袁道先，蒋勇军，沈立成，等.2016.现代岩溶学.北京：科学出版社.

袁道先，刘再华，林玉石，等.2002.中国岩溶动力系统.北京：地质出版社.

赵文武，房学宁.2014.景观可持续性与景观可持续性科学.生态学报，34（10）：2453-2459.

朱学稳.1988.桂林岩溶地貌和洞穴研究.北京：地质出版社.

Chen H S，Liu J W，Wang K L，et al.2011. Spatial distribution of rock fragments on steep hillslopes in karst region of northwest Guangxi, China. Catena, 84（1-2）：21-28.

Eder W.1999. "UNESCO GEOPARKS" - A new initiative for protection and sustainable development of the Earth's heritage. Neues Jahrbuch für Geologie und Paläontologie - Abhandlungen, 214（1/2）：353-358.

Ford D C，Williams P W.1989. Karst Geomorphology and Hydrology. London：Unwin Hyman.

Ford D C，Williams P W.2007. Karst Hydrogeology and Geomorphology. Chichester：Wiley.

Forman R T T，Godron M.1986. Landscape Ecology. New York：John Wiley & Sons.

Forman R T T.1997. Land Mosaics：The Ecology of Landscape and Regions. London：Cambridge University Press.

Goldscheider N，Chen Z，Auler A S，et al.2020. Global distribution of carbonate rocks and Karst water resources. Hydrogeology Journal, 28（5）：1661-1677.

Gunn J.2004. Encyclopedia of Caves and Karst Science. New York and London：Fitzroy Dearborn.

Jiang Z C，Lian Y Q，Qin X J.2014. Rocky desertification in Southwest China：Impacts, causes, and restoration. Earth-Science Reviews, 132：1-12.

Kates R W，Clark W C，Corell R et al.2001. Sustainability science. Science, 292（5517）：641-642.

Li S L, Liu C Q, Chen J A, et al. 2021. Karst ecosystem and environment: Characteristics, evolution processes, and sustainable development. Agriculture, Ecosystems and Environment, 306: 107173.

Liu J G, Dietz T, Carpenter S R, et al. 2007. Complexity of coupled human and natural systems. Science, 317 (5814): 1513-1516.

Musacchio L R. 2009. The scientific basis for the design of landscape sustainability: A conceptual framework for translational landscape research and practice of designed landscapes and the six Es of landscape sustainability. Landscape Ecology, 24 (8): 993-1013.

Naveh Z, Lieberman A S. 1994. Landscape Ecology: Theory and Application. New York: Springer-Verlag.

Palmer A N. 2007. Cave Geology. Dayton: Cave Books.

Parise M, Gunn J. 2007. Natural and Anthropogenic Hazards in Karst Areas. London: Geological Society Special Publication.

Selman P. 2008. What do we mean by sustainable landscape? . Sustainability: Science, Practice, & Policy, 4 (2): 23-28.

Wang K, Zhang C, Chen H, et al. 2019. Karst landscapes of China: patterns, ecosystem processes and services. Landscape Ecology, 34 (12): 2743-2763.

White W B. 1988. Geomorphology and Hydrology of Karst Terrains. Oxford and New York: Oxford University Press.

Wiens J A, Milne B T. 1989. Scaling of "landscape" in landscape ecology, or, landscape ecology from a beetle's perspective. Landscape Ecology, 3: 87-96.

Wu J G, Guo X C, Yang J, et al. 2014. What is sustainability science? . Chinese Journal of Applied Ecology, 25 (1): 1-11.

Wu J G. 2013. Landscape sustainability science: Ecosystem services and human well-being changing landscapes. Landscape Ecology, 28 (6): 999-1023.

Wu J G. 2019. Linking landscape, land system and design approaches to achieve sustainability. Journal of Land Use Science, 14 (2): 173-189.

第2章 漓江流域景观资源分布格局

地质遗迹是指"在地球演化的漫长地质历史时期，由于各种内外动力地质作用，形成、发展并遗留下来的珍贵的、不可再生的地质自然遗产"（地质矿产部，1995）。地质遗迹具有旅游、生态、科普、科研等重要价值，不仅是地质自然遗产，而且是宝贵的景观资源（韦跃龙等，2008；袁道先等，2016）。本章选择荔浦市、兴安县、灵川县、阳朔县、恭城瑶族自治县（简称恭城县）、平乐县、永福县、秀峰区、叠彩区、象山区、七星区、雁山区、临桂区开展地质遗迹景观资源调查，研究该区域景观资源主要类型、发育规律、分布特征、资源价值、开发现状，为漓江流域地质遗迹景观保护、管理、科学研究和开发利用等提供调查资料和科学依据，为保护现有地质遗迹景观资源和挖掘潜在地质遗迹景观资源提供保护和开发利用规划建议。

2.1 漓江流域地质概况

2.1.1 漓江流域地貌、地质构造及岩性

2.1.1.1 漓江流域地貌

漓江流域地貌有平原、低山、丘陵、中山、喀斯特峰丛洼地–谷地、半喀斯特岭丘–丛丘、喀斯特峰林–缓坡平原七种类型。其中，平原面积为425.54km²，占总面积的2.44%；低山面积为4598.05km²，占总面积的26.33%；丘陵面积为2501.52km²，占总面积的14.32%；中山面积为3226.92km²，占总面积的18.48%；喀斯特峰丛洼地–谷地面积为2337.16km²，占总面积的13.38%；半喀斯特岭丘–丛丘面积为995.00km²，占总面积的5.70%；喀斯特峰林–缓坡平原面积为3379.58km²，占总面积的19.35%（图2-1）。

从各县（市、区）的地貌分布来看，平原在临桂区分布最多，达206.05km²，永福县次之，为128.28km²；低山在除桂林市区外的县（市、区）均有大量分布；丘陵、中山、喀斯特峰丛洼地–谷地、半喀斯特岭丘–丛丘与低山分布相同；喀斯特峰林–缓坡平原在各县（市、区）均匀大量分布。桂林漓江流域喀斯特地貌主要类型为峰林平原和峰丛洼地，峰林平原由峰林和喀斯特平原组成，地面耸立着拔地而起、相互林立的石峰，石峰以塔形为主，主要分布于桂林市区、喀斯特遗产地葡萄镇和雁山镇东南大埠乡一带；峰丛洼地由众多高低错落的锥状山峰与其间形态各异的封闭洼地组成，石峰基座相连，主要分布于漓江两岸地带（图2-2）。

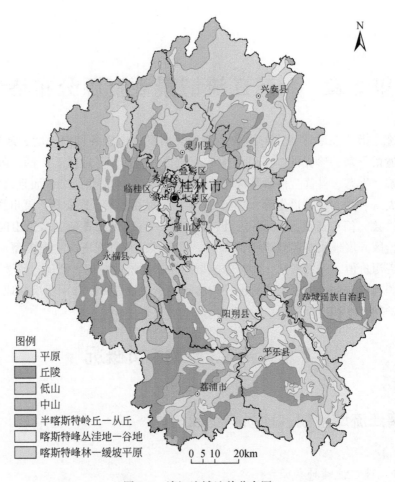

图例
平原
丘陵
低山
中山
半喀斯特岭丘—丘
喀斯特峰丛洼地—谷地
喀斯特峰林—缓坡平原

0 5 10   20km

图 2-1　漓江流域地貌分布图

2.1.1.2　地质构造

　　漓江流域所在的桂林地区位于南岭纬向构造带的中段、广西山字形构造东翼内侧，属广西东部之南北向构造带的桂林弧形构造亚带，并夹于东侧富川和西侧大瑶山南北构造亚带之中。早古生代强烈的广西运动（加里东运动）使本区基底岩系褶皱并发生变质，形成越城岭复背斜、桂林复向斜、大瑶山复背斜；海西晚期本区结束海盆沉积上升为陆，地壳运动以振荡为主，发育了北东向灵川断裂带和北西向阳朔断裂带；中生代印支运动使盖层褶皱，形成向西突出的南北向弧形构造带，奠定了桂林喀斯特的基本构造格局。桂林弧形构造带生成之后，于燕山期至喜山期叠加北东向新华夏系构造和北西向断层构造等，但其强度、规模相对较小，尚不足以破坏弧形构造而改变其形貌，表现在巨厚的碳酸盐岩系中，尽管断裂发育，但地层产状十分平缓，倾角很少超过 20°，是桂林峰丛和峰林喀斯特发育的重要构造条件。

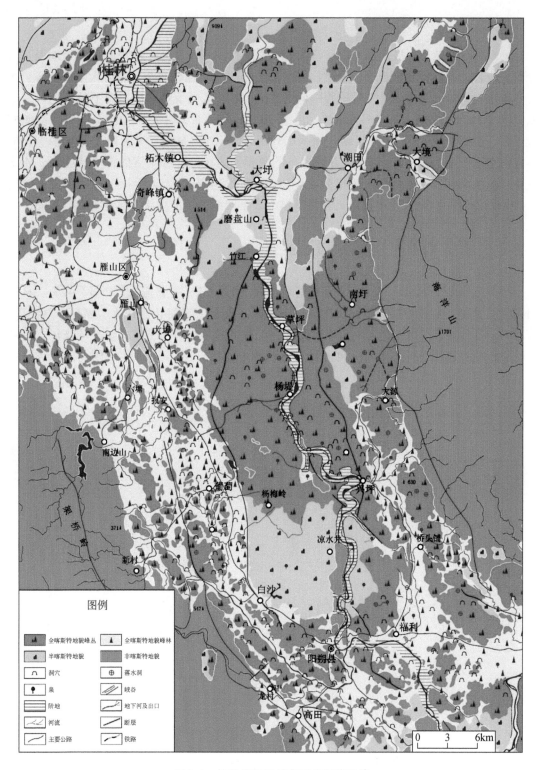

图 2-2 桂林漓江流域典型喀斯特地貌

2.1.1.3 漓江流域岩性

流域所在的桂林区域出露地层除缺失二叠系、侏罗系地层外，从寒武系到第四系均有分布。按岩性大致可划分为 5 个岩组：①下古生界浅变质碎屑岩系，厚度大于 2000m，主要分布于越城岭、海洋山、驾桥岭等中低山地区。②下泥盆统至中泥盆统下组红色碎屑岩系，厚度 900m，主要分布于中低山山麓，低山、丘陵地带。③中泥盆统至下石炭统碳酸盐岩系，连续总厚度约 3000m，氧化钙（CaO）和氧化镁（MgO）含量在 55.0% 以上，酸不溶物小于 1.0%，岩性至纯，保存有多条不同相区地层剖面和丰富的古生物化石。④三叠系、白垩系红色碎屑岩系，零星残留于上泥盆统和下石炭统喀斯特不整合面上，厚度 0~20m。古近系和新近系地层出露非常零星。⑤第四系松散堆积层，厚度为 20~60m。

2.1.2 漓江流域喀斯特分布及类型

漓江流域面积 17 463.77km²，其中喀斯特有 7412.55km²，占总面积的 42.44%。从喀斯特空间分布上来看，其主要分布在桂林市区，兴安县、阳朔县，以及永福县、荔浦市、恭城县的部分地区，主要位于一近南北延伸并向西凸起的弧形构造带中。总的来说，流域内喀斯特地貌成片、整体分布，河流贯穿喀斯特地貌区（图 2-3）。从各县（市、区）的

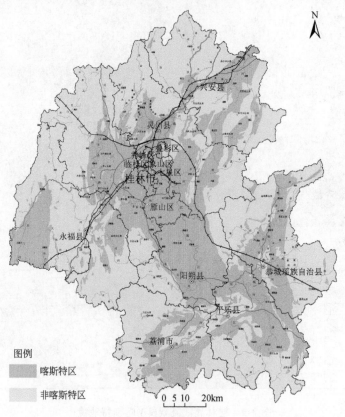

图 2-3 喀斯特分布图

喀斯特分布面积看，恭城县、荔浦市、临桂区、灵川县、平乐县、兴安县、阳朔县及永福县均超过 700km²；从各县（市、区）的喀斯特面积分布比例来看，象山区和雁山区达到了 99% 以上，阳朔县、叠彩区、七星区及秀峰区的喀斯特占比在 70%～90%，其余地区也均在 30% 以上。

　　喀斯特按类型可分为裸露型喀斯特、覆盖型喀斯特和埋藏型喀斯特三种类型。从整体上看，裸露型喀斯特区最多，覆盖型喀斯特区次之，埋藏型喀斯特区最少。其中，裸露型喀斯特区面积为 4825.25km²，占漓江流域喀斯特区总面积的 65.10%。从各类喀斯特区面积的分布来看，裸露型喀斯特区分布在恭城县、荔浦市、灵川县、平乐县、兴安县、阳朔县和永福县，不仅面积大，而且占比高，其中阳朔县占比最高，达 88.00%；而覆盖型喀斯特区分布在整个喀斯特区的西北部和东南部，其中叠彩区占比最高，为 61.86%，阳朔县最低，为 3.65%；埋藏型喀斯特区分布在整个喀斯特区的北部和南部，临桂区的埋藏型喀斯特区面积最大，为 260.80km²，恭城县的占比最低，为 1.88%（图 2-4）。

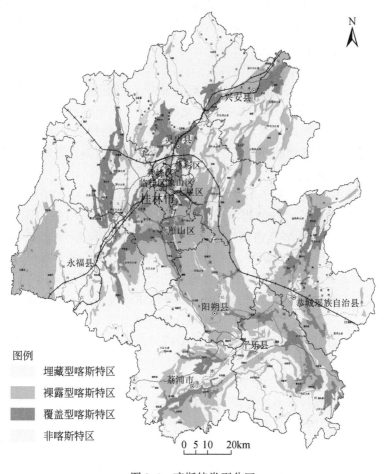

图 2-4　喀斯特类型分区

2.1.3　漓江流域地质地貌研究进展

自 20 世纪 50 年代开始,国际上的研究者发表了一些有关漓江流域喀斯特地貌和洞穴的文章,Wissman 于 1954 年绘制过我国峰林(锥状和塔状)喀斯特分布略图;20 世纪 60 年代初,东欧的几位学者曾来考察,如 Balazs 于 1962 年记述了阳朔县的碧莲洞等两个洞穴;Silar(1965)亦认为峰林地貌由潮湿炎热气候所造成;Gellet 认为阳朔县白沙镇附近有三级溶蚀平原面,其因经历抬升而位于不同高程,他绘制的多级峰顶面的插图和解释在国外文献中常被引用。此外,一些外国学者还讨论过桂林的峰林地貌对中国绘画艺术的影响,如美国著名地貌学家 Cotton、Smann 和英国著名科学家李约瑟都论述过这一点。至 1978 年,美国 Bloom 在其书中还展示出我国一幅唐代的国画和一张桂林城区的照片。

1975 年开始,西方喀斯特学家纷纷前来中国特别是桂林考察喀斯特地貌和水文地质。当时世界最著名的喀斯特学家如澳大利亚的 Jennings、新西兰的 Williams、英国的 Sweeting 分别于 1975 年、1976 年、1977 年来到桂林考察。1978～2003 年,国外学者来访与参与合作考察和研究近千人次,在广西主要考察了桂林、阳朔、来宾等地的喀斯特,考察的地点都是重要的地质遗迹点。

从 1985 年地质矿产部岩溶地质研究所①与英国洞穴探险队在桂林首次开展联合洞穴探险活动以来,至 2005 年中国地质科学院岩溶地质研究所已先后与英国、美国、日本、波兰、新西兰、加拿大、比利时、意大利等近 20 个国家在广西开展了 24 次中外联合洞穴探险和科学考察活动。这些活动的开展不仅查清了调查区的主要洞穴资源,也促进了当地旅游事业的发展及经济振兴。

国内研究机构和学者也开展了系统的调查研究。20 世纪 80 年代中后期,中国地质科学院岩溶地质研究所出版了"桂林岩溶研究"系列专著。1989～1992 年,广西地质环境总站(现为广西壮族自治区环境监测中心)对桂林-阳朔的喀斯特地貌、洞穴古脊椎动物、古人类遗迹进行过详细调查研究,并出版了《桂林-阳朔热带岩溶研究》一书。1992 年出版的《广西通志·地质矿产志》在胜迹地质一篇中,对地层剖面、考古洞穴、著名矿区、喀斯特地貌、花岗岩地貌、碎屑岩地貌、泉等地质遗迹进行了深入浅出的介绍。2000 年出版的《广西通志·岩溶志》对广西喀斯特分布、喀斯特地质调查研究现状、喀斯特形成条件、喀斯特地貌与洞穴、喀斯特地质、喀斯特调查研究、主要喀斯特地质遗迹等方面进行了系统的总结。

为了发展地方经济,20 世纪 90 年代以来,旅游开发在广西发展十分迅速。许多重要的地质遗迹和美丽的喀斯特景观被发现、被建设,不少地方进行了程度不同的地质遗迹普查,并出版了专著,如《桂林旅游资源》,对桂林主要的地质遗迹作了概括和分析。柳州等地在进行旅游规划的同时,对地质遗迹也都有相当的了解和认识。针对丰富的地质遗迹,广西壮族自治区地质环境监测站、广西壮族自治区区域地质调查研究院、中国地质科

---

① 1976 年 10 月,地质矿产部岩溶地质研究所在桂林正式成立;1998 年,其隶属国土资源部中国地质科学院,所名改为中国地质科学院岩溶地质研究所。

学院岩溶地质研究所、桂林理工大学等单位分别开展了一些地质遗迹保护的工作，配合地方政府调查研究。建立了南边村泥盆系—石炭系界线副层型剖面（简称南边村剖面），其已被列为国际标准副层型剖面，被国际地质科学联合会批准为"金钉子"（全称全球界线层型剖面和点位）。建立了桂林喀斯特世界自然遗产地、广西桂林会仙喀斯特国家湿地公园、灵川海洋山省级地质公园等一批世界级、国家级、省级地质遗迹。

2.2 漓江流域地质遗迹景观资源类型

2.2.1 漓江流域地质遗迹分类

地质遗迹类型较多，按照《地质遗迹调查规范》（DZ/T 0303—2017）中地质遗迹分类要求，本研究根据已收集和调查的地质遗迹数据，初步将漓江流域的地质遗迹类型划分为三大类、六类、十五亚类及若干次亚类。其中，基础地质大类地质遗迹包括地层剖面、重要化石产地两类；地貌景观大类地质遗迹包括岩土体地貌、水体地貌、构造地貌三类；地质灾害大类地质遗迹包括地质灾害遗迹一类，具体见表2-1。

表 2-1 漓江流域地质遗迹类型划分

大类	类	亚类	次亚类
基础地质大类	地层剖面	全球层型剖面	
		典型剖面	
	重要化石产地	古人类化石产地	
地貌景观大类	岩土体地貌	碳酸盐岩地貌	峰丛
			峰林
			峡谷
			天窗（群）
			天生桥（群）
			坡立谷
			天坑（群）
			石林（溶痕）
			溶洞
			穿洞
			奇特石峰/象形山石
		侵入岩地貌	
		碎屑岩地貌	
	水体地貌	河流（景观带）	地表河
			地下河
		湖泊、潭	

大类	类	亚类	次亚类
地貌景观大类	水体地貌	湿地-沼泽	
		瀑布	
		泉	
	构造地貌	峡谷（断层崖）	
地质灾害大类	地质灾害遗迹	崩塌	
		滑坡	
		地面塌陷	

漓江流域地质遗迹丰富，类型多样，特色鲜明，地貌景观大类地质遗迹众多，以碳酸盐岩地貌为主，其中峰林、峰丛、溶洞、穿洞、象形山石具有较强代表性，也是漓江流域宝贵的景观资源。

2.2.2　基础地质大类地质遗迹

2.2.2.1　全球层型剖面

南边村剖面。1988 年，国际地质科学联合会国际地层委员会确定南边村为国际泥盆系—石炭系界线副层型剖面，其是中国第一处获确认的国际地层界线副层型剖面，位于该县定江镇定江行政村南边自然村。该剖面出露完整，为距今三亿六千五百万年前地史时期泥盆纪与石炭纪交界时期的沉积地层，化石十分丰富，包括牙形类、头足类、有孔虫、三叶虫、腕足类、腹足类等共 14 个门类。其中，牙形类生物的演化十分完整，不仅有深水相的管刺动物群，也有浅水相的原颚刺动物群。南边村剖面是目前世界上所发现唯一能够反映先槽形及毛槽形管刺演化谱系的剖面。距今约四亿年至二亿八千五百万年前的地球地质运动，是地球上的生命物质发展的重要事件，而南边村的村民们在修筑水利时无意中发现的岩石上的无数的贝壳等古生物化石，是地球由泥盆纪向石炭纪过渡时期留下的物证。它对地质考古学家研究这一时期的地球变化和生命起源与发展具有非常重要的意义。该剖面由桂林冶金地质学院（现桂林理工大学）于 1985 年首先发现（图 2-5）。

2.2.2.2　典型剖面

唐家湾剖面。唐家湾剖面位于桂林南郊唐家湾公路以北，唐家湾剖面包括中泥盆统信都组（艾菲尔阶）和东岗岭组（吉维特阶），以及上泥盆统桂林组（弗拉斯阶）和融县组（法门阶）。其中，东岗岭组和桂林组最为发育，均为碳酸盐岩，其中含有大量生物礁，为桂林中上泥盆统碳酸盐岩的岩相古地理和沉积环境提供了重要依据。

图2-5　国际泥盆系—石炭系界线副层型剖面——南边村剖面

2.2.2.3　古人类化石产地

桂林甑皮岩洞穴遗址。甑皮岩洞穴遗址位于桂林象山区甑皮岩路、桂阳公路9km处。洞内有主洞居中，水洞居左，支洞位右，下为地下水。1965年普查发现，1973年试掘，文化层最厚2.6m，土质浅灰，为灰烬与螺蚌堆积。发现35具先民遗骸，多以蹲葬，次为捡骨葬，个别是侧身屈肢葬，属南方蒙古人种。出土有陆栖与水生食后动物40余种，其中脊椎动物遗骨有5目12科25种，代表性的有梅花鹿、赤鹿、苏门羚、猪、水牛、椰子猫、食蟹獴、小灵猫、獾、竹鼠、板齿鼠、猕猴和亚洲象等；淡水瓣鳃类有11属23种，其中1新属，7新种，均属热带、亚热带动物群。出土遗物还有石器63件，打制石器31件，有砍砸器、盘状器、刮削器、砧、杵等，磨制石器32件，有斧、锛、矛、穿孔石环、石、斧、锛呈梯，均保持原石形，石质以砂岩、板岩为主。骨器14件，有鱼叉、镞、锥、针、笄等。蚌器的刀3件。陶器，形有罐、釜、钵、瓮、三足器等，几无完器，有陶片1000余件，均为夹砂粗陶，火候偏低，多为宁红，次为灰色，纹饰以绳纹、蓝纹为大宗，部分为刻画几何纹图案。经多次测定，距今7500～9000年以上，为新石器时代早期先民的居住遗址。2001年5～7月对甑皮岩古遗址进行第二次发掘，共发现三十多个文化层，显示出甑皮岩古人类有5个生活时期。在第三十一层文化层中发现"素面夹粗砂陶器"，这是目前中国年代最早的陶器之一，距今1.1万年左右。该遗址为古气候、民族学、民俗学、古生物的研究提供了完好的实物资料。1978年2月21日建馆开放，为国家重点文物保护单位（图2-6）。

图 2-6　甑皮岩古遗址

2.2.3　地貌景观大类地质遗迹

2.2.3.1　侵入岩地貌

猫儿山。猫儿山亦称苗儿山，地处资源和兴安两县境内，呈东北—南西走向，因峰顶为一花岗岩巨石，形似猫头，故称为猫儿山。猫儿山一般海拔 1500m，不少山峰超过1800m。主峰海拔 2141.5m，为广西第一高峰，也是南岭山脉最高峰。山体狭长，气势雄伟，长约 60km，宽约 10~15km。中国工农红军长征经过的"老山界"，位于主峰的东北，海拔约 1800m。

猫儿山在寒武纪褶皱成山，经剥蚀夷平后，在加里东运动时再次隆升，在燕山运动和喜山运动时均有隆起，是广西古老的山地之一，主要由加里东期斑状黑云母花岗岩及古生代变质岩组成，其形成年代距今三亿六千八百万年，次为震旦系变质岩及燕山期花岗岩。猫儿山以独特的花岗岩地貌称奇，山上有云景、竹景、田景、水景、桥景以及名胜古迹等。猫儿山为漓江、资江和浔江的发源地，水能资源丰富。1976 年在猫儿山建立了猫儿山自然保护区，总面积 451km²，主要保护对象为铁杉针阔叶混交林生态系统及水源涵养林。林内是各种野生动物重要栖息地，主要大型野生动物有 4 纲 22 目 46 科 112 种。山上林木茂盛，植被呈垂直分布，维管束植物有 1434 种和变种，隶属于 187 科 622 属；有广西面积最大的毛竹林和约 20 种杜鹃花，林区内设有自然生态观察站。海拔 1800~2000m 处还形成一个面积约 2.37km² 的山间盆地，这是漓江、资江和浔江的发源地，因有 8 条大沟谷汇集于此，林下沼泽星罗棋布，故俗称"八角田"，这也是"猫儿山铁杉公园"的所在地（图2-7）。

图 2-7　猫儿山顶峰

2.2.3.2　碎屑岩地貌

尧山。尧山位于桂林东北面，山体呈南北走向，北连五将岭、摩天岭，南接乌岭等，尧山经过印支运动、燕山运动和喜山运动，最后形成今日形态。尧山主峰海拔909.3m，相对高度760m，其高、广为桂林城区诸山之冠。山体高大雄浑，状如伏牛，俗名牛山。尧山西坡海拔450m处，秦时建有尧庙，尧山之名由此而来。尧山为尧山—雁山背斜的北段，沿背斜西侧发育尧山—雁山断裂，走向北偏东，受断裂破坏，尧山断块隆起，约在4亿年前的加里东运动时抬升为陆地，其后又下沉接受浅海相沉积，地层主要由中下泥盆系的砂岩和页岩组成，其形态与石灰岩山形成鲜明对照，一般人称其为"土山"。山麓发育洪积扇。山上有时见岩石裸露，参差横道，多为较坚硬的砂岩，当地人称为"灵官头"。山坡、山麓见冲沟及碎屑堆积物。山西坡曾建尧庙、寿佛寺、白云观，其前有水田数亩，水旱无忧，称为"天赐田"，讹为"天子田"，还有泉水自田中石穴涌出，凉爽清甜，四季不涸，称为"玉乳泉"或"玉泉池"。山上曾建有祝圣庵（茅坪庵），旧日"尧山庙会"时倾城仕女前往进香。山西麓有明代靖江王墓群、清末岑毓英墓、近代章亚若墓、林毅墓等胜迹。尧山是一处自然风光和古代陵墓集中的风景名胜区（图2-8）。

2.2.3.3　碳酸盐岩地貌

桂林漓江流域峰丛洼地主要分布在漓江两岸，最大的一片位于潜经村至兴坪段的漓江两岸，并沿海洋山麓连续分布绵延约100km。遇龙河两岸，桂林东部的西河的两岸，以及

图 2-8　尧山

高田、会仙等地也是峰丛洼地主要分布区。此外,恭城县和平乐县之间、荔浦市西南以及永福县三皇乡也有广泛分布。仙女群峰和黄布倒影是峰丛的典型代表。

　　桂林雁山—漓江之间的峰丛洼地为典型峰丛洼地,北起雁山窑头村—鸡冠山,西界为雁山区大埠乡官庄—长流水,东面以漓江为界,南为阳朔县忠村—杨堤,包含大村、西塘、寿崴、大龙崴等峰丛;出露地层主要是上泥盆统融县组石灰岩,少部分为桂林组石灰岩,分布面积为 69km²。本区峰丛洼地包括 182 个多边形洼地,洼地底部的平均高程为301.2m,高出漓江水面为 170m。洼地平均面积为 0.38km²,洼地的分布密度为 2.64 个/km²。石峰峰顶海拔多在 500m 左右,石峰峰顶与洼地底部的平均高差为 1184.6m。通过数学计算可以发现,这些洼地在平面上的分布形式接近于均匀分布,表示这里的峰丛洼地发育趋向成熟,可以作为世界上峰丛洼地的典型代表。其中仙女群峰与黄布倒影最为经典,位于九马画山之南 1.5km,距桂林约 59km。漓江在这里的流路由南北向转为向东流,在其南岸有七座山峰亭亭玉立,被喻为天宫七仙女。这里江流清澈宁静,云山倒影,江面水底,处处如画,所谓"群峰倒影山浮水,无水无山不入神",此即漓江一绝"黄布倒影"。此处的仙女群峰发育于中泥盆统东岗岭组石灰岩中,它们的峰顶海拔在 360～550m,石灰岩沿漓江南岸 300～500m 宽度分布,再往南是中泥盆统下部的砂岩和泥岩,这些非石灰岩形成的山峰浑圆,山顶皆在 400m 以下,仙女群峰远高出于其上,特别在游船上,只见座座石灰岩石峰直入蓝天,加上黄布滩浅滩堵水,使水面更为平静,河流直角转弯,可以看到更多的石峰横列眼前,这里形成漓江观赏群峰倒影的最佳处(图 2-9)。

　　桂林峰林平原的分布大致北起桂林,向南和西南延展,经庙头镇、会仙镇、六塘镇、大塘镇、葡萄镇直至白沙镇,再断断续续延至福利、青鸟一带,甚至再向东南延伸至恭城

图 2-9　黄布倒影

县和平乐县部分地区。典型峰林平原主要分布在桂林市区以及葡萄镇、会仙镇等处。边缘峰林平原主要分布在海洋山和驾桥岭山麓地带，如阳朔县顺梅水库出口处的杨梅雷边缘平原，大源、庄头平原等。坡立谷峰林平原以杨堤思和坡立谷为代表。

葡萄峰林，位于阳朔县葡萄镇一带，分布面积为 36km^2，共有 130 座石峰，平均每平方千米有 3.6 座石峰。石峰最密集的地方，每平方千米达到 8 座石峰。石峰多悬崖陡壁，坡度一般皆在 60° 以上，多数石峰都有直立的陡崖，平均相对高度近百米。石峰之下往往都有脚洞型洞穴发育，穿透石峰的洞穴比比皆是。石峰下多积水塘，常见陡崖基部有边槽之类的溶蚀形态出现。葡萄峰林平原是世界上陆地峰林平原发育最好的地方，面积大、形态美、发育典型，是桂林喀斯特世界自然遗产地的核心区（图 2-10）。

图 2-10　葡萄峰林

思和坡立谷，峰林平原总长约 10km，宽度一般为 250～300m。坡立谷具有陡立的边坡和平坦的底部，发育方向与当地构造线方向一致。坡立谷上游部分沿坡脚有数个出水口，近漓江处有若干落水洞，这些落水洞高出漓江水位 70m，到漓江河床水平距离为 500～700m。谷底有一条地表小河，宽度为 5～6m，深 1～2m，河底无卵石和泥沙沉积，水流清澈。暴雨时，坡立谷底部常遭淹没，河流下游一年淹没 3～4 次，大面积淹没约两年一次。

桂林山奇，主要是有丰富的奇特石峰/象形山石，有点如象鼻、骆驼、天柱、螺蛳，漓江流域喀斯特地区千姿百态的石峰不仅是典型的碳酸盐岩地质遗迹，而且构成了奇特景观，成为漓江流域旅游景观资源中重要的代表。奇特石峰象形山石集中在桂林叠彩区、七星区、阳朔县，众所周知的如象鼻山、骆驼山、叠彩山、伏波山、独秀峰等，都已成为桂林的知名景点。

象鼻山，象形山石的典型代表，位于象山公园，与訾洲隔江相望，西距文昌桥 200m。山顶海拔 200m，高出江面 55m。峰体长 108m、宽 100m，峰体面积为 1.3 万 m²。象鼻山由 3.6 亿年前的上泥盆统融县组石灰岩组成。原名漓山，又名宜山、仪山、沉水山，简称象山。唐代莫休符在《桂林风土记》称：漓山"一名沉水山，以其山在水中，遂名之"。象鼻山酷似一头巨象伸长鼻子吮吸江水。象山之奇，首先在于形神毕似，山北末端有一穿洞，位于象鼻与象腿之间，不仅构成象鼻的形似，亦造就一轮临水皓月，构成"象山水月"美景。象鼻山成为桂林山水的代表、桂林城的象征。从洞旁磴道上至半山有象眼岩，形若长廊，南北贯穿，远望两个洞口若象眼，故名。洞高 2m、宽 5～10m、长 52.8m，入岩则清风拂襟而令人神怡，南望可观穿山、塔山景色。山西麓也有石磴上至山顶，形成环山道。山顶平坦，小路纵横。凭高而望，众山环峙，江水如带，城景似画。北山麓有水月洞，东西通透，空明如月，洞前有垂钓石。与水月洞相邻的是象鼻岩，岩高 1.9m、宽 3.3m、长 13.5m，岩口东向临江，因在山之"象鼻"稍后处而得名。山东南麓有南极洞，又名新生洞，高 2m、宽 1.45m、长 8.4m，东向临江，壁间刻有"南极洞天"四大字。象鼻山开拓于唐代，建温灵庙，宋时建云崖轩（后改为云峰寺）、朝阳亭，明代在山顶建有普贤塔（图 2-11）。

图 2-11　象鼻山

桂林素来享有"无山不洞,无洞不奇"的赞誉,在桂林市区附近 150km² 范围内的 80 座主要石峰(总共 220 座石峰)中,已被测量的洞穴就有 292 个,总长超过 20km。桂林洞穴旅游资源非常丰富,桂林七星岩是我国游览历史最长的洞穴之一;桂林芦笛岩享誉海内外,是我国最著名的游览洞穴;桂林冠岩、阳朔县聚龙潭、神奇岩,荔浦市丰鱼岩、银子岩,永福县永福岩等都是具有很高游览价值的旅游洞穴。此外,还有穿洞,如伏波岩、龙隐洞、穿山岩等。部分洞穴还有许多历史悠久的石刻、题词,如桂林龙隐岩、永福县百寿岩等。桂林是我国也是世界上洞穴开发利用最早、最多的地区之一。

芦笛岩,溶洞的典型代表,位于桂林市西北光明山南侧,为一厅堂式洞穴。洞口朝向西南,高出山下平地 26m。厅堂东西长 240m,南北宽 50~90m,洞高 10~18m,洞厅底部面积为 1.49 万 m²。洞底高出山脚平原地面 15~25m,大厅东北侧有一条东西向沿裂隙发育的峡谷状廊道,末端有很深的竖向落水洞,大厅东南侧有另一条上升的廊道,长 90m,向上升高 29m,末端通达地面,其内有石笋林及众多的穴盾。

芦笛岩内的次生化学沉积物非常发育,石笋、石柱密集成林,在滴水、飞溅水和流水的协同作用下,各类沉积形态变化万千,使其成为中国最著名的游览洞穴。数目众多的穴盾、棕榈状石笋、蘑菇山、小型石瀑等是芦笛岩具有特色的沉积物,这些沉积物的形成年代为二三十万年至几万年前。拟人状物,惟妙惟肖,构成了一系列相互连属、意境奇绝的景观,且景物密集,气势雄伟,令人目不暇接,被誉为"大自然艺术之宫"。芦笛岩内分为 4 个景区:"石幔层林""天柱云山""水晶宫""曲径画廊"。

芦笛岩洞壁上共发现历代墨迹壁书 77 则,年代最早的为南朝齐永明年间(483~493年)的题名,唐 5 则、宋 10 则、元 1 则、明 4 则、民国 4 则、无款 52 则。重要壁书多在大厅的石壁上。可知至少公元 5 世纪时已有人入岩游览。另外,由壁书内容可知,古代游人已将洞内分为八大洞天,题有"一洞""二洞""三洞",以及"塔""笋""龙池"等景观标志。唐代名僧题名、明代靖江王府采山队题记均有重要历史价值。芦笛岩壁书为广西文物保护单位(图 2-12)。

图 2-12　芦笛岩

伏波岩，位于桂林伏波山下，又称还珠洞，是穿洞的代表。古时曾称东岩、蒙亭岩、玩珠洞。属脚洞横向洞穴，呈丁字形廊道，主洞南北贯穿，支洞东西穿插。南洞口高 2m，洞内总长 127m，高 4 ~6m，宽 6 ~8m，底面积约 612m²。由南口入洞，行十余米则豁然开朗。西旁有石门，即为珊瑚岩，以试剑石最为引人。石旁有石级，盘折而上可达千佛洞，岩内有多处唐代摩崖佛教造像。伏波岩自唐宋以来即为游览胜地，题咏不绝。伏波岩共有摩崖造像 45 龛 219 尊，石刻 112 件（碑刻 1 件），其中唐 2 件、宋 62 件、元 1 件、明 22 件、清 24 件、民国 1 件，分为造像记、题名，题诗、题榜和绘画。伏波岩为广西文物保护单位（图 2-13）。

图 2-13 伏波岩

漓江喀斯特峡谷，漓江流经不同岩性的地段时，所呈现的河谷形态各不相同，它只有在流经由纯碳酸盐岩组成的河谷时，才呈现出最美丽的景致。形成地貌景观的地层主要为上泥盆统融县组纯碳酸盐岩。漓江在高耸的峰丛洼地中开拓出自己长达百里的流路，两岸陡崖直插江中，形成典型的喀斯特峡谷。漓江喀斯特峡谷段在总的河流下切、地面上升过程中，速度比较缓慢，故而在河谷内河流有一定的侧向侵蚀作用发生，在局部地方形成一级阶地，成为人们的居住地，使游人在"几程漓水曲，万点桂山尖"的飘渺中领悟到"天人合一"的意境（图 2-14）。

图 2-14 漓江峡谷

灵川大圩—阳朔河段是最为精彩的，河段全长 64km，可分 3 小段，分别是长 8km 的大圩—碧崖阁河段、长 36km 的碧崖阁—阳朔兴坪渔村河段和长 20km 的阳朔兴坪渔村—阳朔县城河段。漓江在大圩流向转为近南北向，在大圩—碧岩阁这 3km 河段，漓江为微弯顺直型河道，江面宽 150~200m，东岸为冲积平原上的田野平畴，西岸为由下石炭统不纯碳酸盐岩组成的丛丘地貌，峰顶虽多但较为圆浑。从碧崖阁开始，漓江进入峡谷区，称黄牛峡。峡谷绵长曲折，滩浅流急，山高崖陡，怪石丛生，西岸山上有块石头似黄牛，东岸又有石似马、似狮。但首先进入眼帘的是位于西岸的一排长为 2km 的陡崖，陡崖切割开多个峰丛中的洼地，使陡崖或高或低，似展翅的蝙蝠，故称为蝙蝠山，是水流侵蚀造成的。三百多年前明末徐霞客来此地时，但见"石峰排列而起，横障南天，上分危岫，几埒巫山，下突轰崖，数逾匡老。于是扼江，江流啮其北麓，怒涛翻壁，层岚倒影，赤壁、采玑，失其壮丽矣"。但现今陡崖前沙洲浅滩横亘，只有南面 500m 陡崖仍然经受江流之冲激。峡谷段的漓江为深切曲流，河床水面宽度仍为 150~200m，但河谷束窄，一般 60m 左右，两岸石峰相对高度多在 200m 以上。这一河段的漓江流动在典型的峰丛之中，奇峰夹岸，形态万千。沿江最重要的景点有草坪、冠岩、绣山、半边渡、二郎峡、杨堤翠竹、浪石奇观、九马画山、黄布倒影、兴坪佳胜等。这一段是漓江风景精华中的精华。

在兴坪渔村—阳朔县城河段，西岸主要为砂岩夹泥岩，属非碳酸盐岩；东岸是薄层扁豆状石灰岩和硅质岩，偶尔有石纯灰岩组成的锥状石峰位于其上部。这些山地的坡度多在 20°~30°，高度也较低，河谷开阔，植被发育好，一派田园风光。在接近阳朔县城时，较纯的碳酸盐岩再次出露，又是大好的峡谷峰林景色。

阳朔县城—普益河段是漓江黄金水道的自然延伸，长度为 26km，可分为两个主要河段。第一段从阳朔县城至福利，长 8km，漓江的流向为自西向东流。漓江两岸大面积出露的地层是上泥盆统融县组纯石灰岩，地貌是峰丛山地，石峰有时紧逼江岸，沿途重要景点有书童山、双狮岭、灵人山、三石（三姑石）等。此河段景观与峡谷段大致相似，但差别是两岸峰丛不像峡谷段内那么连绵不断，而是时而有长条形的峰林平原点缀其间。第二段从福利镇至普益，漓江折向东南流，河道长 18km，其中福利—留公村河段（约 13km 流程）在融县组纯石灰岩地层分布区，东北岸有大面积峰林平原；河流阶地增宽；除了典型峰丛地貌外，有较多的岛状峰丛出现；峰丛和峰林交相辉映，石峰层次十分丰富，景观有很高的观赏性。在此河段的后半部分，漓江之西南岸出露中泥盆统东岗岭组地层，岩性以石灰岩、白云岩为主，但含有较多泥质，形成的地貌为丛丘，景观远逊于峰丛山地。此河段余下的 5km 的江岸是砂页岩地层构成的常态的低山、丘陵。

冷水石林，主要是发育在上泥盆统的白云质石灰岩和石灰岩中的残山和石芽。残山在断裂的控制下，大致沿近东西和北西—南东向展布，形成了景区的骨架，这些残山一般长数十至百余米，宽十几至数十米，高 10~25m，集中在西部，石芽则分布在残山之间的溶蚀洼地或盆地中，大小不一，高矮不等，形象万千，是最主要的构景要素。石芽又可分成密集型、稀疏型和分散型三类：密集型石芽实际上是残山在断裂构造的影响下沿长轴方向进一步溶蚀而成，表现为沿长轴方向呈密集平行排列的大型板状石芽群，板一般长十几米，高 10~25m，常有穿洞存在，顶部石芽发育，起伏变化较大，板间是深浅不一、宽数十厘米至几米不等（图 2-15）。

图 2-15　平乐县冷水石林

2.2.3.4　河流（景观带）

漓江流域除了世界著名的漓江外，还有桂江、良丰河、遇龙河、兴坪河、金宝河、荔浦河、灵渠等地表河，以及冠岩地下河、毛村地下河、寨底地下河等，这些河流与地表的山峰共同构成了漓江流域美轮美奂的旅游景观。

金宝河：发源于金宝乡的三盘、兴界，在金宝汇合，故名金宝河。金宝河在穿岩村东与遇龙河汇合为田家河，北折流入漓江，金宝河全长 40km，蜿蜒于崇山峻岭之间，山高水急，集雨面积为 176km²，宽 22~35m，深 0.3~0.5m。

遇龙河：古名安乐水，后因中游有著名的遇龙桥，改今名。遇龙河流向为北西—南东方向，发源于临桂区白粘岭，集雨面积为 158km²，全长 43.5km，河宽 38~61m，深 0.5~0.9m。遇龙河是一条美丽的河流，特别是遇龙桥以下至与金宝河汇合的合山江口，此河段长 12km，群峰叠嶂，绿树丛生，田野纵横，村庄错落，可以观赏到遇龙桥、犀牛望月、穿山古寨、归义城遗址、五指山、双流渡口、骏马凌空等风光胜迹，是阳朔风景又一佳境。下游部分流经峰丛区，是又一条类似漓江的喀斯特峡谷式河流，只是体量上较漓江小一些（图 2-16）。

2.2.3.5　湖泊、潭

西塘。西塘位于阳朔县西塘村，是一个大型封闭洼地中的较大常年积水体，是典型的喀斯特湖，西塘村前有 3 个天然湖泊，分别为东塘、罗塘、西塘，三塘连成一片，面积约700 亩[1]，3 个湖中以西塘面积最大，约 600 亩水面，水深达 8m，四周高山矗立，峰林密

---

[1]　1 亩≈666.67m²。

图 2-16　遇龙河

布。西塘距漓江约 4km，是一个高悬于漓江之上 100m 的喀斯特湖（图 2-17）。

图 2-17　西塘

2.2.3.6　湿地–沼泽

会仙湿地。会仙湿地位于广西桂林临桂区会仙镇境内，是漓江流域最大的喀斯特地貌原生态湿地，具有保持水源、净化水质、蓄洪抗旱、维护生物多样性等重要的环境调节功能和生态效益。2012 年 2 月，会仙湿地被列入国家湿地公园试点建设；2017 年 12 月，通过验收，正式成为国家湿地公园，命名为"广西桂林会仙喀斯特国家湿地公园"。公园规划总面积为 586.75hm², 涉及睦洞、新民、山尾、四益、文全 5 个行政村 26 个周边村屯, 其中湿地面积为 493.59hm², 主要包括以睦洞湖为中心的湖泊沼泽湿地和龙头山、分水塘、狮子山及冯家鱼塘与分水塘至相思江之间的开凿于唐朝武则天时期的古桂柳运河等湿地。湿地内岛屿星罗棋布, 山水相得益彰, 集"山、水、田、园、林、沼、运"等景观要素于一体, 以其喀斯特湿地之典型、山水景观之秀丽、历史文化之深蕴而著称。该湿地风貌及其周边环境不仅在广西是独一无二的, 在全国乃至世界峰林喀斯特平原风貌中也极为罕见, 是极具研究价值的典型湿地 (图 2-18)。

图 2-18　会仙湿地

2.2.3.7　瀑布

神岭瀑布。神岭瀑布位于灵川三街, 隐藏在北障山脉群山之中的神岭峡谷, 高峡壁立, 百泉汇流, 形成了众多的瀑布, 十几米高以上的瀑布就有天河瀑布、尖峰瀑布、神龙瀑布、红岩瀑布、中岭瀑布等, 至于 3～5m 的跌水则更是数不胜数。步移景换, 奇潭相连, 鬼斧神工, 令人叹为观止 (图 2-19)。

2.2.3.8　泉

白石喊泉。白石喊泉位于兴安县白石乡山背村, 白石喊泉其实是因独特岩缝构造所形成的一种罕见的自然虹吸现象, 属珍稀的多潮泉。所谓多潮泉, 就是在喀斯特地区的喀斯特通道中, 由于虹吸作用, 形成具有一定规律的周期性出流的泉。白石喊泉这种大自然罕见的多潮泉, 可作为一种独特的旅游资源进行开发。

图 2-19 神岭瀑布

2.2.4 地质灾害大类地质遗迹

地质灾害大类地质遗迹为崩塌、滑坡、泥石流、地面塌陷等地质灾害发生留下的具有典型性、代表性的遗迹，这类地质遗迹具有巨大的科普价值，美学价值相对较小。桂林漓江流域有代表性的地质灾害遗迹有灵川灵田乡莫家滑坡、七星塌陷漏斗、南圩塌陷漏斗和白石塌陷漏斗，其中南圩塌陷漏斗经调查发现已达到天坑规模。

2.3 地质遗迹景观资源空间分布格局

2.3.1 漓江流域地质遗迹分布和开发利用

2.3.1.1 地质遗迹类型总体分布

漓江流域地质遗迹景观资源丰富，本研究按照地质遗迹类型和县（市、区）统计 222 处地质遗迹。按亚类进行统计，其中全球层型剖面 1 处、典型剖面 2 处、古人类化石产地 4 处、碳酸盐岩地貌 161 处、侵入岩地貌 3 处、碎屑岩地貌 3 处、河流（景观带）15 处、湖泊、潭 8 处、湿地–沼泽 2 处、瀑布 11 处、泉 7 处、峡谷（断层崖）1 处、滑坡 1 处、地面塌陷 3 处，详见表 2-2。

梳理漓江流域地质遗迹景观资源，将已开发的地质遗迹景观资源按类型分层制图，获得漓江流域地质遗迹景观资源现状分布图，从空间分布来看，已开发的大部分地质遗迹景观分布在漓江流域的喀斯特区，小部分分布在非喀斯特区，还有部分地质遗迹景观分布在喀斯特区与非喀斯特区交界处，如临桂区的深里河峡谷。流域中下游涉及的县（市、区），特别是喀斯特覆盖较多的县（市、区），景观资源较为丰富，其也是旅游业较发达的县（市、区）。

表2-2　漓江流域六区六县一市地质遗迹分布统计

（单位：处）

大类	类	亚类	次亚类	叠彩区	恭城县	荔浦市	临桂区	灵川县	平乐县	七星区	象山区	兴安县	秀峰区	雁山区	阳朔县	永福县	共计
基础地质大类	地层剖面	全球层型剖面											1				1
		典型剖面													1	1	2
	重要化石产地	古人类化石产地						1			2			1			4
地貌景观大类	岩土地貌	碳酸盐岩地貌	峰丛		1			2	1					8	5	1	18
			峰林			3		1	1			1	1	3	8	1	19
			峡谷			1	1	2				4			2		10
			天窗（群）						1			1			1		3
			天生桥（群）							1		1					2
			天坑（群）							1					1		2
			坡立谷		1				1								2
			石林（溶痕）	1											1		2
			溶洞		3	3	3	7	1	5	2	5	4	2	13	3	51
			穿洞		3			3	1	2		1	1				11
			奇特石峰/象形山石	6	3	1		1	3	6	2		2	1	16		41
		侵入岩地貌						1				2					3
		碎屑岩地貌						1	1						1		3
	水体地貌	河流（景观带）	地表河		1		1	2	1	1		1	1	1	4	1	12
			地下河		1			2									3
		湖泊、潭			1	1	3			1			1	1			8
		湿地-沼泽			1					1							2
		瀑布			1	1	2				1	2			2		11
		泉					3		3			1					7
	构造地貌	峡谷（断层崖）			1												1
地质灾害遗迹大类		滑坡			1												1
		地面塌陷						1		1		1					3
合计				7	13	9	13	31	14	15	8	17	9	21	57	8	222

2.3.1.2 地质遗迹开发利用情况

漓江流域的222个地质遗迹，按县（市、区）统计，阳朔县最多，达57处，其次为灵川县，达31处，雁山区达21处。从开发利用角度，地质遗迹分为未开发地质遗迹和已开发地质遗迹两种，其中漓江流域已开发地质遗迹172处，按县（市、区）统计，已开发的地质遗迹中，阳朔县最多，达45处，其次为灵川县，达19处，其他各县（市、区）介于5~16处。漓江流域未开发地质遗迹有50处，其中阳朔县和灵川县的未开发地质遗迹最多，各有12处，其他县的未开发地质遗迹在5处及5处以下。整体来看，漓江流域地质遗迹景观资源开发利用率达77.48%，其中叠彩区、荔浦市开发利用率最高，达100%，灵川县、象山区、平乐县、雁山区的开发利用率低于流域平均水平。根据表2-3和图2-20，从地质遗迹数量和开发利用角度分析，阳朔县地质遗迹数量多，灵川县次之，两县未开发利用地质遗迹数量各为12处，其开发利用潜力较大。漓江流域未开发地质遗迹景观资源见表2-4。

表2-3　漓江流域地质遗迹景观资源开发利用情况统计

县（市、区）	已开发/处	未开发/处	合计/处	开发率/%
叠彩区	7	0	7	100.00
恭城县	11	2	13	84.62
荔浦市	9	0	9	100.00
临桂区	11	2	13	84.62
灵川县	19	12	31	61.29
平乐县	9	5	14	64.29
七星区	12	3	15	80.00
象山区	5	3	8	62.50
兴安县	14	3	17	82.35
秀峰区	7	2	9	77.78
雁山区	16	5	21	76.19
阳朔县	45	12	57	78.95
永福县	7	1	8	87.50
漓江流域	172	50	222	77.48

表2-4　漓江流域未开发地质遗迹景观资源列表

大类	类	亚类	次亚类	遗迹名称	区域	等级
基础地质大类	重要化石产地	古人类化石产地		灵山人洞	灵川县	省级以下
				庙岩	雁山区	省级以下
				宝积岩	象山区	省级
	地层剖面	典型剖面		唐家湾		省级
				杨堤	阳朔县	省级

大类	类	亚类	次亚类	遗迹名称	区域	等级
地质灾害大类	地质灾害遗迹	地面塌陷		七星塌陷漏斗	七星区	省级以下
				白石塌陷漏斗	兴安县	省级以下
				南圩塌陷漏斗	灵川县	省级以下
		滑坡		灵川灵田乡莫家滑坡		省级以下
地貌景观大类	岩土体地貌	碳酸盐岩地貌	峰丛	社山峰丛	恭城县	省级
			奇特石峰/象形山石	虎尾山		省级
			峰林	两江峰林平原	临桂区	省级
			溶洞	佳和洞		省级
			穿洞	车田穿岩		省级以下
			峰丛	沙子峰丛	平乐县	省级以下
			峰林	同安峰林		省级以下
			坡立谷	张家镇坡立谷		省级以下
			天生桥（群）	青龙桥		国家级
			溶洞	普陀山黄岩	七星区	省级以下
			溶洞	普陀山水岩		省级以下
			溶洞	上桂峡洞穴群	兴安县	省级以下
			天生桥（群）	白石天生桥群		省级
			穿洞	飞丝岩	秀峰区	省级以下
			溶洞	茅茅头大岩		省级
			峰林	奇峰镇峰林	雁山区	国家级
			溶洞	盘龙洞		国家级
			天窗（群）	牛屎冲		省级以下
			天窗（群）	小河里		省级以下
			穿洞	海豚岩	阳朔县	省级
			穿洞	南寨门洞		省级
			峰林	葡萄峰林		世界级
			坡立谷	思和坡立谷		省级
			溶洞	饿古岩		省级
			溶洞	大村3#洞		省级以下
			溶洞	岩门山溶洞群		世界级
			溶洞	关山溶洞群		国家级
			溶洞	椅子山出气岩		省级以下
			溶洞	灶岩山溶洞群		省级
			溶洞	罗田大岩		省级
			峰林	罗锦峰林	永福县	国家级

续表

大类	类	亚类	次亚类	遗迹名称	区域	等级
地貌景观大类	岩土体地貌	碳酸盐岩地貌	溶洞	白虎洞	象山区	省级以下
			穿洞	南圩村穿岩	灵川县	国家级
			穿洞	镜子山穿岩		省级
			峰林	南圩峰林		省级
			溶洞	豪猪洞		省级以下
			溶洞	太平岩（甲宅）		省级以下
			溶洞	西真岩		省级以下
	水体地貌	河流（景观带）	地表河	潮田河		省级
			地下河	毛村		省级以下
			地下河	寨底		省级以下

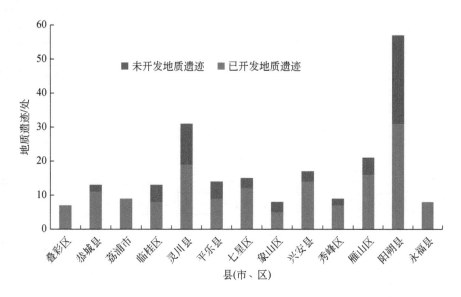

图 2-20 漓江流域地质遗迹开发情况图

2.3.1.3 潜在地质遗迹景观资源

将具有景观资源价值而又未开发的地质遗迹作为潜在地质遗迹景观资源，本次对已调查的 222 处地质遗迹进行分析，按县（市、区）统计，漓江流域共有潜在地质遗迹景观资源 40 处，见表 2-5，各县（市、区）潜在地质遗迹景观资源占漓江流域潜在地质遗迹景观资源的比例见图 2-21。将 41 处潜在地质遗迹景观资源按类型分层制图，获得漓江流域潜在地质遗迹景观资源分布图，从空间分布来看，这些地质遗迹景观资源主要分布在漓江流域中下游的喀斯特地区，其中阳朔县、灵川县、平乐县数量较多，具有较好的景观旅游发展地质条件。

表 2-5 漓江流域潜在地质遗迹景观资源列表

大类	类	亚类	次亚类	遗迹名称	区域	等级
地貌景观大类	岩土体地貌	碳酸盐岩地貌	峰丛	社山峰丛	恭城县	省级
			奇特石峰/象形山石	虎尾山		省级
			峰林	两江峰林平原	临桂区	省级以下
			溶洞	佳和洞		省级
			穿洞	车田穿岩	平乐县	省级以下
			峰丛	沙子峰丛		省级以下
			峰林	同安峰林		省级以下
			坡立谷	张家镇坡立谷		省级以下
			天生桥（群）	青龙桥		国家级
			溶洞	普陀山黄岩	七星区	省级以下
			溶洞	普陀山水岩		省级以下
			溶洞	白虎洞	象山区	省级以下
			溶洞	上桂峡洞穴群	兴安县	省级以下
			天生桥（群）	白石天生桥群		省级
			溶洞	茅茅头大岩	秀峰区	省级
			峰林	奇峰镇峰林	雁山区	国家级
			天窗（群）	牛屎冲		省级以下
			穿洞	海豚岩	阳朔县	省级
			穿洞	南寨门洞		省级
			峰林	葡萄峰林		世界级
			坡立谷	思和坡立谷		省级
			溶洞	饿古岩		省级
			溶洞	大村 3#洞		省级以下
			溶洞	岩门山溶洞群		世界级
			溶洞	关山溶洞群		国家级
			溶洞	椅子山出气岩		省级以下
			溶洞	灶岩山溶洞群		省级
			溶洞	罗田大岩		省级
			峰林	罗锦峰林	永福县	国家级
			穿洞	南圩村穿岩	灵川县	国家级
			穿洞	镜子山穿岩		省级
			峰林	南圩峰林		省级
			溶洞	豪猪洞		省级以下
			溶洞	太平岩（甲宅）		省级以下

续表

大类	类	亚类	次亚类	遗迹名称	区域	等级
地貌景观大类	水体地貌	河流（景观带）	地表河	潮田河	灵川县	省级
			地下河	毛村		省级以下
				寨底		省级以下
地质灾害大类	地质灾害遗迹	地面塌陷		南圩塌陷漏斗		省级以下
				七星塌陷漏斗	七星区	省级以下
				白石塌陷漏斗	兴安县	省级以下

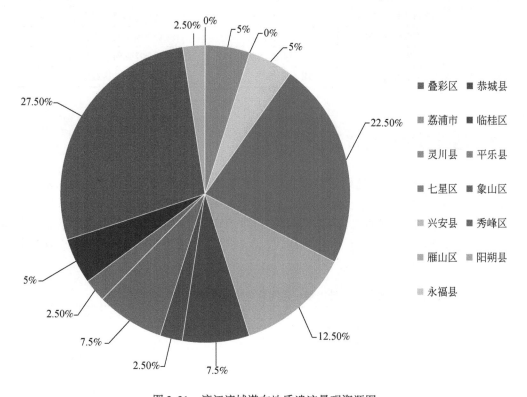

图 2-21　漓江流域潜在地质遗迹景观资源图

从保护角度出发，将漓江流域潜在地质遗迹景观资源与已经划定的保护区范围相叠加，发现 12 处潜在地质遗迹景观资源分布在保护区内，统计见表 2-6。位于保护区内的潜在地质遗迹景观资源均为碳酸盐岩地貌，其中 8 处位于桂林喀斯特世界自然遗产地内，该范围与桂林漓江风景名胜区范围一致，2 处位于广西阳朔遇龙河峰林自治区级地质公园，1 处位于广西驾桥岭自治区级自然保护区，1 处位于广西海洋山自治区级自然保护区，对保护区内潜在地质遗迹景观资源应以保护为主，对确需开发利用的应综合开发条件以无损的方式进行。

表 2-6　漓江流域保护区内的潜在地质遗迹景观资源

序号	名称	类型	保护区名称
1	永福县罗锦峰林	峰林	广西驾桥岭自治区级自然保护区
2	阳朔县海豚岩	穿洞/溶洞	广西阳朔遇龙河峰林自治区级地质公园
3	阳朔县岩门山溶洞群	穿洞/溶洞	广西阳朔遇龙河峰林自治区级地质公园
4	雁山区牛屎冲	地下河天窗	桂林喀斯特世界自然遗产地
5	阳朔县思和坡立谷	坡立谷	桂林喀斯特世界自然遗产地
6	阳朔县葡萄峰林	峰林	桂林喀斯特世界自然遗产地
7	雁山区奇峰镇峰林	峰林	桂林喀斯特世界自然遗产地
8	阳朔县饿古岩	穿洞/溶洞	桂林喀斯特世界自然遗产地
9	阳朔县大村 3#洞	穿洞/溶洞	桂林喀斯特世界自然遗产地
10	秀峰区茅茅头大岩	穿洞/溶洞	桂林喀斯特世界自然遗产地
11	七星区普陀山水岩	穿洞/溶洞	桂林喀斯特世界自然遗产地
12	灵川县南圩塌陷漏斗	喀斯特（塌陷）漏斗	广西海洋自治区级山自然保护区

2.3.2　地质遗迹景观资源价值评价

根据《地质遗迹调查规范》（DZ/T 0303—2017），结合景观资源价值，本次采用科学性、稀有性、完整性、美学性、保存程度、可保护性 6 个主要因素作为评价指标，评分采用 10 分制，对漓江流域地质遗迹景观资源进行价值评价。漓江流域地质遗迹景观资源价值评价指标的等级和分值见表 2-7，漓江流域地质遗迹景观资源价值评价等级和分值见表 2-8。

表 2-7　漓江流域地质遗迹景观资源价值评价指标的等级和分值

评价指标	等级	分值
科学性 稀有性 美学性 保存程度	极好	[10,7.5)
	好	[7.5,5)
	差	[5,2.5)
	极差	[2.5,0)
完整性	原始状态，无人类活动痕迹	[10,7.5)
	绝大部分原始，有人类活动痕迹	[7.5,5)
	有些垃圾，部分遭到破坏	[5,2.5)
	有垃圾且无规划建筑，较多破坏	[2.5,0)
可保护性	极容易保护	[10,7.5)
	容易保护	[7.5,5)
	难保护	[5,2.5)
	极难保护	[2.5,0]

表 2-8　漓江流域地质遗迹景观资源价值评价等级和分值

等级	分值
世界级	[60~45)
国家级	[45~30)
省级	[30~15)
省级以下	[15~0]

专家对调查整理的 222 个地质遗迹进行分类分项打分，根据总分进行地质遗迹景观资源价值等级评价，对世界级、国家级、省级和省级以下四类不同等级的地质遗迹景观资源按县（市、区）进行统计，结果见表 2-9。

表 2-9　漓江流域县（市、区）地质遗迹景观资源价值等级统计表　（单位：处）

县（市、区）	世界级	国家级	省级	省级以下	合计
叠彩区	0	0	7	0	7
恭城县	0	0	11	2	13
荔浦市	0	1	3	5	9
临桂区	0	0	8	5	13
灵川县	0	1	11	19	31
平乐县	0	1	3	10	14
七星区	0	2	6	7	15
象山区	0	2	5	1	8
兴安县	1	1	2	13	17
秀峰区	2	2	3	2	9
雁山区	7	6	5	3	21
阳朔县	8	7	29	13	57
永福县	0	1	5	2	8
合计	18	24	98	82	222

世界级地质遗迹景观资源 18 处，集中在阳朔县、雁山区、秀峰区和兴安县，绝大部分属于碳酸盐岩地貌亚类，最为世人瞩目的地质遗迹景观资源集中在漓江中下游，是峰林、峰丛与漓江的完美结合。国家级地质遗迹景观资源 24 处，分布在阳朔县、雁山区、秀峰区、七星区、象山区、荔浦市、灵川县、平乐县、兴安县、永福县，碳酸盐岩地貌亚类占多数，其中峰丛 1 处，峰林 5 处，溶洞 6 处，穿洞 1 处，奇特石峰/象形山石 4 处，天生桥（群）1 处，地表河 2 处，湖泊、潭 1 处，湿地-沼泽 1 处，古人类化石产地 1 处，侵入岩地貌 1 处。省级地质遗迹景观资源 98 处，13 个县（市、区）都有分布，其中阳朔县、灵川县和恭城县较多。省级以下地质遗迹景观资源 82 处，其中灵川县、兴安县、阳朔县、平乐县较多。

从地质遗迹类型上统计，碳酸盐岩地貌亚类 161 处，占总地质遗迹数的 72.52%，是漓江流域最具特色的地质遗迹类型。其中峰丛 18 处，峰林 19 处，溶洞 51 处，奇特石峰/象形山石 41 处，这四种次亚类最具代表性，集中体现了流域内喀斯特地貌景观特征，是宝贵的喀斯特地质遗迹景观资源。

2.4 地质遗迹景观资源开发利用建议

2.4.1 地质遗迹开发利用分析

对 222 个地质遗迹进行旅游景观资源开发利用现状分析，漓江流域已开发地质遗迹 172 处，未开发 50 处，其中潜在地质遗迹景观资源 40 处。按地质遗迹类型统计，已开发的地质遗迹中碳酸盐岩地貌亚类最多，其中溶洞、奇特石峰/象形山石、峰丛、峰林、峡谷等次亚类地质遗迹开发数量较多，具体见表 2-10。

表 2-10 漓江流域地质遗迹开发利用情况分类统计

大类	类	亚类	次亚类	已开发/处	未开发/处	合计/处	开发率/%
基础地质大类	地层剖面	全球层型剖面		1	0	1	100.00
		典型剖面		0	2	2	0.00
	重要化石产地	古人类化石产地		1	3	4	25.00
地貌景观大类	岩土体地貌	碳酸盐岩地貌	峰丛	16	2	18	88.89
			峰林	13	6	19	68.42
			峡谷	10	0	10	100.00
			天窗（群）	1	2	3	33.33
			天生桥（群）	0	2	2	0.00
			天坑（群）	2	0	2	100.00
			坡立谷	0	2	2	0.00
			石林	2	0	2	100.00
			溶洞	34	17	51	66.67
			穿洞	5	6	11	45.45
			奇特石峰/象形山石	40	1	41	97.56
		侵入岩地貌		3	0	3	100.00
		碎屑岩地貌		3	0	3	100.00
	水体地貌	河流（景观带）	地表河	11	1	12	91.67
			地下河	1	2	3	33.33
		湖泊、潭		8	0	8	100.00
		湿地–沼泽		2	0	2	100.00

续表

大类	类	亚类	次亚类	已开发/处	未开发/处	合计/处	开发率/%
地貌景观大类	水体地貌	瀑布		11	0	11	100.00
		泉		7	0	7	100.00
	构造地貌	峡谷（断层崖）		1	0	1	100.00
地质灾害大类		滑坡		0	1	1	0.00
		地面塌陷		0	3	3	0.00
合计				172	50	222	77.48

地表的地质遗迹景观资源大多以观光旅游景区的形式进行开发利用，流域内最突出的是溶洞，故本研究特别针对溶洞地质遗迹进行了系统梳理，根据 51 个溶洞地质遗迹和 116 个其他溶洞（来自洞穴地质遗迹调查），以桂林市区和阳朔县、永福县为例进行分析，溶洞地质遗迹开发利用情况如下。

2.4.1.1 桂林市区

广西桂林市区洞穴主要分布在峰丛洼地和峰林平原两个不同的地貌分区，洞穴发育总体特点是以中小型洞穴为主，缺少大型的洞穴系统，洞穴沉积物较为发育。由于所处中国地势第三阶梯，海拔较低，洞穴分布的地理位置同样是人类生存和重要的活动区域，如桂林市区内就有数百个洞穴，这就决定了桂林的洞穴保护与当地居民存在着极为密切的联系（表 2-11）。

表 2-11　桂林市区调查洞穴保护与利用情况

编号	溶洞名称	特色景观	利用类型	有无保护设施	所属保护区
#001	广西桂林还珠洞	蚀余形态，摩崖石刻	旅游	有	国家级风景名胜区
#002	广西桂林芦笛岩	密集滴石类钟乳石，壁书	旅游	有	国家级风景名胜区
#003	广西桂林大岩	平坦洞底，高大石笋，大面积边石坝，中部层楼结构，壁书	科考探险	有	国家级风景名胜区
#004	广西桂林穿山岩	卷曲石花，古地磁黏土层	旅游	有	国家级风景名胜区
#005	广西桂林七星岩	边槽，历史悠久游览洞	旅游	有	国家级风景名胜区
#006	广西桂林普陀水岩	蚀余形态，地下河	动物园供水	无	国家级风景名胜区
#007	广西桂林普陀黄岩	蚀余形态，边槽	熊猫降温	无	国家级风景名胜区
#008	广西桂林愚自乐园 1#	脚洞，完整边槽，水潭	VIP 游览	有	世界遗产地缓冲区
#009	广西桂林愚自乐园 2#	脚洞，完整边槽，石钟乳	无利用	无	世界遗产地缓冲区

从表 2-11 可以看出，桂林市区洞穴总体保护现状较为良好，所调查的洞穴大多在国家风景名胜区范围内，有基本的保护措施，如保护管理机构和保护设施等。这是因为桂林

是全国知名旅游城市，而洞穴正是桂林旅游的特色之一，有"无山不洞、无洞不奇"之说，芦笛岩、七星岩、还珠洞等享誉区内外，作为重要旅游景点，洞穴的保护是可持续旅游收入的重要保证，在旅游收入中所占比例较高。洞穴因具有较高的观赏性和科学性，多属世界级、国家级和省区级保护，保护级别较高。同时，喀斯特知识在群众中有较好的普及性，民众自发环保意识较为强烈。但是，也有部分洞穴虽然在国家级风景保护区范围内，但没有相应的保护设施，如警示标识、洞内设施等，甚至有乱刻乱画、乱扔垃圾和地下河水遭受污染等问题。

所调查的洞穴利用方式集中在旅游开发上，以独特的钟乳石景观和历史文化遗迹（如桂林石刻）为景物标志吸引游客，如桂林市区各公园景区的洞穴、桂林漓江世界自然遗产地缓冲区内的洞穴等，强调开发和保护并重；其他少量洞穴作为科学研究场所加以利用，如考古洞穴和古气候、古水文研究的洞穴，其科学价值大于旅游价值，保护多于开发，这些洞穴多位于郊区。

2.4.1.2　阳朔县

此次调查的阳朔县溶洞，除莲花岩外，都在世界自然遗产地范围内（表2-12），包括典型峰林平原区溶洞和典型峰丛区溶洞，前者以脚洞、水平溶洞为特色，溶洞普遍短小，长度均不超过500m，高度和宽度小于10m，与人类生产活动密切相关，或取水，或养殖，或堆放杂物，因此对洞穴的保护极具挑战；而后者长度均大于500m，高度和宽度大于20m，与人类活动关系局限于过去的熬硝活动，而与现代生产生活关系不大，溶洞大多处于原始状态，或被旅游开发。

表 2-12　广西阳朔县调查洞穴保护与利用情况

编号	溶洞名称	特色景观	利用类型	有无保护设施	所属保护区
#010	广西阳朔盘龙洞	节理均匀石笋多，流石边石坝	科研	有	世界自然遗产地
#011	广西阳朔大村 3#洞	蚀余形态，边槽，天窗	休闲	无	世界自然遗产地
#012	广西阳朔南寨门洞	溶潭，石钟乳林，流石	避乱，引水	无	世界自然遗产地
#013	广西阳朔岩门山 1#	穿洞地下河，方向变换的流痕	探险	无	世界自然遗产地
#014	广西阳朔岩门山 2#	古脚洞，流痕，边槽	熬硝	无	世界自然遗产地
#015	广西阳朔岩门山 3#	高层流痕，大厅，多洞口	熬硝	无	世界自然遗产地
#016	广西阳朔岩门山 4#	顶平，植物根顺节理生长	熬硝	无	世界自然遗产地
#017	广西阳朔岩门山 5#	蚀余形态，边槽，顶平	避乱，探险	无	世界自然遗产地
#018	广西阳朔关山 1#	穿洞地下河，方向变换的流痕	引水，灌洗	有	世界自然遗产地
#019	广西阳朔关山 2#	穿洞，边槽，顺层面顶平	熬硝	无	世界自然遗产地
#020	广西阳朔关山 3#	盲洞，边槽，顺层面顶平	熬硝	无	世界自然遗产地
#021	广西阳朔关山 4#	穿洞，层楼结构，溶潭	熬硝，未开发	无	世界自然遗产地

编号	溶洞名称	特色景观	利用类型	有无保护设施	所属保护区
#022	广西阳朔关山 5#	地下河，连续厚黏土层，老鼠	熬硝，未开发	无	世界自然遗产地
#023	广西阳朔出气岩	地下河，发育的边槽，层楼结构，植物根顺节理生长	引水，探险	无	世界自然遗产地
#024	广西阳朔海豚岩	层楼结构，钙膜湖，盲鱼	探险，未开发	无	世界自然遗产地
#025	广西阳朔灶岩山 1#	多洞口迷宫，蚀余丰富，溶潭	探险，未开发	无	世界自然遗产地
#026	广西阳朔灶岩山 2#	多洞口，钟乳林，蚀余丰富，两层溶潭，钙膜，潮虫	探险，未开发	无	世界自然遗产地
#027	广西阳朔罗田大岩	区域大洞，大石柱，溶痕多	探险，科研	无	世界自然遗产地
#028	广西阳朔厄古岩	穴饼最多，石幔大石盾多	探险，未开发	无	世界自然遗产地
#029	广西阳朔莲花岩	莲花盆之最，石笋林，溶潭	旅游	有	国家风景名胜区

根据调查，调查区内的溶洞，由于远离城镇，靠近乡村，除了盘龙洞、关山 1# 和莲花岩外，其他均没有任何形式的保护设施，既无警示标识，又无防护门。关山 4# 洞口变成了垃圾堆放和焚烧场地。有些遗产地的脚洞虽然不在本次调查中，但当地居民缺乏环保意识，将脚洞作为天然的排污和堆放垃圾的场所，对地下水和洞穴系统的正常演化造成威胁；或者利用峰林平原脚洞接近地下水位，部分居民私自在脚洞建设提水设施，对脚洞造成破坏。相对而言，峰丛区洞穴远离村民，却自然得到了较好的保存，只是偶尔有爱好者进入休闲探险，而残留垃圾于洞内。

2.4.1.3 永福县

广西永福县溶洞调查在当地罗锦镇金钟山景区进行，大概有 12 个溶洞发育在边缘峰丛区，溶洞以大厅、廊道和竖井为特色，洞内钟乳石景观丰富且观赏价值高，因此该区域以景区承包的方式划定给企业主，企业主对其中两处景观，即永福岩和天坑岩（表 2-13），进行了开发；其他溶洞以原始状态保存。

表 2-13　广西永福县调查洞穴保护与利用情况

编号	溶洞名称	特色景观	利用类型	有无保护措施	是否保护区
#030	广西永福永福岩	大厅，石笋林和池水沉积	旅游	有	否
#031	广西永福天坑岩	天坑，石幔和地下河	旅游	有	否

根据调查，对永福岩和天坑岩的洞穴形态的影响包括旅游开发工程中的进出口隧道，洞内游览道路和观景台，以及大量的灯光照明设施等。此外，还有旅游开发过程中残留于洞内的垃圾等。

2.4.2　地质遗迹可持续开发利用的建议

从景观旅游的角度，根据小流域划分旅游景观资源集中区域，可将漓江流域划分成湘江源旅游资源分布区、漓江旅游资源分布区、洛清江旅游资源分布区、桂江旅游资源分布区四个大的集中旅游景观区，每个大流域又可划分为若干小的集中旅游景观区，结合地质遗迹景观资源开发利用潜力，进行漓江流域地质遗迹景观资源开发利用分区。

在保护现有地质遗迹景观资源的前提下，结合各县（市、区）地质遗迹景观资源现状，根据开发潜力大小和县（市、区）政策，科学规划，合理开发利用，做到生态环境保护和自然景观可持续发展。针对地表地质遗迹景观资源的现状特点，结合保护和开发利用，建议如下。

1）因地制宜全方位开发，突出区域特色

"一方水土养一方人"。地质遗迹景观资源的开发除了地质遗迹本身的美学价值、科学价值之外，离不开"文化"因素，如漓江流域的山水美学文化，湘江流域的红色文化，洛清江流域的农耕文化，桂江流域的壮族文化；此外，不同区域的生物多样性各有特色，石山区和土山区不一样，即使同样是石山区，如峰林平原区和峰丛洼地区，由于水文地质特点差异巨大，水土环境不一样，形成的生物多样性也各有特色。四大流域地质遗迹景观区资源各有特色，以漓江为主线的漓江流域山水景观以喀斯特地质景观为亮点，开发也已成熟，应当以保护为重点，有序管理为核心，全域旅游为抓手；洛清江流域地质景观以边缘喀斯特地质遗迹为特色，且包含非喀斯特地质遗迹，应融入生态体验式开发；湘江流域以非喀斯特地质遗迹为特色，应结合古文化遗迹和红色文化，联合展示开发；桂江流域则应作为漓江的延伸，利用阳朔区域旅游的辐射作用，结合壮族文化进行打造，充分展示壮族文化特色和文化内涵。

2）全方位环境建设

《关于〈中共中央关于全面深化改革若干重大问题的决定〉的说明》中指出："我们要认识到，山水林田湖是一个生命共同体，人的命脉在田，田的命脉在水，水的命脉在山，山的命脉在土，土的命脉在树……"。地质遗迹的开发必须包括生态环境建设，以及社会环境建设和交通环境改善。"生态体验、绿色消费、亲近自然、研学教育"是现代旅游新时尚，因此漓江流域的保护和绿化是旅游开发的前提。旅游开发需要引进技术、人才和资金，需要吸引国内外游客，因此公平、公正的人文环境显得特别重要，必须要有可靠的制度保障，保证有序开发。漓江流域旅游发展不平衡除了地质遗迹本身的景观价值之外，主要在交通。通过改善地质遗迹景观区可进入条件，以满足现代旅游"安全、舒适、快速"的要求。

3）保证重点开发建设

漓江流域地质遗迹景观资源种类齐全、数量众多，且特色突出、美学价值很高。但漓江流域区的喀斯特地质遗迹点多面广，受各种因素的制约，不可能同时开发，只能在综合评价的基础上，按照特色、经济、"在保护中开发、在开发中保护"的原则，对那些景观资源价值高、区位条件好、区域社会经济背景好的地质遗迹进行重点开发、优先开发。

2019～2025 年可以根据已有基础条件、游客热点区域和地质遗迹景观资源开发价值，优先开发以下区域的地质遗迹景观：利用漓江热点航线，辐射两岸，重点打造"五崴一家"旅游线路（峰丛地质遗迹+生态+文化体验景观区）、溶洞线路，如冠岩地表峰林、峰丛、天坑和地下暗河溶洞相结合的全方位体验，莲花岩（桂林莲花盆最多溶洞）–罗田大岩（桂林最大溶洞）–厄古岩（桂林石盾水多溶洞）等溶洞特色线路；洛清江流域重点打造会仙湿地旅游区、永福罗锦边缘峰丛区和大源地下河支流旅游区；湘江流域重点打造"湘漓"分水岭旅游区；桂江流域则重点打造平乐县桂江旅游航线。

2025～2030 年，在已经开发的旅游区和热点发展区域，结合潜在地质遗迹景观资源条件，逐步有序地进行阳朔县思和坡立谷、南寨门洞、关山溶洞群、罗田大岩的开发，以及雁山区南圩村穿岩、平乐县青龙桥天生桥（群）和兴安县上桂峡洞穴群、白石天生桥群的合理开发。

4）综合规划设计，试点先行，示范引领做好地质文化村建设

具有地质文化特色的美丽乡村称为地质文化村，地质文化村是在深度挖掘包括地质遗迹在内的地质环境资源的基础上，融合其他资源，建设的具备休闲旅游、地学科普、环境保护和文化传承等功能的特色乡村。随着美丽乡村建设和乡村旅游的发展，地质文化村作为一项新生事物和乡村振兴的重要手段，成为地质公园、矿山公园、温泉之乡、化石村等的重要补充。

地质文化村是一个综合体，其构成包括村庄、自然吸引物、人文吸引物、田园等，地质文化村的选址一定要合理，以下五种地方较为合适：一是在城市的近郊建设体验型地质文化村；二是在城市的远郊建设休闲型地质文化村；三是在地质公园核心服务区配合地质服务型线路、博物馆建设地质文化村；四是在公园之外典型地质遗迹区、富硒土地区、化石密集区等合适的位置建设求知型、康养型地质文化村；五是在环境优美的地方建设综合型地质文化村。

结合漓江流域已有地质遗迹景观资源调查资料和目前开展的地质文化村前期调研工作，草坪冠岩流域的大田村、浅径村、草坪镇原有交通及公共设施较好，位于桂林喀斯特世界自然遗产地内，具有打造峰林、峰丛起源地、特色地下河及回族民族文化相结合的典型喀斯特地质文化村的条件。此外，西塘村、南圩村穿岩、思和坡立谷一带都具有较好的地质遗迹景观资源，因此可与其所在村镇及其当地民俗文化相结合，挖掘其建立特色地质文化村的潜力。

5）加强溶洞保护，科学合理开发

针对溶洞开发现状特点，结合溶洞保护的特殊性，提出如下保护和开发利用建议。

首先，对已开发的洞穴，增强溶洞基础调查，为保护提供依据，积极宣传洞穴保护，启发民众自发保护意识，加强专门的溶洞保护法规法律建设，引入先进理念，提升保护技术，升级保护措施，避免盲目开发和重开发、轻保护。

其次，结合区域优势，针对喀斯特溶洞各自特点，制定科学的规划设计，有针对性地进行开发利用，重视安全性和开发的后期监管。

最后，扩大开发利用途径，充分利用洞穴区人文景观和溶洞生态系统，开发洞穴文化和生物体验项目，提高公众保护意识。

参 考 文 献

刘涛 . 1999. 桂林旅游资源 . 桂林：漓江出版社 .

韦跃龙，陈伟海，黄保健，等 . 2008. 中国岩溶旅游资源空间格局 . 桂林理工大学学报，28（4）：473-483.

袁道先，蒋勇军，沈立成，等 . 2016. 现代岩溶学 . 北京：科学出版社 .

第3章 | 漓江流域景观时空特征及演变

3.1 地表土地覆被

漓江流域作为世界喀斯特地貌的代表性区域，地表下垫面类型十分丰富。近年来，随着流域内人类活动强度的加剧，流域下垫面土地覆被类型也发生了局部转变（余玲等，2020）。作为理解人类活动和生态环境之间复杂相互作用的重要纽带，认知土地覆被在时空上的动态变化对于构建人与自然的和谐关系、实现区域可持续发展具有重要意义（Liu et al.，2017）。

本节根据中国国家基础地理信息中心发布的全球30m地表覆盖数据产品（GlobeLand30，http：//www.globallandcover.com），将漓江流域的土地覆被类型划分为耕地、林地、草地、湿地、水体、人造地表和裸地七种。通过对比不同时期的土地利用空间分布状况，阐述2000~2020年流域内土地覆被的动态变化特征。同时，对漓江流域2000年、2010年和2020年的土地覆被图进行叠加分析，获取每个时段内漓江流域土地覆被转移矩阵，进一步探讨2000~2020年流域内土地覆被类型间的转化情况。

3.1.1 2000~2020年流域土地覆被动态变化

根据2000年、2010年和2020年三期土地覆被图（图3-1），流域内土地覆被类型主要为林地和耕地。其中，林地大多分布在上游山区和东部地区，耕地主要分布在地形较为平缓的中部和南部地区，人造地表集中分布于桂林市区范围内。从时间序列上的土地覆被类型面积统计来看（表3-1），面积约占流域面积2/3的林地分布最为广泛。其中，2000~2010年各土地覆被类型的面积较为稳定，而2020年流域内土地覆被类型的面积比例相比2010年发生了较大变化，主要表现为耕地、林地、草地和湿地面积减少，水体和人造地表面积大幅增加。其中，林地面积减少了83.7km²，耕地面积缩减了67.9km²，草地面积减少了50.0km²，其原因主要是流域内城市扩张加速，在城镇发展过程中，大量的林地、草地和耕地等植被覆盖地表被吞噬，2020年人造地表面积较2010年增加了174.1km²，增长了近1倍。

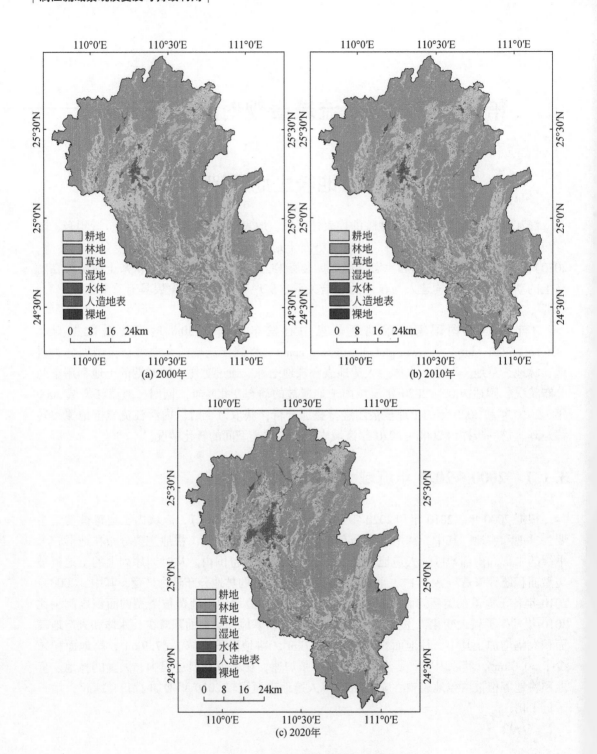

图 3-1　2000～2020 年漓江流域土地覆被图

表 3-1　2000～2020 年漓江流域土地覆被类型面积及变化速率

类型	面积/km²			变化速率/（km²/a）	
	2000 年	2010 年	2020 年	2000～2010 年	2010～2020 年
耕地	3379.6	3351.2	3283.4	−2.8	−6.8
林地	8821.7	8823.9	8740.2	0.2	−8.4
草地	417.6	409.4	359.4	−0.8	−5.0
湿地	8.2	7.4	3.3	−0.1	−0.4
水体	113.5	121.0	152.2	0.8	3.1
人造地表	146.5	174.2	348.3	2.8	17.4
裸地	0.0	0.0	0.3	0.0	0.0

3.1.2　2000～2020 年流域土地覆被转移特征

根据表 3-2 的统计结果，2000～2010 年，大部分土地覆被类型间均出现不同程度的转化情况。在所有土地覆被类型中，耕地的转化最为明显，新增的人造地表几乎全部来源于耕地，面积达到 46.2km²，这体现了该阶段流域内城市扩张和工矿用地的增加对耕地的占用；耕地与林地之间同样存在一定面积的相互转化，主要反映了流域内退耕还林、经济林推广、毁林种植等活动。

表 3-2　2000～2010 年漓江流域土地覆被类型转移矩阵　　　　（单位：km²）

2000 年	2010 年					
	耕地	林地	草地	湿地	水体	人造地表
耕地	3268.5	27.2	1.9	1.0	34.8	46.2
林地	41.1	8748.6	25.2	0.0	5.1	1.8
草地	4.7	33.7	378.9	0.0	0.3	0.0
湿地	0.2	0.7	0.1	6.3	0.8	0.0
水体	22.3	10.1	2.1	0.1	78.4	0.5
人造地表	14.4	3.7	1.2	0.0	1.5	125.7

注：2000 年和 2010 年，漓江流域内裸地面积为 0km²，故未列出。因四舍五入，表中各土地覆被类型面积加和与表 3-1 中面积存在±0.1km² 的误差。

2010～2020 年，土地覆被类型之间的转移显著增加（表 3-3）。同 2000～2010 年相比，耕地与林地之间的转化明显增加。2020 年约有 174.7km² 的林地转变为耕地，约占 2010 年林地总面积的 2.0%，有 124.9km² 的耕地转变为林地，约占 2010 年耕地总面积的 3.7%；水体面积增加的主要来源为林地和耕地；人造地表的增量主要来源于耕地、林地和草地，其中耕地 117.5km² 转变为人造地表，林地 50.0km² 转变为人造地表，草地 13.4km² 转变为人造地表。

表 3-3　2010～2020 年漓江流域土地覆被类型转移矩阵　　（单位：km²）

2010 年	2020 年						
	耕地	林地	草地	湿地	水体	人造地表	裸地
耕地	3075.5	124.9	13.1	0.1	20.0	117.5	0.1
林地	174.7	8543.3	35.3	0.0	20.6	50.0	0.1
草地	17.3	64.2	310.6	0.0	3.9	13.4	0.0
湿地	0.3	0.1	0.0	3.2	3.7	0.0	0.0
水体	8.9	5.8	0.2	0.0	103.3	2.6	0.2
人造地表	6.6	1.9	0.1	0.0	0.8	164.7	0.0
裸地	0	0	0	0	0	0	0

注：因四舍五入，表中各土地覆被类型面积加和与表 3-1 中面积存在 ±0.1km² 的误差。

总体来看，2010～2020 年漓江流域土地覆被变动加剧，受城市扩张和工矿产业发展的影响，大面积的耕地和林地转变为人造地表；耕地和林地类型之间存在大面积的相互转代，这可能是流域内不断扩张的经济林木和果树种植造成的；受益于不断出台的湖泊和河流保护政策，流域内的水体面积有一定的增长。

3.1.3　2000～2020 年流域各县（市、区）土地覆被动态变化

流域内各县（市、区）由于在区位、地理条件、资源禀赋和相关产业布局等方面存在差异，土地覆被类型的比例也各不相同，对流域内各县（市、区）2000～2020 年的土地覆被类型面积的统计结果如表 3-4 和表 3-5 所示。

表 3-4　2000 年漓江流域各县（市、区）土地覆被类型面积分布　　（单位：km²）

县（市、区）	耕地	林地	草地	湿地	水体	人造地表
叠彩区	23.7	9.9	5.8	0	1.6	10.8
恭城县	519.8	1464.7	132.1	0	10.1	5.9
临桂区	649.3	1525.3	33.2	0	19.2	18.6
灵川县	457.8	1720.1	66.8	8.1	27.1	20.5
平乐县	648.9	1188.0	16.9	0.1	21.5	10.6
七星区	26.6	19.8	3.5	0	1.1	19.6
象山区	28.7	34.5	0.9	0	2.4	23.4
兴安县	459.8	1688.5	155.1	0	6.5	20.7
秀峰区	13.6	20.1	1.2	0	1.3	7.0
雁山区	136.0	150.6	2.1	0	7.7	5.7
阳朔县	415.4	1000.2	0.0	0	15.2	3.7

注：2000 年，各县（市、区）裸地面积为 0km²，故未列出。

表 3-5　2020 年漓江流域各县（市、区）土地覆被类型面积分布　（单位：km²）

县（市、区）	耕地	林地	草地	湿地	水体	人造地表
叠彩区	17.4	8.7	2.5	0	1.3	21.9
恭城县	517.6	1472.4	118.6	0	11.0	13.0
临桂区	627.3	1484.4	32.1	0.4	19.6	81.5
灵川县	449.5	1689.9	53.6	2.9	40.6	63.6
平乐县	629.2	1192.8	16.4	0	30.0	17.5
七星区	18.2	16.7	1.8	0	1.0	33.0
象山区	24.4	30.2	0.7	0	2.6	32.1
兴安县	450.8	1697.5	129.4	0	18.1	35.0
秀峰区	3.8	16.3	0.7	0	1.6	20.7
雁山区	127.9	142.1	2.9	0	8.1	20.8
阳朔县	417.2	989.2	0.7	0	18.3	9.2

注：因四舍五入，表中各土地覆被类型面积加和与表 3-1 中面积存在 ±0.1km² 的误差。

　　流域内的耕地在除桂林市区外的各县（市、区）中分布相当，除阳朔县外，各县（市、区）2020 年的耕地面积相比于 2000 年都有不同程度的缩减，其中临桂区和平乐县的耕地的缩减面积最大，耕地面积分别减少了 22.0km² 和 19.7km²；流域内林地面积缩减严重的地区集中在临桂区和灵川县，林地面积分别减少了 40.9km² 和 30.2km²，林地面积增加的县区包括恭城县、平乐县和兴安县；流域内大部分地区的草地面积都有不同程度的减少，其中兴安县的草地面积减少最多，达到 25.7km²；除桂林市区内的七星区和叠彩区水体面积有轻微的减少外，其余县区的水体面积总体上呈现出增加趋势，其中兴安县的水体面积增加了约 11.6km²；流域内各县（市、区）在城市化进程中均表现出人造地表面积呈不同程度增加的趋势，其中临桂区人造地表面积增加最多，增加了 62.9km²，灵川县次之，其人造地表面积增加了 43.2km²，增加的面积几乎全部来源于对耕地和林地的侵占。

3.2　植被景观

　　作为典型的喀斯特地区，漓江流域近年来面临着石漠化和水土流失等一系列生态问题，而流域内的自然植被在石漠化防治、水土流失治理过程中起着至关重要的作用。由 3.1 节可知，林地作为漓江流域土地覆被类型中的最大用地类型，植被景观在流域自然景观中占主导地位。开展流域植被景观动态变化监测对于跟踪流域生态环境健康状况、评估流域可持续发展态势具有重要意义。

　　本节选取 1987～2020 年 Landsat5/7/8 的 30m 分辨率光学遥感数据计算归一化植被指数（NDVI），用来表征流域植被景观的生长和变化过程。利用 Mann-Kenddall 趋势检验分析方法，对 1987～2020 年共 34 期的年度 NDVI 在流域林地范围内开展变化趋势分析，按 Mann-Kenddall 趋势检验的统计量 Z 的取值将林地植被的变化趋势划分为显著降低（$Z \leqslant -1.96$）、降低（$-1.96 < Z \leqslant -1.64$）、无明显变化趋势（$-1.64 < Z \leqslant 1.64$）、增加（$1.64 <$

$Z \leq 1.96$）和显著增加（$Z > 1.96$）5 类，评判像元尺度上流域林地植被覆盖的增加和降低趋势。

另外，气候条件是影响植被生长的关键要素，漓江流域地处亚热带季风气候区，温热多雨，降水量在年内和年际分布不均，又受到流域内地形起伏和海拔落差的影响，流域范围内植被类型和植被生长状况各异，本节通过再分析数据提取的栅格格式气象数据与利用遥感提取的 NDVI 数据开展时间序列上的相关性分析，以判定气候要素变化和流域植被生长变化的作用关系。

3.2.1 漓江流域植被景观动态演化趋势

在长时间尺度上，漓江流域的植被呈现出明显的季节性变化规律。在年际尺度上，利用逐年最大值合成的 NDVI 代表当年流域植被的总体生长情况，获得时间序列上流域林地 NDVI 的变化趋势，如图 3-2 所示。

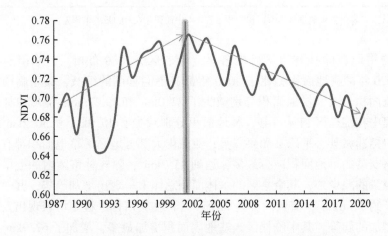

图 3-2 漓江流域 1987～2020 年林地 NDVI 变化趋势

NDVI 在年际的短期波动主要反映了植被生长受当年的气候条件影响，而长期的趋势变化则反映了流域人类活动对自然植被的影响程度。总体上看，流域林地 NDVI 在 1987～2020 年呈现先增加后减少的趋势，峰值出现在 2001 年，NDVI 在 2001 年后逐年减少的趋势也进一步表明 21 世纪以来逐渐增强的人类活动是植被生长受到干扰的直接原因。漓江流域植被在空间上同样呈现出差异性的分布规律（图 3-3），流域上游的北部山区和西部地区 NDVI 较高，植被生长较为茂盛，而城镇周边地区、流域边缘部分地区 NDVI 较低，反映了这些地区较低的植被覆盖状况。

利用 Mann-Kenddall 趋势检验分析林地植被变化趋势比例分布，统计结果如表 3-6 所示。1987～2000 年，流域内 14.4% 的林地 NDVI 表现为增加或显著增加趋势，仅有 1.8% 表现为降低或显著降低趋势；2001～2020 年高达 61.6% 的林地 NDVI 呈降低或显著降低趋势，其中 49.2% 为显著降低，而仅有 1.2% 的林地 NDVI 表现为增加或显著增加趋势，这反映了近 20 年来人类活动对自然植被的破坏面积远远大于修复的面积；总体上，1987～

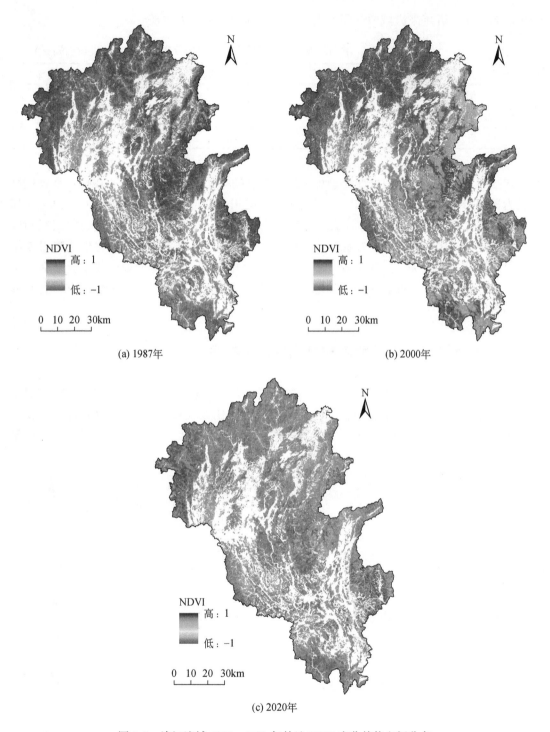

图 3-3 漓江流域 1987～2020 年林地 NDVI 变化趋势空间分布

2020 年有 21.5% 的林地 NDVI 处于显著降低趋势，7.7% 处于降低趋势，6.6% 的林地 NDVI 表现为增加或显著增加趋势，因此在长时间尺度上，漓江流域植被受到人类活动的干扰影响明显，近年来流域内开展的生态修复工程的效果尚未体现。

表 3-6　漓江流域林地植被变化趋势比例分布　　　　　　（单位：%）

时段	显著降低	降低	无明显变化趋势	增加	显著增加
1987~2000 年	0.8	1.0	83.8	7.5	6.9
2001~2020 年	49.2	12.4	37.2	0.4	0.8
1987~2020 年	21.5	7.7	64.2	1.5	5.1

　　如图 3-4 所示，林地植被变化趋势呈现出显著的空间差异性。1987~2000 年林地植被表现为显著增加的地区主要分布在兴安县东部、灵川县南部和恭城县东南部；2001~2020 年，全流域大部分地区林地 NDVI 表现为显著降低趋势，仅有位于桂林市区的象山区和雁山区部分地区林地 NDVI 表现为显著增加趋势，这可能是与城区范围内绿化景观建设或植被复绿工程的实施有关；总体来看，1987~2020 年林地 NDVI 降低的地区集中分布在上游山区、灵川县南部和恭城县北部，林地 NDVI 增加的主要区域有兴安县东部、平乐县北部和桂林市区。

3.2.2　气候变化对流域内植被景观的影响

　　选取气温（T）、降水量（P）和地表净辐射（R）三个影响植被生长的关键气候因子分析气候变化对流域植被生长的影响，采用全球第 5 代大气再分析数据（ERA5）的逐月累计降水量、逐月地表 2m 处的平均气温和逐月累计地表净辐射三个要素，通过重采样至

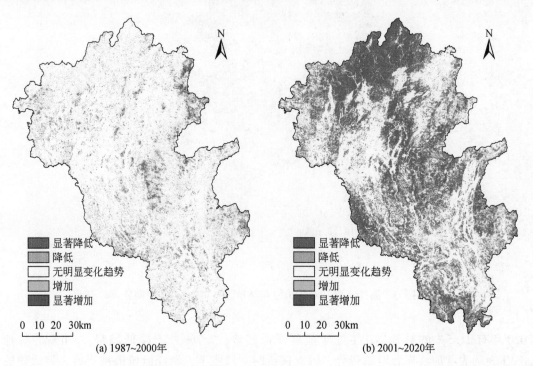

(a) 1987~2000年　　　　　　　　　　　　　(b) 2001~2020年

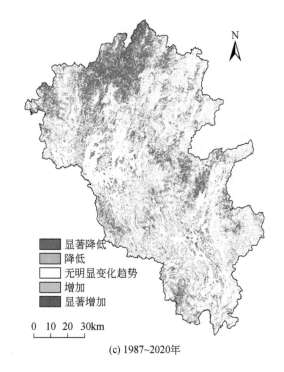

(c) 1987~2020年

图 3-4   漓江流域林地分阶段 NDVI 变化趋势空间分布

250m，分别计算气温、降水量和地表净辐射与 NDVI 的偏相关系数（Pr_T、Pr_P、Pr_R）和三种气候因子与 NDVI 的多元回归复相关系数（Mr），三个气候因子与 NDVI 的偏相关系数空间分布如图 3-5 所示，除了流域西北地区和东部边缘地区，流域内大部分地区的

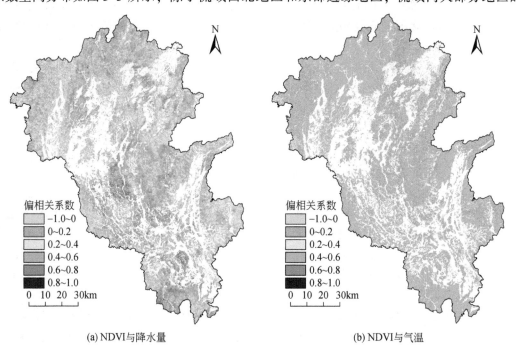

(a) NDVI与降水量

(b) NDVI与气温

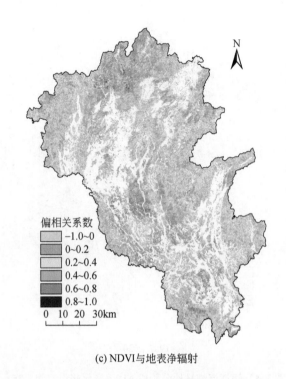

(c) NDVI 与地表净辐射

图 3-5　漓江流域 1987～2020 年 NDVI 与降水量、气温和地表净辐射的偏相关系数空间分布

NDVI 与降水量和地表净辐射的相关关系显著。统计结果显示，在年际尺度上，气温与 NDVI 的偏相关系数为−0.05，表明漓江流域植被生长受气温变化的影响较弱，降水量和地面净辐射是主导植被生长的有效气候因子，二者偏相关系数分别为 0.407 和 0.439。各气候因子与 NDVI 的多元回归复相关系数为 0.577，表明年际尺度的气候因子与 NDVI 有较明显的相关关系。

　　由多元回归分析的复相关系数的空间分布（图 3-6）可知，流域内 90% 以上的 NDVI 与气候因子的相关系数在 0.4 以上，利用 F 检验评估回归关系的显著性水平，显示在 95% 的置信度水平上，有 82.5% 的 NDVI 与气候因子的相关关系显著，进一步表明气候因子对流域内植被生长的主导作用。

3.2.3　人类活动与气候变化对流域内植被生长的影响

　　受纬度和湿热多雨的气候条件影响，漓江流域植被大量生长，即使在陡峭的岩溶地貌上，自然状态下仍然有密集的植被发育，但是这些区域土层较薄，受人为破坏后恢复周期漫长，基于这些特征，在漓江流域植被景观仅受到气候变化或人类活动影响的假设下，本节选择植被变化作为景观受人类活动影响的指示特征，辨识漓江流域自然植被受人类干扰的区域。

　　利用对植被生长影响更为显著的降水量和地面净辐射作为输入因子，针对 1987～2000 年人类活动对植被影响较小的时间区间，建立像元级别的 NDVI 气候因子回归模型，将第 j

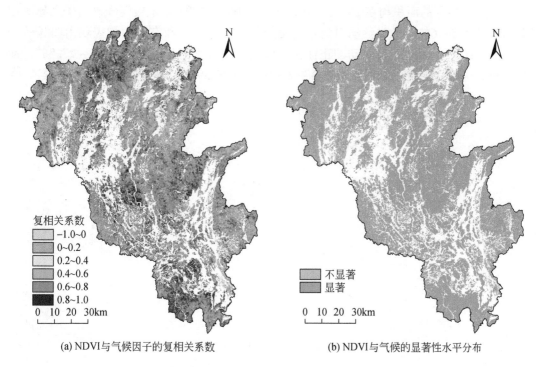

(a) NDVI与气候因子的复相关系数

(b) NDVI与气候的显著性水平分布

图3-6　漓江流域1987～2020年NDVI与气候因子的复相关系数与显著性水平分布

年像元 i 的 NDVI 表示为用降水量和地面净辐射拟合的线性函数：

$$\mathrm{NDVI}(i,j) = \left(\sum_{k=1}^{n} \alpha_{ik} \right) \times \mathrm{MF}(i,j) + \beta_i \tag{3-1}$$

式中，$\mathrm{NDVI}(i, j)$ 为 i 像元在第 j 年的 NDVI 水平；$\mathrm{MF}(i, j)$ 为 i 像元在第 j 年的某气候要素年均值；α_{ik} 和 β_i 为拟合系数，在回归系数确定后，模拟 2001～2020 年逐年的 NDVI 变化情况（$\mathrm{NDVI}_{\mathrm{simulate}}$），并与真实值（$\mathrm{NDVI}_{\mathrm{observed}}$）对比，分析人类活动在流域植被景观演化过程中的作用，计算 NDVI 残差（$\mathrm{NDVI}_{\mathrm{residual}}$）如下：

$$\mathrm{NDVI}_{\mathrm{residual}} = \mathrm{NDVI}_{\mathrm{simulate}} - \mathrm{NDVI}_{\mathrm{observed}} \tag{3-2}$$

理论上，NDVI 残差处于正态分布范围内，它指示的是 NDVI 模型模拟的误差。而在人类活动的作用下，NDVI 并不会按照基于气候因子的模型发展，因此这种偏差反映了人类活动对流域植被景观的正向和负向作用，判断依据如下：

$$\begin{cases} \mathrm{NDVI}_{\mathrm{residual}} > \mu + \sigma, \text{受人类活动的负面作用影响} \\ \mathrm{NDVI}_{\mathrm{residual}} < \mu - \sigma, \text{受人类活动的正面作用影响} \\ \mu - \sigma \leqslant \mathrm{NDVI}_{\mathrm{residual}} \leqslant \mu + \sigma, \text{受气候变化影响} \end{cases} \tag{3-3}$$

根据 NDVI 残差的空间计算结果与 NDVI 残差的平均值 μ 和标准差 σ 的对比，将流域内林地划分为有显著的人类活动正向影响区、人类活动负向影响区和气候变化影响区三类。图3-7 展示了漓江流域 2001～2020 年每两年的人类活动与气候变化对植被演化的影响的空间分布情况。根据表3-7 的统计结果，总体上看除了 2007～2008 年，其余时段植被生长受气候因子主导的面积均在 70% 及 70% 以上，2001~2002 年植被受气候因子主导的比例最大，达到 83.6%。人类活动对流域内植被的影响在时间和空间上均表现出明显的变化，2001~2006 年，受人类活动的正面作用影响的植被面积比例为 15.8%~27.8%，而同时段受人类活动的负面作用影响的植被面积占比不足 3%，人类活动负向影响区零星地

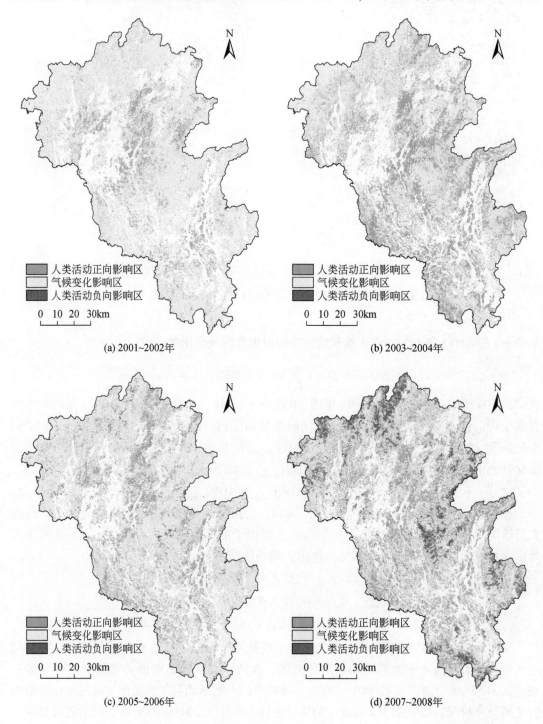

(a) 2001~2002年

(b) 2003~2004年

(c) 2005~2006年

(d) 2007~2008年

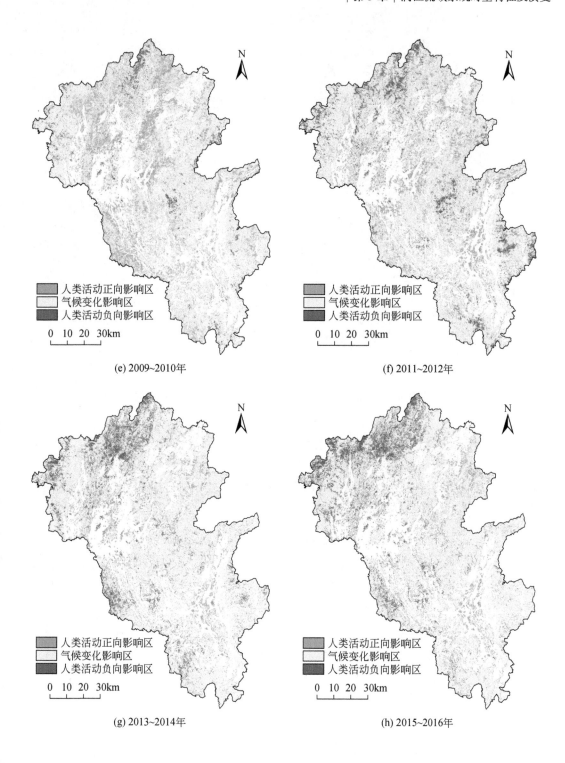

(e) 2009~2010年

(f) 2011~2012年

(g) 2013~2014年

(h) 2015~2016年

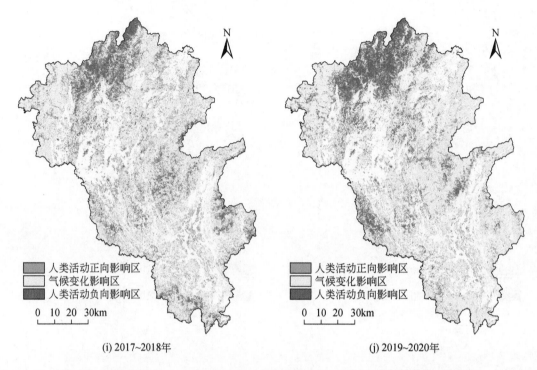

(i) 2017~2018年　　　　　　　　　　　　　　　(j) 2019~2020年

图3-7　漓江流域2001~2020年人类活动与气候变化对植被演化的影响的空间分布

分布在流域范围内。从2007年开始，人类活动对流域内植被的影响出现反转，人类活动负向影响区域在流域北部山区和西部边缘地区逐渐集中，人类活动负向影响区面积比例逐年提升，2019~2020年，人类活动负向影响区面积比例达到18.5%，相反，在该时段内人类活动正向影响区面积比例已经降至5.4%。

表3-7　流域林地植被受气候和人类活动影响的面积比例　　　　　（单位:%）

主控因子	2001~2002年	2003~2004年	2005~2006年	2007~2008年	2009~2010年	2011~2012年	2013~2014年	2015~2016年	2017~2018年	2019~2020年
正向人类活动	15.7	27.8	18.5	18.6	16.4	13.0	7.8	8.0	8.8	5.4
负向人类活动	0.7	2.2	2.9	14.3	5.0	9.3	10.9	12.7	16.0	18.5
气候变化	83.6	70.0	78.6	67.1	78.6	77.7	81.3	79.3	75.2	76.1

3.2.4　岩溶区和非岩溶区人类活动对植被生长影响的对比

漓江流域内的岩性较为复杂，流域的中、下游地区以碳酸盐岩为主体，形成以溶蚀作用为主的热带岩溶地貌景观，岩溶地貌的发育形成了峰林、峰丛和岩溶湿地纵横交错的独特地貌景观（谷晓平等，2007；覃星铭等，2018）。由于岩溶区的特殊地貌类型，植被往往生长在陡坡和土层较薄的岩体上，在外力破坏作用下遭受损毁的岩溶区植被通常较难恢复，同时岩溶区大多构成了流域自然景观的核心区，对岩溶区植被的保护也是景观保育的重要内容，本节根据岩溶区的分布范围，将流域划分为岩溶区和非岩溶区对比分析 2001～2020 年人类活动对植被的影响程度。

图 3-8 显示，岩溶区和非岩溶区植被受人类活动影响的比例存在显著差异。在各时段内，岩溶区受正向人类活动影响的植被比例均要高于非岩溶区，非岩溶区受负向人类活动影响的植被平均比例为 11%，而在岩溶区这一比例仅为 4.5%。2009 年以来，流域内全部林地中受负向人类活动影响的植被比例逐渐增加，而岩溶区植被比例增加的速度明显缓于非岩溶区，甚至在 2019～2020 年，岩溶区植被受负向人类活动影响的面积比例开始出现下降，这也反映了近年来逐步推进的流域核心保护区生态保护活动的效果。

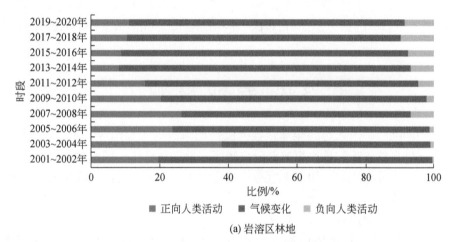

(a) 岩溶区林地

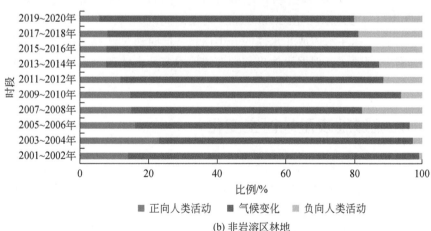

(b) 非岩溶区林地

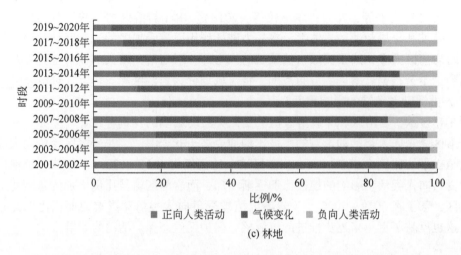

(c) 林地

图 3-8　漓江流域 2001～2020 年岩溶区和非岩溶区林地受气候变化和人类活动影响的比例分布图

3.3　湿地景观

漓江是中国唯一一条入选"全球最美河流"的河流（朱晨曦等，2020），漓江流域湿地景观也是流域自然景观的重要组成部分。然而，近年来漓江水域水量暴涨、干涸等现象频发，水资源时空分布严重不均，水生态环境受到破坏的现象突出，掌握漓江流域水体和湿地的动态变化信息，并依据流域时空演变特点研究相应对策，对漓江流域进行合理开发、景观资源可持续利用具有重要意义。

大规模范围内的地表水体面积在年内和年际时间尺度都有明显的变化（雷璇等，2012）。本节利用 Landsat5/7/8 在 2000～2020 年的时间范围内，利用水体遥感指数构建水体提取算法，逐像元标注水体或非水体的分类信息，同时通过计算水体像素占所有观测像素之比得出水体出现频率，根据水体出现频率提取季节性水体和永久性水体（Deng et al.，2019）。

3.3.1　漓江流域地表湿地时空变化

图 3-9 展示了漓江流域 2000～2020 年每两年的湿地分布范围。可以发现，漓江流域的地表湿地集中分布在上游的青狮潭水库和漓江干流河道，其面积较为稳定；在其他地区呈现散点状分布，且受到当年降水量影响的湿地分布面积存在较大差异。

漓江流域的季节性水体面积受降水量年际变化的影响在不同年份间波动剧烈，永久性水体面积基本保持在稳定水平，2000～2020 年整体上呈现波动增长状态，如图 3-10 所示。漓江流域季节性水体面积年际波动较大，最大值出现在 2018 年，面积达到 169.7km²，最小值出现在 2012 年，面积为 85.6km²。2012 年以后，季节性水体面积快速增加，并在 2018～2020 年达到阶段内的较高水平，这与流域近年来降水量增多、蓄水保水工程增加有关。

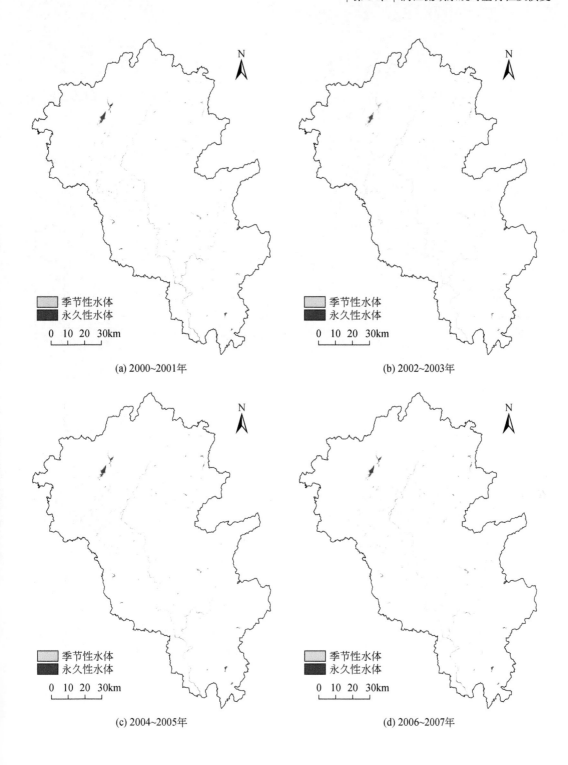

(a) 2000~2001年

(b) 2002~2003年

(c) 2004~2005年

(d) 2006~2007年

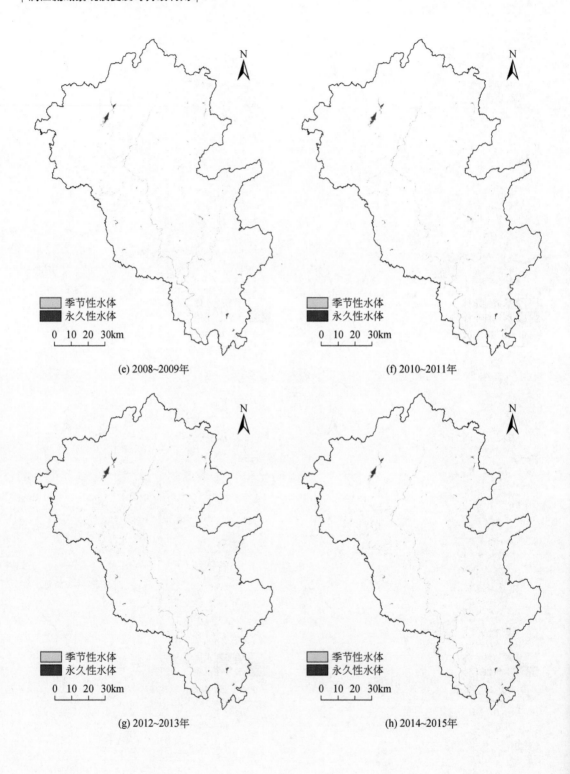

季节性水体
永久性水体
0 10 20 30km
(e) 2008~2009年

季节性水体
永久性水体
0 10 20 30km
(f) 2010~2011年

季节性水体
永久性水体
0 10 20 30km
(g) 2012~2013年

季节性水体
永久性水体
0 10 20 30km
(h) 2014~2015年

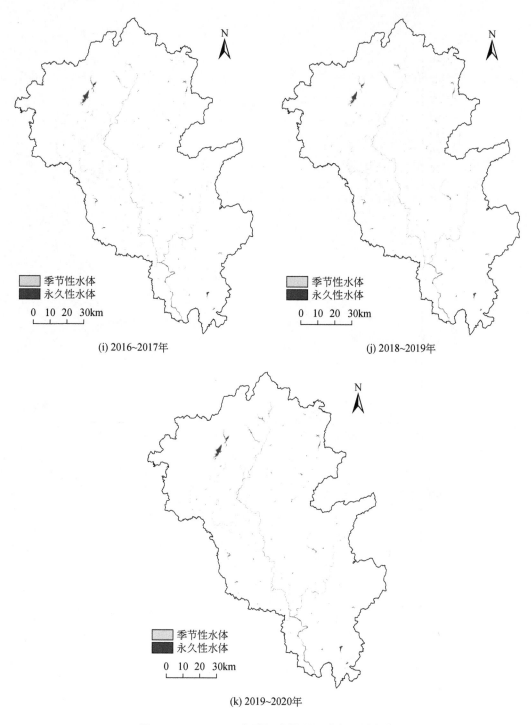

(i) 2016~2017年

(j) 2018~2019年

(k) 2019~2020年

图 3-9　2000～2020 年漓江流域湿地分布空间演化

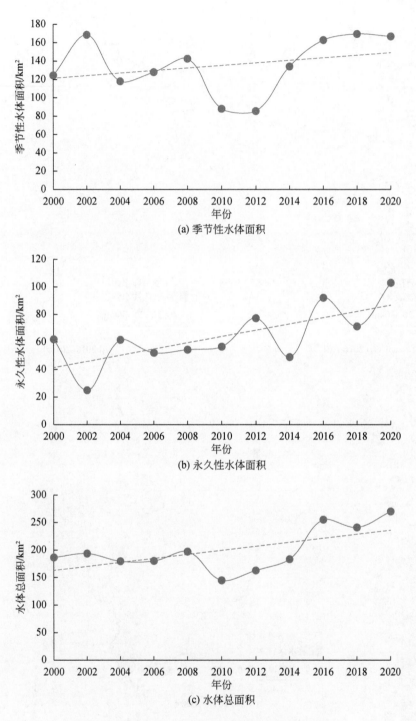

图 3-10　漓江流域 2000～2020 年水体面积分布变化

漓江流域的永久性水体面积整体表现为上升趋势，上升速率为 2.2km²/a。2000～2020 年永久性水体面积的平均值为 64.1km²，最大值出现在 2020 年，达到 103.1km²。总体上看，流域水体面积在 2010 年前后达到较低值，季节性水体和永久性水体总面积不足 150km²。随着近年来水资源调控和流域保护政策的实施，水体面积不断恢复，2010 ~ 2020 年漓江流域水体面积总体上呈增加趋势，2020 年流域水体面积达到 2000 年以来的最大值，约为 270km²。

3.3.2　漓江水文与水质信息

为系统研究漓江水文与水质信息年内动态变化特征，将漓江以 500m 为步长等分主航道中心线并生成覆盖整个研究区的 278 个矩形缓冲区，格网化漓江水体，建立 278 个基本评价单元，利用从 278 个基本评价单元统计出的河流水面宽度、水域面积、叶绿素 a（Chl-a）浓度与总悬浮物（TSM）浓度，统计各项水文与水质信息指标在上游、中游和下游的占比情况（刘曼等，2021）。根据表 3-8，漓江流域中游水面宽度最大，平均值约为 154.6m，下游水面宽度较小，约为 139.8m；水体 Chl-a 浓度变化较小，TSM 浓度变化最大，其中中游的 TSM 较高，达到 2.7g/m³。

表 3-8　漓江全年水文与水质均值统计

指标	上游	中游	下游
水面宽度/m	147.7	154.6	139.8
水域面积/m²	72 916.4	79 400.7	70 629.4
Chl-a 浓度/（mg/m³）	1.8	1.8	1.9
TSM 浓度/（g/m³）	2.1	2.7	2.6

为探究漓江汛期和枯水期水文与水质信息动态变化规律，将全年分为枯水期和汛期两个时段，对比分析各项指标的动态度变化。由表 3-9 可知，水面宽度与水域面积的全流域动态度都是正值，Chl-a 与 TSM 浓度的全流域动态度都是负值，即汛期降水量多，漓江水面宽度、水域面积都大于枯水期，而水体中的 Chl-a 与 TSM 浓度低于枯水期，其中 Chl-a 浓度与 TSM 浓度的变化较大，动态度均小于−7%，说明水中植物与 TSM 浓度变化最大；上游水面宽度与水域面积动态度为负值，即上游汛期水面宽度与水域面积小于枯水期，说明上游汛期降水量少于枯水期；而中、下游水面宽度与水域面积动态度为正值，且下游两指标动态度大于中游，即汛期降水量多于枯水期，且下游降水量最多、动态度变化最大；汛期时漓江水质较好，富营养化程度低，整条河流 Chl-a 与 TSM 浓度均小于枯水期，其中下游变化最大，动态度分别为−12.84% 与−13.09%。

表 3-9　基于汛期和枯水期的水文与水质信息动态度变化　　　　（单位:%）

指标	上游	中游	下游	全流域
水面宽度	−1.52	0.28	2.24	0.47
水域面积	−1.81	0.50	2.41	0.54
Chl-a 浓度	−11.68	−12.60	−12.84	−12.43
TSM 浓度	−7.63	−11.86	−13.09	−11.55

3.4 峰林峰丛景观

峰林峰丛的地表形态是喀斯特地貌发育机理过程的独特映射,是喀斯特形成环境的客观体现。峰林峰丛地貌是地形特征最鲜明、形态最多样、景观最奇特、喀斯特作用最强烈、水文地质条件最复杂和生成系统最完备的一种喀斯特类型,以高大连座的峰丛洼地和离散孤立的峰林平原(峰林盆地、峰林坡立谷等)构成的地貌系统为主要特征(朱学稳,2009)。

本节在空间分辨率为30m的地表高程数据的基础上,利用喀斯特峰林峰丛景观的锥体形态特征,分析计算峰林峰丛的高程、高度、面积、周长、体积、坡度等形态特征指标,建立基于喀斯特区边界的峰林峰丛景观识别算法,从宏观的角度辨识流域尺度的峰林峰丛空间分布格局(Bauer,2015;Zumpano,2019)。

3.4.1 峰林峰丛景观在漓江流域内的空间分布

不同空间尺度的峰林峰丛地貌对应着不同形态特征。在微观上,峰林为离散孤立的石峰个体,峰丛为底座相连的石峰和洼地;在宏观上,峰林峰丛地表呈现麻窝状,各种地形单元紧凑相连,相互包含与嵌套。目前,峰林峰丛喀斯特地貌有多种形态,在个体形态、群体形态上均有多种类型,如在东南亚和中北美洲等地区常见的锥状喀斯特、馒头状喀斯特、谷堆状喀斯特,以及在漓江流域常见的宝塔状喀斯特、竹笋状喀斯特、铅笔状喀斯特、象鼻状喀斯特等多种个体形态类型。在峰林峰丛组合形态方面,有峰林平原组合形态、峰林盆地组合形态、峰林坡立谷组合形态、独立峰林、驼峰形峰林、长条状峰林、月牙形峰林、马蹄形峰林、边坡形峰林、峰丛洼地组合形态、岛状峰丛洼地、簇状峰丛洼地、星状峰丛洼地、鸟窝状峰丛洼地、正多边形状峰丛洼地以及峰林峰丛混合形等多种形态类型(杨先武,2019)。

流域尺度的峰林峰丛景观空间分布如图3-11所示。峰林峰丛景观在流域内有着广泛的分布,峰林峰丛景观面积约占流域总面积的25%。景观主要分布在近漓江两岸的桂林—阳朔一带,同时在兴安县南部、灵川县中部和平乐县北部也有较大面积的分布。

3.4.2 峰林峰丛景观在流域开发过程中的退化案例

漓江流域峰林峰丛喀斯特生态环境属典型脆弱生态环境。一方面,碳酸盐岩沉积厚度大、分布面积广、喀斯特强烈发育、地貌类型复杂多样、地表崎岖破碎、沟谷切割厉害、地形起伏大、山地性显著、植被覆盖率低、适生树种少、群落结构简单、岩石裸露较多、成土速度慢、土被不连续、土壤抗侵蚀年限短、土壤侵蚀严重、石漠化加剧等自然生态脆弱特征突出;另一方面,人口增长迅速、人地矛盾尖锐、经济基础薄弱、人均GDP较少、产业结构不合理、传统产业粗放经营、贫困人口集中、贫困程度严重等社会经济脆弱特征

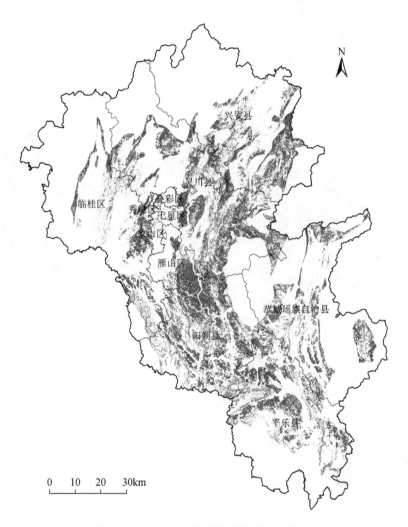

图 3-11   漓江流域峰林峰丛景观空间分布

明显。长期强烈不合理人为干扰如毁林开荒、陡坡种植、采伐森林、过度放牧、资源开采、区域开发等导致峰林峰丛景观退化现象越发严重，退化集中表现为植被破坏、土壤侵蚀、石漠化等。

由 3.2 节可知，近年来漓江流域的植被景观在高强度人类活动的胁迫下已经出现了局部退化，而发生在峰林峰丛景观上的植被破坏往往伴随着植被剥离后的基岩裸露，并造成潜在的水土流失等生态风险和地质滑坡等次生灾害。另外，峰林峰丛遭到局部破坏后，对喀斯特景观的美学价值也造成了不可逆的损坏，这里以发生在漓江流域平乐县境内的一处采矿活动为例，探究峰林峰丛景观的退化过程。

如图 3-12 所示，分别截取 2000 年和 2020 年两期陆地卫星假彩色合成影像，可以明显发现特征区域的峰丛植被已经被完全剥离，现场图片显示锥形峰丛及基座已经遭到严重破坏，峰丛间洼地被施工配套建筑、工矿物料和施工道路严重侵占。时间序列上的矿区年度

NDVI 变化曲线显示，NDVI 在 2000～2020 年总体呈现逐年下降的趋势，NDVI 由未开发前的 0.8 左右下降至 2020 年的 0.5 左右，已经接近稀疏植被或裸地的 NDVI 特征，矿山生态修复投入和耗资巨大，诸如此类的破坏活动在流域内分布广泛，严重影响了喀斯特景观的美学价值、流域生态系统的服务功能，对峰林峰丛的保护与修复已经成为流域可持续发展的重要议题。

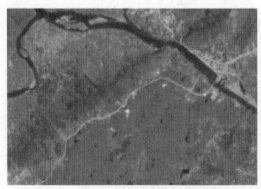
(a) 2000年峰丛区域Landsat5假彩色合成影像

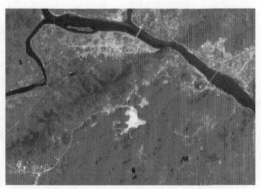
(b) 2020年峰丛区域Landsat8假彩色合成影像

(c) 矿山开采活动下峰丛遭破坏现场照片

(d) 峰丛破坏区域NDVI年均值曲线

图 3-12　采矿活动中峰丛景观的退化案例

3.5　本章小结

本章主要从时间和空间两个维度探讨漓江流域典型景观的动态演化过程和形成机制。首先，通过流域土地覆被的演变从宏观上阐述漓江流域主要用地类型的分布及迁移转化特征；其次，分别从植被景观、湿地景观和峰林峰丛景观三个漓江流域喀斯特景观的核心要素切入，分析景观的空间分布特征、演变过程及驱动要素，主要结论如下。

（1）漓江流域的土地覆被类型中，以林地和耕地的分布最为广泛，2000～2010 年各类土地覆被类型的面积未发生明显变化，而 2010～2020 年流域土地覆被类型面积变化显著，表现出林地、耕地面积的大幅缩减和人造地表面积的大幅扩张。从土地覆被类型的转移特征来看，林地、耕地和人造地表之间均存在明显的转化比例，反映了漓江流域在这一时段内不仅有明显的城镇扩张侵占了植被覆盖区域，人工种植活动对自然植被的扰动也在逐渐增强。

（2）流域内林地 NDVI 在 1987～2020 年呈现先增加后减少的趋势，峰值出现在 2001 年，在空间分布上流域北部山区和西部地区植被长势较好，而建成区周边区域植被有明显的退化趋势。总体上看，绝大部分流域植被的生长情况均由气候变化因素主导，在年际尺度上，降水量和地表净辐射是影响流域植被生长的主要气候因子，气温对当地植被长势的影响并不显著。流域植被生长受到的人类活动影响存在明显的时空异质性，2007 年后，植被受负向人类活动影响的分布比例逐年提升，2019～2020 年，负向人类活动影响的植被面积比例达到 18.5%，而正向人类活动影响的植被面积比例为 5.4%。另外，岩溶区和非岩溶区植被受人类活动影响的对比分析显示，岩溶区植被受人类活动的负向作用影响要小于非岩溶区，一定程度上反映了近年来漓江流域核心保护区生态保护活动的效果。

（3）流域内的湿地景观总体上保护较好，湿地面积不断恢复。季节性水体面积受降水量年际变化的影响在不同年份间波动剧烈，永久性水体面积在 2000～2020 年整体上呈现波动增长趋势。漓江水质在年内的汛期和枯水期存在明显差异，汛期时漓江水质较好，富营养化程度低，地表水中 Chi-a 和 TSM 浓度均小于枯水期。

（4）漓江流域内峰林峰丛景观广泛分布，景观面积约占流域总面积的 25%，尤其是集中分布在桂林—阳朔一带的峰林峰丛景观，是构成漓江自然景观的核心要素。然而，由于近年来流域人类活动的增强，一些峰林峰丛景观遭受了局部性的严重破坏，景观功能开始出现退化。

总体来看，漓江流域典型的喀斯特景观近年来受到的扰动加剧，威胁流域内的生态平衡和生态安全。如何根据现有的流域景观空间分布特征，开展流域尺度的景观退化风险评价，制定针对性的流域景观保育政策和措施，是保护流域生态环境安全、落实区域可持续发展的重要议题。

参 考 文 献

谷晓平，黄玫，季劲钧，等．2007．近 20 年气候变化对西南地区植被净初级生产力的影响．自然资源学报，22（2）：251-259.

雷璇，杨一鹏，蒋卫国，等．2012．基于 SPOT-VGT 数据的洞庭湖水体面积变化分析．水资源与水工程学报，23（5）：19-24.

刘曼，付波霖，何宏昌，等．2021．基于多时相主被动遥感的漓江水面监测与水质参数反演（2016-2020年）．湖泊科学，33（3）：687-706.

覃星铭，何丙辉，沈利娜，等．2018．漓江流域水土流失特征及其侵蚀影响因子典型分析．中国岩溶，37（3）：351-360.

杨先武．2019．基于 DEM 的喀斯特峰林峰丛地形特征与空间分异研究．南京：南京师范大学．

余玲，何文，姚月锋，等．2020．基于多角度的漓江流域土地利用/覆被变化及驱动力分析．中国水土保持，（1）：39-43.

朱晨曦，莫康乐，唐磊，等．2020．漓江大型底栖动物功能摄食类群时空分布及生态效应．生态学报，40（1）：60-69.

朱学稳．2009．我国峰林喀斯特的若干问题讨论．中国岩溶，28（2）：155-168.

Bauer C. 2015. Analysis of dolines using multiple methods applied to airborne laser scanning data. Geomorphology, 250: 78-88.

Deng Y, Jiang W, Tang Z, et al. 2019. Long-term changes of open-surface water bodies in the Yangtze River Basin based on the Google Earth Engine Cloud Platform. Remote Sensing, 11 (19): 2213-2234.

Liu X, Xun L, Xia L, et al. 2017. A future land use simulation model (FLUS) for simulating multiple land use scenarios by coupling human and natural effects. Landscape & Urban Planning, 168: 94-116.

Zumpano V, Pisano L, Parise M. 2019. An integrated framework to identify and analyze karst sinkholes. Geomorphology, 332: 213-225.

|第4章| 气候变化对漓江流域喀斯特景观的影响

4.1 漓江流域气候特征及变化

4.1.1 漓江流域气候特征

漓江流域多年平均气温（1951～2020年）为19.1℃，5～10月平均气温在20℃以上，最高的7月多年平均气温达到28.3℃。11月至次年4月多年平均月气温相对偏低，最低月气温出现在1月，为8.1℃（图4-1）。11月至次年4月，主要是受到亚洲冬季风的影响，北方来的冷空气借道湘桂走廊，深入漓江流域，导致气温降低。因此，相对华南其他地区，漓江流域冬季温度相对更低。

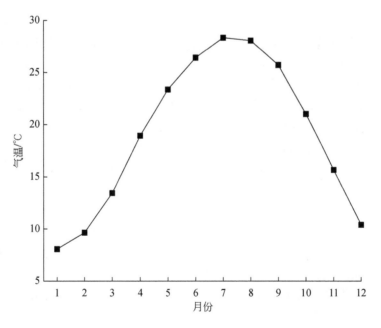

图4-1 桂林1951～2020年月平均气温分布

漓江流域位于广西东北部，华南地区的西北部。漓江流域/桂林盆地在东亚季风和地形的影响下，降雨丰富，多年平均降水量（1951～2020年）达到1903mm。漓江流域为广西东北部的降雨中心。在华南准静止锋和东亚夏季风的影响下，漓江流域降水量在3～8

月偏多；受东亚冬季风的影响，9月至次年2月降水量相对减少（图4-2）。其中，多年平均3~8月降水量占多年平均全年降水量的比例达到78%。因此，东亚夏季风的变化对漓江流域的降水量将产生重要的影响。

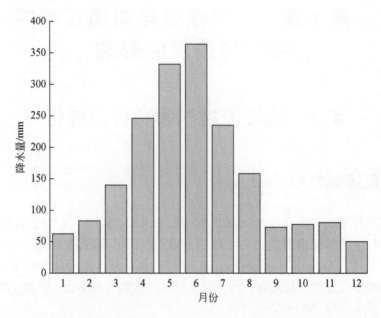

图4-2　桂林1951~2020年月平均降水量分布

　　漓江流域尽管总体表现为雨热同期的特征，但是温度与降水量并非完全同步，月平均气温的峰值出现在5~10月，而月平均降水量的峰值出现在3~8月，这是东亚夏季风固有特点导致的。对于中国东部季风区而言，随着东亚夏季风的形成和发展，每年的3月下旬至6月上旬，雨带在华南地区形成，降雨集中在华南地区，可称为华南雨季/华南前汛期；每年的5月下旬/6月中上旬至7月上旬，雨带北抬至长江中下游地区，在长江中下游地区形成集中降雨，称为梅雨；每年的7月中下旬至8月，雨带继续北抬至华北地区，在我国北方大范围形成降雨，称为华北、东北雨季；而每年的9月左右，随着东亚夏季风的减弱，雨带逐步南移。因此，漓江流域的雨热不完全同步，是东亚夏季风形成发展带来的雨带移动导致的。

　　雨热的不完全同步，导致了一个严重的后果，就是伏旱的发生。每年的7~8月是漓江流域气温一年中最高的时期，但同时雨带的北移，西太平洋副热带高压快速占据华南地区，导致降水量快速减少，一般在7月中下旬至8月，漓江流域降水量减少，且降雨多为对流降雨，以短时强降雨为主，对缓解旱情有限。因此，伏旱是制约漓江流域生态环境、经济社会发展的重要气象因素。

4.1.2　漓江流域气候变化特征

　　在全球变暖背景下，漓江流域气候在近几十年来也在发生改变。例如，年平均气温在

20世纪50~80年代总体变化不大，表现为年代际的波动变化，90年代中晚期以来，漓江流域年平均气温表现出逐年上升的趋势，年平均气温升高幅度超过1℃（图4-3）。同时，11月至次年4月平均气温表现出与年平均气温相似的变化及特征（图4-4）。而5~10月平均气温则表现出一定的差异，如5~10月平均气温快速升高主要发生在21世纪以来，较年平均气温和11月至次年4月平均气温变化相对要晚（图4-5）。

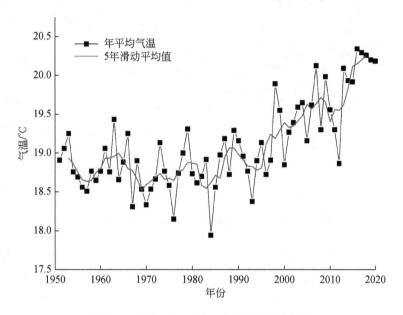

图4-3 桂林1951~2020年年平均气温变化

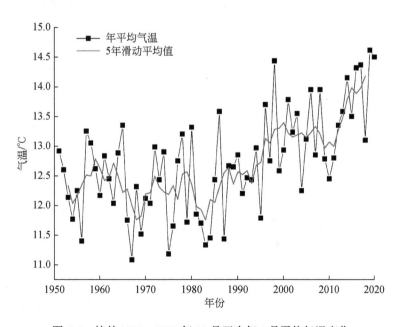

图4-4 桂林1951~2020年11月至次年4月平均气温变化

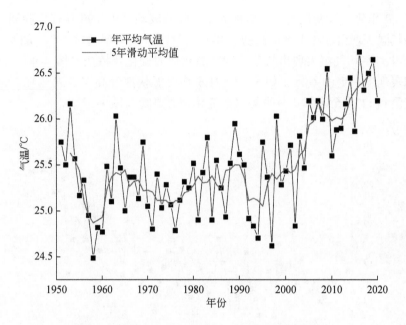

图 4-5　桂林 1951～2020 年 5～10 月平均气温变化

　　相对于气温的趋势变化，降水量的变化则主要表现为年代际的波动变化（图 4-6 和图 4-7）。总体而言，1951～1954 年，年降水量和 3～8 月降水量相对偏多；1955～1967 年，年降水量和 3～8 月降水量相对偏少；1968～1982 年，年降水量和 3～8 月降水量相对偏多；1983～1992 年，年降水量和 3～8 月降水量相对偏少；1993～2002 年，年降水量和 3～8 月降水量相对偏多；2003～2014 年，年降水量和 3～8 月降水量相对偏少；2015～2020 年，年降水量和 3～8 月降水量相对偏多。

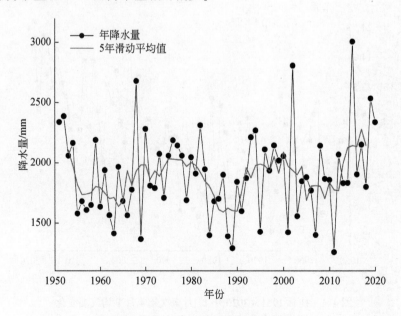

图 4-6　桂林 1951～2020 年年降水量变化

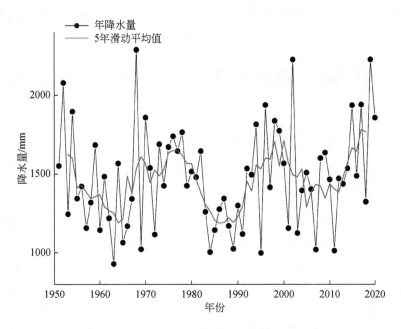

图 4-7　桂林 1951 ~ 2020 年 3 ~ 8 月降水量变化

通过周期分析发现，漓江流域年降水量和 3 ~ 8 月降水量均存在显著的约 3 年周期，这个周期与厄尔尼诺–南方涛动（ENSO）周期一致，说明 ENSO 可能是影响漓江流域降水量的因素之一。通过对漓江流域降水量与 Nino 3.4 指数进行相关分析（图 4-8），发现二者显著相关（$r=0.292$，$n=70$，$p<0.05$），确认了 ENSO 对漓江流域年降水量及 3 ~ 8 月降水量的影响。

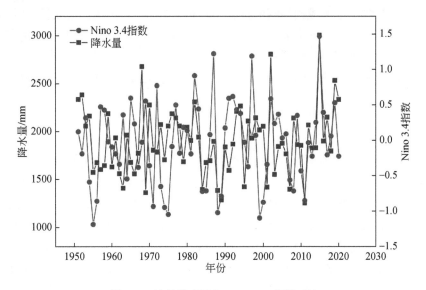

图 4-8　桂林降水量与 Nino 3.4 指数对比

从 ENSO 与漓江流域降水量的相关关系来看，厄尔尼诺态，漓江流域降水量偏多；拉尼娜（La Niña）态，漓江流域降水量减少。但这种关系更多地表现在年际尺度，在更长的时间尺度是否存在同样的关系，仍需要进一步地研究。

4.2 漓江流域末次冰期以来的气候变化

4.2.1 洞穴沉积物记录的过去气候变化

4.2.1.1 研究背景和进展

Hendy（1971）分析了 3 种沉积环境：平衡沉积、动力分馏沉积和蒸发条件对碳酸钙氧同位素分馏的影响，指出平衡分馏条件下，洞穴石笋可以用来反映过去气候变化。该研究成为石笋古气候研究中 $\delta^{18}O$ 平衡检验的两大准则：Hendy 准则（Hendy，1971）和重现性准则（Dorale and Liu，2009；Wang et al.，2001）之一。但 Hendy 准则在实际操作中存在一定困难：①同一生长层自中心向边缘 $\delta^{18}O$ 和 $\delta^{13}C$ 变化不大且无趋向性变化。如何采样才能保证在同一生长层，这在实际操作中仍存在一定困难（Fairchild et al.，2006）。②同一生长层 $\delta^{18}O$ 和 $\delta^{13}C$ 不相关。后人研究指出 $\delta^{18}O$ 和 $\delta^{13}C$ 相关，同样可以来反映外界气候变化（Dorale and Liu，2009），这主要与石笋形态、沉积环境的复杂性有关。但不可否认，Hendy 准则和重现性准则仍是最简单而有效的平衡检验方法。洞穴石笋沉积水源来自大气降水，CO_2 主要来自大气、土壤和微生物活动，大气降水入渗进入土壤，吸收 CO_2，形成侵蚀性的弱酸性水，侵蚀碳酸钙，而水溶液运移中还受到含水层的水文过程影响，以滴水形式进入洞穴后，还受到洞穴环境影响，脱气形成碳酸钙沉积同样受到洞穴环境的影响。从大气降水到形成碳酸钙的过程中经过大气层、土壤层、表层带和洞穴，经历溶解、沉积过程，形成一个动态的岩溶动力系统。对于长时间尺度的古气候重建，可能主导因素会更加凸显，噪声相对较低；对于年代际及以下尺度的古气候重建，噪声的影响则会放大，如何区分洞穴石笋代用指标的气候环境指示意义需要我们开展系统的洞穴监测。

4.2.1.2 不同洞穴沉积物 $\delta^{18}O$ 的信号传递

1）大气降水

近年来，大气降水 $\delta^{18}O$ 的研究得到了长足的发展，主要体现在两方面：①全球大气降水同位素网络（GNIP）数据的丰富和开发；②气候模型的开发。随着大气降水监测工作的延续，多地的大气降水氢氧同位素数据序列延长，且部分分辨率在月尺度的基础上，进行了场雨尺度的监测。对大气降水氢氧同位素与气象要素的关系有了更详细的分析。典型的例子是对广州及青藏高原南部站点日降水氧同位素的研究。对广州日降水 δD 和 $\delta^{18}O$ 的研究发现，$\delta^{18}O$ 虽然与降水和温度呈显著负相关，但年雨水线的变化反映了水汽来源的变化（Xie et al.，2011）。有研究也指出，东亚季风区降水 $\delta^{18}O$ 主要受季风环流强弱控制，另外，ENSO 可以改变热带的深对流，进而影响东亚季风区降水 $\delta^{18}O$，厄尔尼诺态时，热带印度–太平洋对流活动受到抑制，导致水汽凝结高度降低和东亚季风区降水 $\delta^{18}O$ 偏正，而拉尼娜态时，则相反（Cai and Tian, 2016a, 2016b; Yang et al., 2018）。源区的对流变化导致了亚洲季风区降水 $\delta^{18}O$ 的年际变化，而不是水汽源的变化（Cai et al., 2017, 2018）。而 ENSO 与亚洲季风区降水 $\delta^{18}O$ 的关系并不是一成不变的，所以不能用亚洲季风区降水 $\delta^{18}O$ 来重建 ENSO 序列（Cai et al., 2019）。也有研究指出，广州降水的水汽主要来自南海北部，中国东南的降水 $\delta^{18}O$ 反映了源区到各研究点之间的降水变化（Ruan et al., 2019）。从这些研究可以发现，对于东亚季风区，大气降水 $\delta^{18}O$ 主要反映大尺度的夏季风环流变化，与水汽源改变和局地降水变化关系不大。ENSO 影响亚洲季风区降水 $\delta^{18}O$ 主要是通过加强/抑制源区对流活动，而不是通过改变水汽来源。ENSO 与亚洲季风区降水 $\delta^{18}O$ 的关系是变化的。因此，简单来讲，东亚季风区降水 $\delta^{18}O$ 主要反映夏季风环流强度的变化，以及源区到研究点之间总降水变化。

近年来，气候模型的开发也促进了对大气降水 $\delta^{18}O$ 的认识（Galewsky et al., 2016）。一系列气候模型模拟出了不同空间分辨率的大气降水 $\delta^{18}O$ 值。例如，美国国家航空航天局（NASA）戈达德（Goddard）太空研究所开发的水稳定同位素比对组（SWING2）（Kanamitsu et al., 2002; Risi et al., 2012）和同位素重分析数据（isoGSM2）（Yoshimura and Kanamitsu, 2008; Yoshimura et al., 2008），都做出了很好的空间降水 $\delta^{18}O$ 模拟。

2）土壤水

土壤水是连接大气降水和洞穴滴水的桥梁之一。Hendy（1971）基于 Zimmerman（1968）对雨水穿过土壤层没有同位素分馏的认识，认识到洞穴石笋可以继承大气降水 $\delta^{18}O$ 信号后期研究发现，土壤水 $\delta^{18}O$ 主要受到降水 $\delta^{18}O$ 的影响（Lachniet, 2009），但降水季节性差异和蒸发导致的土壤湿度变化，仍可能导致土壤水 $\delta^{18}O$ 发生富集，但土壤水 $\delta^{18}O$ 富集主要发生在土壤表层（Gazis and Feng, 2004; Tang and Feng, 2001）。另外，由于土壤的缓冲，土壤水 $\delta^{18}O$ 值为多次降水的混合，变化幅度远小于降水（Tang and Feng, 2001），降水的滞后时间延长（Comas-Bru and McDermott, 2015; Hu et al., 2015; Yang et al., 2019），如 0~50cm 土壤厚度时，土壤湿度对大气降水的响应时间为 2 周，70~100cm 土壤厚度时，响应时间可以达到 5 周（Yang et al., 2019），在土壤厚度达到 60cm 时，滞后时间可达半年（Comas-Bru and McDermott, 2015）；在某些峰丛洼地地区，滞后时间甚至可以达到 1 年（Hu et al., 2015）。土壤对大气降水 $\delta^{18}O$ 的影响主要在两方面：①缓冲，雨水进入土壤下渗过程中，由于土壤结构特性，运移速度减缓，并与过去降水中滞水混合；②滞留，雨水进入土壤下渗过程中，由于土壤的截留，部分滞留在土壤中，滞留部分可能要经历多次降水才能进入含水层中。带来的结果主要表现为土壤水 $\delta^{18}O$ 变幅变小和对降水的响应滞后。

因此，土壤水 $\delta^{18}O$ 的主要影响因素为土壤性质、土壤层厚度及降水频率和季节性变化。但对于中国南方岩溶地区，高度的岩溶化、土被的不连续、岩溶山体土壤多为裂隙充填状态、土壤层薄等特点更有利于降雨的快速下渗。在降水相对集中、连续的雨季，土壤水 $\delta^{18}O$ 在无明显地表蒸发的情况下，更多的应该是继承降水 $\delta^{18}O$ 的信号。

3）洞穴滴水

Baker 等（2019）对全球的洞穴滴水 $\delta^{18}O$ 进行了总结，发现在年均气温小于10℃的情况下，滴水 $\delta^{18}O$ 基本为降水加权的雨水 $\delta^{18}O$ 值，在年均气温为 10~16℃的地区，滴水

$\delta^{18}O$ 为滴水补给量加权的 $\delta^{18}O$ 值；而在年均气温大于 16℃ 的地区，滴水 $\delta^{18}O$ 则受到蒸发分馏和降水选择性补给的影响，与降水加权的雨水 $\delta^{18}O$ 值/滴水补给量加权的 $\delta^{18}O$ 值关系并不显著。对中国季风区 8 个洞穴 34 个滴水点的监测发现，82% 的滴水点虽然滴率发生变化，但滴水 $\delta^{18}O$ 无明显变化，其可能记录了多年平均的气候信号。12% 的滴水点为季节性滴水点，其 $\delta^{18}O$ 主要响应快速补给的雨水 $\delta^{18}O$ 的变化。其余 6% 的滴水点表现为雨季 $\delta^{18}O$ 偏低，旱季 $\delta^{18}O$ 偏高，反映了岩溶水的转换或者蒸发作用的影响（Duan et al.，2016）。重庆芙蓉洞连续 12 年的滴水监测发现：滴水 $\delta^{18}O$ 的季节变化没有雨水 $\delta^{18}O$ 显著，主要受到混合效应的影响，因此芙蓉洞洞穴石笋 $\delta^{18}O$ 主要反映年代际甚至更长时间尺度的降水变化（Zhang and Li，2019）。重庆金佛山羊口洞连续 6 年的滴水监测发现：δD 和 $\delta^{18}O$ 的季节变幅自降水、土壤水到洞穴滴水逐渐减小，主要受表层带复杂的水文条件影响；滴水 $\delta^{18}O$ 的年际变化受水汽源的影响（Chen and Li，2018）。水汽源对洞穴滴水 $\delta^{18}O$ 的影响同样在河南鸡冠洞被发现（Sun et al.，2018）。湖北清江和尚洞连续 9 年的滴水监测发现，相对于快速响应的滴水速率，滴水中溶解有机质（DOM）对降水的响应时间大约为 1 年（Liao et al.，2018）。广西桂林开展了多个洞穴的滴水监测工作，发现桂林洞穴滴水 $\delta^{18}O$ 短暂滞后于雨水 $\delta^{18}O$，主要响应降水加权的雨水 $\delta^{18}O$ 值（张美良等，2015，2017；Wu et al.，2018）。

4）洞穴现代沉积物

目前亚洲对洞穴现代沉积物的报道并不多，可能主要有以下三方面的原因：①并不是每个月都有沉积；②沉积量是否足够多；③沉积物 $\delta^{18}O$ 变化复杂。但桂林地区的洞穴现代沉积物 $\delta^{18}O$ 显示，现代沉积碳酸钙 $\delta^{18}O$ 快速响应大气降水 $\delta^{18}O$ 的变化，呈现明显的季节性（张美良等，2015），常年性滴水点与季节性滴水点 $\delta^{18}O$ 对大气降水的响应存在差异，可能响应不同时间尺度的气候环境变化信息（张美良等，2017；吴夏等，2018）。

综上所述，对于亚洲洞穴石笋形成现代过程的研究取得了长足的进展，大气降水、土壤水、洞穴滴水和洞穴现代沉积物的系统监测证明洞穴石笋气候环境代用指标能够响应外界气候环境的变化。但不同的洞穴系统、不同的气候带，洞穴石笋代用指标的气候环境指示意义可能存在差异。因此，仍有必要开展不同地区系统的洞穴监测工作，来解译洞穴石笋代用指标的气候环境指示意义。

4.2.2 漓江流域洞穴滴水 $\delta^{18}O$ 的气候环境指示意义

为准确解译漓江流域洞穴沉积物（主要是石笋）$\delta^{18}O$ 的气候环境指示意义，选择漓江流域茅茅头山（也名光明山）的大岩洞穴进行洞穴滴水监测。茅茅头大岩位于广西桂林市区秀峰区于家村，距市中心广场约 5km，与著名的旅游洞穴——芦笛岩同发育于茅茅头山。茅茅头大岩洞道长 975m，宽 15~20m，高 15~20m，洞口标高 208.9m，顶板厚度大于 100m，最大可达 200m（朱学稳等，1988）。洞内发育有石笋、石钟乳、石柱等滴水次生化学沉积物，壁流石、流石坝、钙华台等流水沉积物，由于双层管道发育，部分洞道发生坍塌，可见下层洞道。洞穴总体规模较大，洞内沉积物体积较大。洞穴上覆主要生长有灌木，随着砍伐和种植的终止，山上植被恢复较好。洞穴年平均气温为 18.21~19.26℃，年平均湿度为90.7% ~94.7%，不同洞穴部位存在细微差别。

从洞口到洞底选择6个滴水点（M-1、M-2、M-3、M-5、M-6、M-7）和1个池水点（M-4）进行监测，2013年每月一次开展洞穴滴水监测和测试分析，2014~2018年为每季度一次对茅茅头大岩洞穴滴水进行监测和测试分析。7个监测点中，M-1位于洞穴最深处，M-2、M-3、M-4和M-7位于洞穴中部，M-5和M-6位于近洞口附近（图4-9）。其中，M-1、M-2和M-3可以划分为常年性滴水点，主要由渗流补给，主要表现为滴率变化相对较小，相对稳定；M-5、M-6和M-7可以划分为季节性滴水点，主要由裂隙补给，主要表现为滴率季节性变化很大。

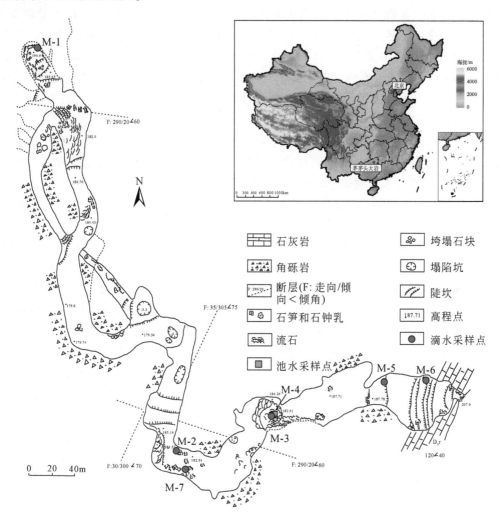

图4-9　茅茅头大岩地理位置及洞穴剖面图

总体而言，常年性滴水点$\delta^{18}O$变幅相对较小，如监测点M-2，$\delta^{18}O$值在-6.85‰ ~-5.92‰变化，平均值为-6.40‰，M-1、M-2和M-3三个监测点$\delta^{18}O$变异系数均小于6%。而季节性滴水点$\delta^{18}O$值变幅则相对较大，M-5、M-6和M-7三个监测点变异系数均大于10%，如M-5监测点$\delta^{18}O$值在-7.61‰ ~4.48‰变化，平均值为-6.13‰，变异系数达到 12.4%。虽然常年性滴水点与季节性滴水点的 $\delta^{18}O$ 表现出较大的差异，但茅茅头大岩滴水点滴水线 $\delta D = (7.133 \pm 0.440)\delta^{18}O + (8.285 \pm 2.726)$ 与同时期当地降水线 $\delta D = (7.252 \pm 0.107)\delta^{18}O + (10.808 \pm 0.727)$ 在误差范围内一致，说明茅茅头大岩洞穴滴水主要来源于大气降水，洞穴滴水 $\delta^{18}O$ 受蒸发作用的影响较小，主要反映大气降水的变化。另外，通过分析发现，虽然常年性滴水点与季节性滴水点对大气降水的滞后时间存在差异，但在不同时间尺度，均表现出一致的对大气降水的响应。

通过对不同时间尺度（场雨尺度、季节和年尺度年际尺度）的分析，发现在不同时间尺度茅茅头大岩滴水 $\delta^{18}O$ 值的主控因素存在差异。例如，在场雨尺度，茅茅头大岩滴水 $\delta^{18}O$ 值主要受水汽来源的影响，水汽来源越远，茅茅头大岩滴水 $\delta^{18}O$ 值相对更加偏负。在季节和年尺度，茅茅头大岩滴水 $\delta^{18}O$ 值主要受大气降水的影响，降水越多，茅茅头大岩滴水 $\delta^{18}O$ 值相对更加偏负。在年际尺度，茅茅头大岩滴水 $\delta^{18}O$ 值同时受到东亚夏季风强弱变化和 ENSO 模态的影响，东亚夏季风越强，茅茅头大岩滴水 $\delta^{18}O$ 值相对更加偏负；拉尼娜态，茅茅头大岩滴水 $\delta^{18}O$ 值相对更加偏负，厄尔尼诺态，茅茅头大岩滴水 $\delta^{18}O$ 值相对更加偏正（Yin et al., 2020）。

另外，在对茅茅头大岩滴水点下现代碳酸钙沉积物 $\delta^{18}O$ 的研究发现，茅茅头大岩滴水 $\delta^{18}O$ 与其下现代碳酸钙沉积物 $\delta^{18}O$ 处于沉积平衡的状态（Yin et al., 2020），因此，可以利用洞穴石笋 $\delta^{18}O$ 来重建该区域过去大气降水的变化。

漓江流域年轻石笋的研究也证实了该区域石笋记录 $\delta^{18}O$ 可以反映漓江流域的大气降水变化。如图 4-10 所示，漓江流域茅茅头大岩 DY-2 石笋和盘龙洞 PL4 石笋 $\delta^{18}O$ 与桂林年降水有很好的对应关系，降水越多，石笋 $\delta^{18}O$ 值越偏负，降水越少，石笋 $\delta^{18}O$ 值越偏正。同时，对比太平洋年代际涛动（PDO）指数和 ENSO 指数发现，PDO 为负相位以及拉尼娜态时，漓江流域石笋 $\delta^{18}O$ 值偏负，PDO 为正相位以及厄尔尼诺态时，漓江流域石笋 $\delta^{18}O$ 值偏正（Yin et al., 2019）。因此，至少在年代际尺度，漓江流域石笋 $\delta^{18}O$ 能够反映当地降水变化，石笋 $\delta^{18}O$ 值越偏负，降水越多；石笋 $\delta^{18}O$ 值越偏正，降水越少。

在明确漓江流域石笋 $\delta^{18}O$ 值的气候环境指示意义的基础上，就可以开展过去漓江流域气候变化的重建工作。目前，漓江流域高分辨率石笋记录主要有桂林响水洞的 X1 石笋（Zhang et al., 2004）、X3 石笋（Cosford et al., 2008）和丰鱼岩的 F1 石笋（Li et al., 2017）。为方便对比，X1 石笋和 X3 石笋采用 COPRA 年代模型（Breitenbach et al., 2012），F1 石笋仍采用 Li 等（2017）中的年代模型。通过新的年代模型以及对 $\delta^{18}O$ 值进行均一化处理后，重建了漓江流域 65ka BP 以来的连续的高分辨率 $\delta^{18}O$ 记录（图 4-11），并取得了以下认识：①通过对比太阳辐射记录（Berger and Loutre, 1991），发现在轨道尺度，漓江流域石笋 $\delta^{18}O$ 主要受到北半球夏季太阳辐射控制，与中国南方集成石笋 $\delta^{18}O$ 记录（Cheng et al., 2016）具有一致性，即北半球夏季太阳辐射越强，亚洲夏季风越强，石笋 $\delta^{18}O$ 值越偏负。②对比其他记录（图 4-11），虽然年龄存在一定偏差，但漓江流域石笋 $\delta^{18}O$ 记录到了 6 次海因里希事件（Heinrich Event），说明漓江流域气候对区域及全球气候响应的一致性。③在末次冰期结束时发生的"新仙女木事件"是一个重要的标志性事件，其在全球多地被记录到。虽然早期的盘龙洞 1 号石笋沉积学特征确认了新仙女木事件（Younger Dryas）在当地的存在（Li et al., 1998），表现为明显的沉积间断，但高分辨率的

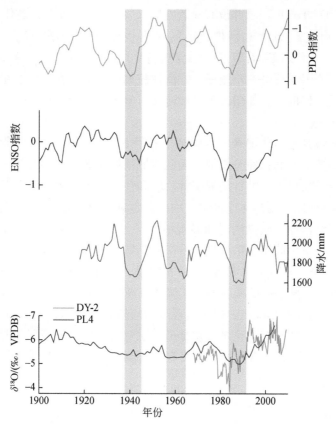

图 4-10　漓江流域年轻石笋 δ^{18}O 与器测指标对比

资料来源：Yin et al.，2019

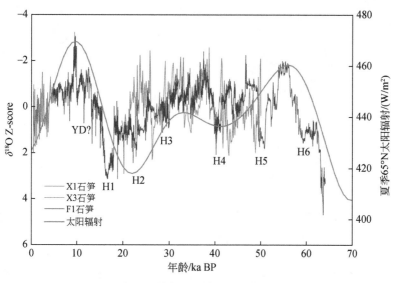

图 4-11　漓江流域集成石笋记录与太阳辐射对比

资料来源：殷建军等，2021

丰鱼岩 F1 石笋 δ^{18}O 和 δ^{13}C 记录并没有显著响应（Li et al.，2017），是什么导致丰鱼岩 F1 石笋并没有显著响应新仙女木事件，还需要高精度和分辨率的记录来进一步研究。④ 9.5ka BP 左右，丰鱼岩 F1 石笋 δ^{18}O 异常偏负（Li et al.，2017），这在亚洲季风区其他记录中是没有的，原因需要进一步验证。⑤漓江流域石笋普遍存在铀含量偏低的情况，导致无法建立精准的年代框架，如何改善漓江流域石笋的年代学研究，仍是未来漓江流域石笋古气候研究的前提。

另外，漓江流域其他地质记录同样验证了石笋 δ^{18}O 的研究认识（殷建军等，2021）。桂林甑皮岩古人类遗址剖面孢粉分析揭示漓江流域植被演替可以划分为 3 个阶段，分别为疏树植被阶段、阔叶植物为主的针阔混交林阶段和针叶植物为主的针阔混交林阶段（王丽娟，1989），分别在时间上对应早全新世、中全新世和中全新世晚期-晚全新世，3 个阶段气候特征分别为温湿偏凉、暖热潮湿和温暖稍干（王丽娟，1989）。甑皮岩剖面揭示了漓江流域气温和降水在早中晚全新世呈现先升高后降低的过程，这与全球气温变化是一致的（Marcott et al.，2013）。桂林响水洞 X1 石笋 δ^{18}O 指示东亚夏季风自 6ka BP 以来逐步减弱（Zhang et al.，2004），夏季风的减弱导致了漓江流域降水的逐渐减少。桂林西南村泥炭孢粉研究揭示松属孢粉比例自 6ka BP 以来呈现增加的趋势（周建超等，2015），这与甑皮岩剖面记录是一致的，可能响应了全球气温降低、东亚夏季风逐渐减弱和降水逐渐减少的过程（图 4-12）。但总体而言，气候变化并没有改变漓江流域中亚热带常绿阔叶林的植被面

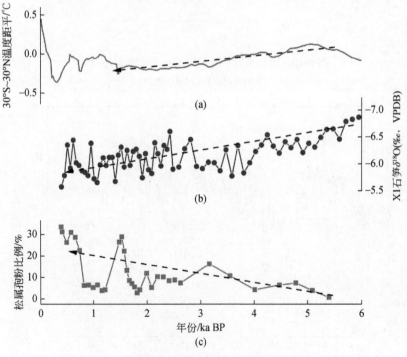

图 4-12　30°S～30°N 温度变化、桂林响水洞 X1 石笋 δ^{18}O 与
桂林西南村松属孢粉比例对比
资料来源：殷建军等，2021

貌（王伟铭等，2019），因此植被变化更多是相关种属比例的变化，但这些种属比例的变化响应了漓江流域的气候演化。

总体而言，北半球太阳辐射变化控制了亚洲夏季风的强度以及漓江流域的降水变化。北半球夏季太阳辐射增强，亚洲夏季风增强，漓江流域降水增加；北半球夏季太阳辐射减弱，亚洲夏季风减弱，漓江流域降水减少。降水的变化导致了漓江流域景观的改变，如降水变化导致的水文条件的改变，使得漓江水位发生变化，而漓江作为流域的侵蚀基准面，水位的变化导致漓江流域地表、地下水位的变化，使得以水为"魂"的漓江流域喀斯特景观在不同的气候条件下展示不同的面貌。气温的变化、水的改变也影响着漓江流域植被景观的变化。另外，自然环境的改变也影响着当地人类的生存条件，进而表现出不同的迁徙特征和文化面貌。

4.3 漓江流域过去的环境演变

4.3.1 地质记录记载的水文条件演变

漓江流域多个泥炭记录显示，漓江流域峰林平原区泥炭有两个明显的发育期，分别为中全新世（6ka BP 左右；汪良奇等，2014；王伟铭等，2019；周建超等，2015；朱学稳等，1988）和 MIS3 阶段（涂水源等，1988；朱学稳等，1988）。在峰林平原区的桂林西南村埋深 4～4.5m 的泥炭年龄为（6.40±0.12）ka BP，桂林火车南站南西侧埋深 11.1～11.3m 泥炭年龄为（6.13±0.09）ka BP（朱学稳等，1988），而 6.40ka BP 左右桂林会仙湿地开始有湖相沉积（汪良奇等，2014）。位于漓江流域北部山区的龙胜大平塘泥炭发育于 5.5ka BP（王伟铭等，2019）。这期泥炭的发育对应漓江一级阶地的形成 [桂林临桂路口漓江一级阶地底部碳化木年龄为（6.85±0.19）ka BP；涂水源等，1988]。而 MIS3 阶段泥炭发育期对应漓江二级阶地的形成 [桂林三里店原三砖厂和五里店乌石山漓江二级阶地埋藏碳化木和泥炭层年龄分别为（32.78±0.13）ka BP 和（34.50±1.5）ka BP；涂水源等，1988]。因此，漓江流域泥炭的形成演化是伴随着漓江阶地形成和发育的，反映了漓江流域水系的演化及峰林平原水环境的演变。漓江作为区域侵蚀基准面，在 MIS3 阶段和中全新世发育阶地，说明当时降水较丰富，与这两个时段夏季风相对偏强是对应的。

而根据前人的调查研究，发现漓江一级阶地的相对标高为 3～7m，二级阶地的相对标高为 4～15m（涂水源等，1988）。这意味着漓江一级阶地发育时，漓江水位和地下水位较现在要高，因此位于漓江与洛清江分水岭位置的会仙湿地得以在中全新世开始出现湖相沉积（汪良奇等，2014）。结合漓江流域多地发育的泥炭沉积，可以推测在中全新世，漓江流域水域面积较现在要大。而漓江二级阶地发育时，漓江流域水域面积可能也要大于现在，如三里店和五里店均发育有泥炭（涂水源等，1988），意味着低于此地海拔的区域大多被水淹没。桂林宝积岩发掘的猪獾、中国犀、水牛、巨獏等在沼泽和河网附近栖息的物种，也证实了当时河网和沼泽遍布漓江流域（王令红等，1982）。因此，水文气候的改变导致了漓江流域地表水和地下水位的变化，进而导致水域面积的变化，改变着漓江流域喀斯特景观的面貌。

4.3.2　地质记录记载的石漠化过程

　　地质记录同样记录了人类活动改变漓江流域喀斯特景观的过程。桂林西南村泥炭剖面在 0.75~0.38ka BP 出现疑似栽培水稻花粉和蔬菜十字花科植物花粉，同时常绿栎花粉含量持续下降，揭示了该地森林遭到破坏，农业种植得到扩张，并导致山地水土流失加剧，是当地石漠化过程的开始（周建超等，2015）。桂林丰鱼岩 F4 石笋 δ^{13}C 同样记录了一次石漠化过程（覃嘉铭等，2000a）。此次石漠化过程始于 1790 年，虽然当时降水相对较高，但由于外来人口的迁入、当地人口的快速增长，以及气温相对偏低（Ge et al., 2013），在自然和人为双重压迫下，人均耕地面积急剧减少，使得当地植被遭到持续破坏，石笋 δ^{13}C 表现出逐步偏重的变化（图 4-13；覃嘉铭等，2000a）。而随着气温的升高，当地植被虽然有一定程度的恢复，但仍没有恢复到石漠化前的植被状态及生态功能。特别是到 20 世纪，随着人口的急剧增加，石漠化甚至还呈现增强的趋势。因此，在人类活动的强烈干扰下，漓江流域植被景观受到了极大的影响，这种现象直到政府实施退耕还林、石漠化治理等措施后才得到根本的改善。

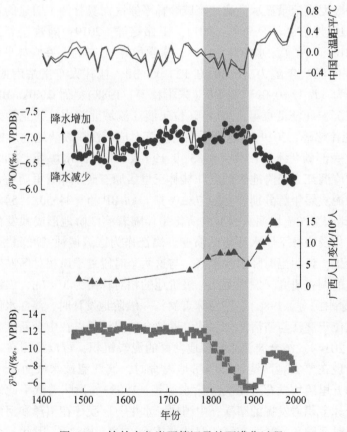

图 4-13　桂林丰鱼岩石笋记录的石漠化过程

资料来源：殷建军等，2021

桂林盘龙洞 $\delta^{13}C$ 和茅茅头大岩石笋 "死碳" 比例变化则记录了石漠化治理后，植被恢复的过程（Yin et al., 2019）。随着退耕还林、石漠化治理等措施的实施，盘龙洞和茅茅头大岩洞顶原本由砍柴、耕种导致的植被破坏得到了极大的恢复（图 4-14）。可以看到，到 20 世纪 90 年代，随着人类活动导致的植被破坏活动减少，漓江流域的植被逐渐恢复到正常水平。特别是近年来，随着天然气的普及、人民生活水平的提高，山上植被逐渐茂密，连原本穿行的小径也因为植被的繁茂而无法通行。因此，随着生活水平的提高、生活方式的改变，原本被破坏的喀斯特石漠化景观逐渐恢复成郁郁葱葱的植被景观，青山绿水成为漓江流域的常态。

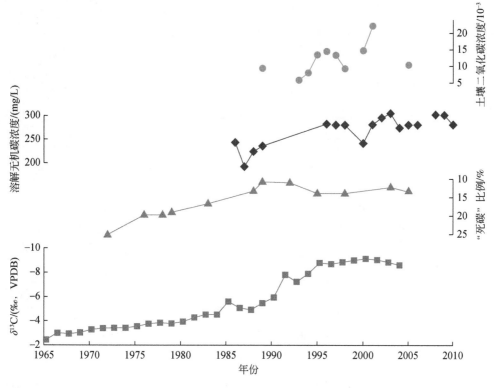

图 4-14 桂林茅茅头大岩和盘龙洞石笋记录的植被恢复过程

资料来源：Yin et al., 2019

4.4 漓江流域古人类演变

漓江流域目前发现的最早的古人类遗址是宝积岩遗址，遗址年代为 35～24ka BP（王令红等，1982）。考古人员在宝积岩遗址发现 2 枚古人类牙齿化石，以及一些打制石器及大量哺乳动物化石。随后有轿子岩（遗址年代为 24.76～12.5ka BP）、庙岩（遗址年代为 18～12ka BP）（Yuan et al., 1995；蒋远金，2006）、大岩（遗址年代为 15～4.5ka BP）（傅宪国等，2001）、甑皮岩（遗址年代为 12～7ka BP）（中国社会科学院考古研究所等，

2003)、晓锦（遗址年代为 6.5～3ka BP）（广西壮族自治区文物工作队和资源县文物管理所，2004）和父子岩遗址（遗址年代为 5～3ka BP）等古人类遗址延续了桂林的史前文化考古（图 4-15）。其中，甑皮岩遗址因其跨旧石器时代末期和新石器时代早中期、丰富的出土遗物被批准为第二批国家考古遗址公园。

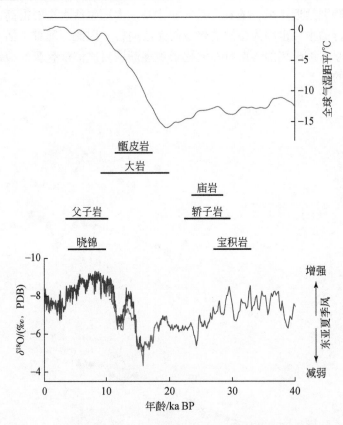

图 4-15　40ka BP 以来气候环境变化及漓江流域古人类遗址演化

资料来源：殷建军等，2019

从图 4-15 可以看出，虽然在漓江流域并没有一个从过去 3.5 万年延续到距今 3000 年左右的古人类遗址，但不同的洞穴遗址相互衔接，说明自过去 3.5 万年以来，漓江流域的古人类演化是连续的，没有间断。另外，没有一个连续的古人类遗址也从侧面说明气候环境的变化，导致以洞穴为居住场所的古人类不断迁徙。从已有的研究资料来看，末次冰期最盛期以前（1.8 万年之前），漓江流域古人类分布相对较少；末次冰消期到中全新世，漓江流域古人类分布相对较多，而晚全新世以来（4.2ka BP 以来），古人类分布又呈现出减少的趋势。当然，由于晚全新世以来，古人类搬出了洞穴，特别是由于漓江流域开发程度较高，后期人类活动破坏了地表的古人类遗址，可能是古人类遗址分布减少的原因，当然也有另一种可能就是，由于北方更先进文明的入侵，原本居住在漓江流域的古人类向南迁徙，导致漓江流域古人类的减少。

从气候变化的角度看，漓江流域古人类的演化与气候变化存在着密切的联系（图 4-

15）。如漓江流域古人类出现的时候（距今约 3.5 万年前），漓江流域气温相对温和，降水相对较丰富。气候模拟结果显示，当时漓江流域桂林年平均气温较现在低 1～3℃（Jiang et al.，2011；van Meerbeeck et al.，2009），降水较现在少 10%～40%（Jiang et al.，2011；van Meerbeeck et al.，2009）。古气候重建结果也显示，东亚冬季风相对偏弱（Hao et al.，2012），而东亚夏季风也不强（Wang et al.，2001；李彬等，2000；覃嘉铭等，2000b；张美良等，2000）。而根据桂林地区的调查，发现在距今 3.5 万年左右，桂林地区普遍发育有泥炭层①，可能揭示当时漓江为宽谷期（二级阶地大致形成于此时段），桂林峰林平原为沼泽平原，桂林多地存在浅水/潜水洼地，加上相对低温，导致泥炭发育。桂林宝积岩遗址出土了晚期智人牙齿、打制石器以及"大熊猫–剑齿象动物群"化石（王令红等，1982），如猕猴、长臂猿、中国熊、野猪、华南豪猪、剑齿象、鹿、麂等栖息于森林中的物种，巴氏大熊猫、竹鼠等栖息于竹林的物种，以及猪獾、中国犀、水牛、巨貘等栖息于沼泽和河网附近的物种等（计宏祥，1982），可能指示当时的桂林温暖湿润，河网、沼泽星罗棋布。因此，桂林峰林平原在居住条件和食物获取上提供了便利，使得宝积岩人出现和选择在桂林峰林平原生活。

　　而距今 7000 年左右处于全新世大暖期，气温和降水在此时都是最大的（Li et al.，1998；Jiang et al.，2013），甑皮岩的孢粉数据显示，桂林的植被组合以阔叶植物为主，不少为热带、亚热带物种，气候暖热潮湿（中国社会科学院考古研究所等，2003）。由于漓江水位的上涨，特别是地下水位的上升，部分古人类居住的脚洞淹水，或者间歇性淹水，不再适合古人类居住（图 4-16）。另外，相对丰沛的降水导致洞穴滴水的增加，大量的滴水也导致洞内潮湿、泥泞。在此种情况下，甑皮岩人被迫转而寻找其他居住条件，不再以洞穴作为居住、生活的中心，使得甑皮岩等洞穴遗址遭到废弃。

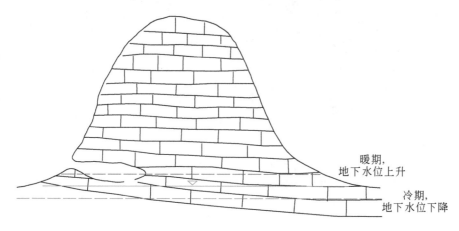

图 4-16　脚洞示意图

　　目前，漓江流域古人类洞穴遗址调查已经发现不少于百处遗址，从空间分布来看（图 4-17），漓江流域古人类洞穴遗址主要分布在峰林平原区和峰林平原与峰丛洼地交界

---

① 吴水木，等 . 1983. "桂林幅 G-49-27 1/20 万区域水文地质普查报告". 全国地质资料馆.

区，说明距今 3.5 万年到距今约 3000 年，漓江流域古人类主要分布在峰林平原区。而峰丛洼地区，由于食物来源、水源及生活便利性的差异，并不是古人类的首要选择，其可能更多的是季节性或偶然性的活动区域，而不是主要的生活区域。

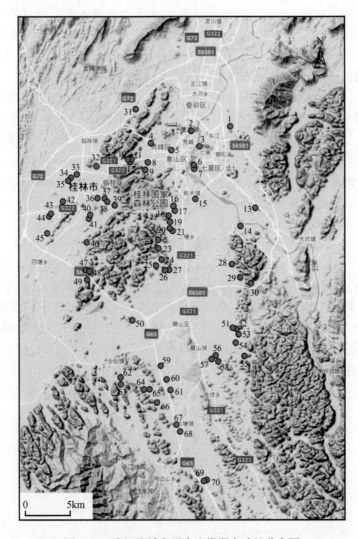

图 4-17　漓江流域主要古人类洞穴遗址分布图

1. 观音岩，2. 宝积岩，3. 丹桂岩，4. 中隐山岩，5. 牯牛洞，6. 媳妇岩，7. 上岩，8. 琴潭岩，9. 菩萨岩，10. 释迦岩，11. 轿子岩，12. 鼻子岩，13. 铁山岩，14. 父子岩，15. 平山岩，16. 甑皮岩，17. 朝桂岩，18. 马鞍山岩，19. 火灰岩，20. 雷神庙岩，21. 琴头岩，22. 象鼻岩，23. 后背山岩，24. 钝头岩，25. 烂桥堡岩，26. 唐僧山岩，27. 肚里岩，28. 牛鼻塘岩，29. 大岩口，30. 白竹境斋公岩，31. 新岩，32. 东滴岩，33. 神山庙岩，34. 狮子岩，35. 塘后山，36. 凤凰山庙岩，37. 螺丝岩，38. 背联山丁字岩，39. 侯寨岩，40. 太平岩，41. 大岩，42. 穿岩，43. 山埠头大岩，44. 山埠头西侧岩，45. 牛栏岩，46. 铜钱岩，47. 纺纱岩，48. 勒岩山菩萨岩，49. 背山岩，50. 暴口岩，51. 庙岩，52. 寺岩，53. 安子山岩，54. 庵山岩，55. 志山岩，56. 廖家山岩，57. 牛栏洞，58. 猫山岩，59. 大稷岩，60. 看鸡岩，61. 青龙岩，62. 船山大窑岩，63. 油雨山岩，64. 崩山岩，65. 汉山岩，66. 羊蹄山斋岩，67. 岩底山穿岩，68. 观音山岩厦，69. 后背山小岩，70. 后背山大岩

资料来源：韦军，2010

另外，从空间分布来看，早期（35～18ka BP）古人类主要生活在漓江流域漓江边峰林平原区，地势平坦，视野开阔。同时，丰富的食物来源保证了古人类能够获取充足的食物，而近漓江的分布，也从另一个侧面说明，当时的极端降水事件可能相对并不频繁，洪水的发生频率并不大。而中期（18～7ka BP）随着温度的升高、降水的增加，地表和地下水位上升，近漓江居住的古人类迁徙到离漓江更远的位于峰林平原与峰丛洼地交界处的洞穴，或者中低层洞穴生活。而晚期（7ka BP 以来），漓江流域古人类逐步迁出洞穴向南迁移，或搬到相对更高的位置居住，说明漓江流域古人类是根据气候环境变化迁徙居住的，其生活居所、生活习性很大程度上受到气候和环境的制约。

因此，古人类洞穴遗址分布及古人类生活习惯和文化特征为我们认识漓江流域气候环境变化打开了一个窗口。另外，古人类的出现也为漓江流域的自然环境增添了人文气息，形成了独特的喀斯特景观。

4.5 本章小结

漓江流域气候不仅受到区域气候变化的影响，也受到全球气候变化的影响。随着全球变暖，漓江流域气温自 20 世纪 90 年代中后期以来，表现出显著的上升趋势。降水主要受东亚夏季风强弱变化和中东太平洋的海温变化（ENSO 模态）的控制，表现出显著的周期性特征。特殊的地理位置、地形地貌造就了漓江流域特殊的气候特征。

距今 6.5 万年以来，漓江流域气候变化受到北半球夏季太阳辐射的控制。北半球夏季太阳辐射增强，亚洲夏季风增强，漓江流域降水增加；北半球夏季太阳辐射减弱，亚洲夏季风减弱，漓江流域降水减少。中全新世和 MIS3 阶段两个降水相对偏多的阶段，对应着漓江一级阶地和二级阶地的发育时期，在这两个时期，漓江流域水域面积增大，促进湿地的发育和泥炭的大面积形成，为现在的水文系统的形成奠定了基础。中全新世以来，随着气温的逐步降低、夏季风的逐步减弱，漓江流域水域面积逐渐缩小，形成了今天的水文格局。

漓江流域人类适应和改造喀斯特景观主要分为两个阶段：距今 3.5 万年至公元 1200 年左右，漓江流域的人类主要是适应该区域的自然环境；公元 1200 年左右至 20 世纪 90 年代，随着人口的增加、生产力水平的提高，人类逐步开始影响和改变漓江流域的自然环境。而自 20 世纪 90 年代以来，随着政府退耕还林、石漠化治理等措施的执行下和人类生活方式的改变，漓江流域的植被逐步恢复，呈现出今天绿水青山的喀斯特景观。

参 考 文 献

傅宪国，贺站武，熊昭明，等 . 2001-04-04. 桂林地区史前文化面貌轮廓初现 . 中国文物报，（1）.

广西壮族自治区文物工作队，资源县文物管理所 . 2004. 广西资源县晓锦新石器时代遗址发掘简报 . 考古，3：7-30.

计宏祥 . 1982. 中国南方第四纪哺乳动物群所反映的自然环境变迁 . 古脊椎动物与古人类，20（2）：148-154.

蒋远金 . 2006. 白莲洞遗址、庙岩遗址与仙人洞遗址的研究——华南地区旧石器时代向新石器时代过渡的典型案例透析 . // 西安半坡博物馆和三星堆博物馆 . 2006. 史前研究 . 西安：陕西师范大学出版社：

58-67.

李彬, 袁道先, 林玉石, 等. 2000. 桂林地区 4 万年来气候变化及其动力机制浅析. 地球学报, 21（3）: 313-319.

覃嘉铭, 林玉石, 张美良, 等. 2000a. 桂林全新世石笋高分辨率 $\delta^{13}C$ 记录及其古生态意义. 第四纪研究, 20（4）: 351-358.

覃嘉铭, 袁道先, 林玉石, 等. 2000b. 桂林 44ka B. P. 石笋同位素记录及其环境解译. 地球学报, 21（4）: 407-416.

涂水源, 张伯禹, 谢代兴, 等. 1988. 桂林环境工程地质. 重庆: 重庆出版社.

汪良奇, 张强, 萧良坚, 等. 2014. 基于湖积物硅藻与地球化学记录的古环境变迁反演——以桂林会仙岩溶湿地为例. 中国岩溶, 33（2）: 129-135.

王丽娟. 1989. 桂林甑皮岩洞穴遗址第四纪孢粉分析. 人类学学报, 8（1）: 69-76.

王令红, 彭书琳, 陈远璋. 1982. 桂林宝积岩发现的古人类化石和石器. 人类学学报, 1（1）: 30-35.

王伟铭, 李春海, 舒军武, 等. 2019. 中国南方植被的变化. 中国科学: 地球科学, 49（8）: 1308-1320.

吴夏, 潘谋成, 曹建华, 等. 2018. 广西桂林凉风洞秋冬季滴水和沉积物氧同位素对极端降水的记录研究. 地球学报, 39（1）: 53-61.

殷建军, 林玉石, 唐伟, 等. 2019. 桂林旧石器时代晚期以来古人类生存环境研究. 中国岩溶, 38（6）: 977-982.

殷建军, 汪智军, 唐伟, 等. 2021. 漓江流域末次冰期以来气候环境变化研究进展. 地质论评, 67（2）: 489-502.

张美良, 林玉石, 覃嘉铭, 等. 2000. 广西灌阳县观音阁响水洞的形成环境及 1 号石笋的古气候信息. 地质地球化学, 28（1）: 34-40.

张美良, 朱晓燕, 吴夏, 等. 2015. 桂林洞穴滴水与现代碳酸钙 $\delta^{18}O$ 记录的环境意义——以桂林七星岩 No. 15 支洞为例. 沉积学报, 33（4）: 697-705.

张美良, 朱晓燕, 吴夏, 等. 2017. 岩溶洞穴环境及石笋古气候记录. 北京: 地质出版社.

中国社会科学院考古研究所, 广西壮族自治区文物工作队, 桂林甑皮岩遗址博物馆, 等. 2003. 桂林甑皮岩. 北京: 文物出版社.

周建超, 覃军干, 张强, 等. 2015. 广西桂林岩溶区中全新世以来的植被、气候及沉积环境变化. 科学通报, 60（13）: 1197-1206.

朱学稳, 汪训一, 朱德浩, 等. 1988. 桂林岩溶地貌与洞穴研究. 北京: 地质出版社.

Baker A, Hartmann A, Duan W, et al. 2019. Global analysis reveals climatic controls on the oxygen isotope composition of cave drip water. Nature Communications, 10: 2984.

Berger A, Loutre M F. 1991. Insolation values for the climate of the last 10 million years. Quaternary Science Reviews, 10: 297-317.

Breitenbach S F M, Rehfeld K, Goswami B, et al. 2012. Constructing proxy records from age models（COPRA）. Climate of the Past, 8: 1765-1779.

Cai Z, Tian L. 2016a. Atmospheric controls on seasonal and interannual variations in the precipitation isotope in the East Asian monsoon region. Journal of Climate, 29: 1339-1352.

Cai Z, Tian L. 2016b. Processes governing water vapor isotope composition in the Indo-Pacific region: Convection and water vapor transport. Journal of Climate, 29: 8535-8546.

Cai Z, Tian L, Bowen G J. 2017. ENSO variability reflected in precipitation oxygen isotopes across the Asian summer monsoon region. Earth and Planetary Science Letters, 475: 25-33.

Cai Z, Tian L, Bowen G J. 2018. Spatial- seasonal patterns reveal large- scale atmospheric controls on Asian monsoon precipitation water isotope ratios. Earth and Planetary Science Letters, 503: 158-169.

Cai Z, Tian L, Bowen G J. 2019. Influence of recent climate shifts on the relationship between ENSO and Asian monsoon precipitation oxygen isotope ratios. Journal of Geophysical Research: Atmospheres, 124: 7825-7835.

Chen C, Li T. 2018. Geochemical characteristics of cave drip water respond to ENSO based on a 6-year monitoring work in Yangkou cave, southwest China. Journal of Hydrology, 561: 896-907.

Cheng H, Edwards R L, Sinha A, et al. 2016. The Asian monsoon over the past 640, 000 years and ice age terminations. Nature, 534: 640-645.

Comas-Bru L, McDermott F. 2015. Data-model comparison of soil-water δ^{18}O at a temperate site in N. Spain with implications for interpreting speleothem δ^{18}O. Journal of Hydrology, 530: 216-224.

Cosford J, Qing H, Yuan D, et al. 2008. Millennial-scale variability in the Asian monsoon: Evidence from oxygen isotope records from stalagmites in southeastern China. Palaeogeography, Palaeoclimatology, Palaeoecology, 266: 3-12.

Dorale J A, Liu Z. 2009. Limitations of Hendy Test criteria in judging the paleoclimatic suitability of speleothems and the need for replication. Journal of Cave and Karst studies, 71 (1): 73-80.

Duan W, Ruan J, Luo W, et al. 2016. The transfer of seasonal isotopic variability between precipitation and drip water at eight caves in the monsoon regions of China. Geochimica et Cosmochimica Acta, 183: 250-266.

Fairchild I J, Smith C L, Baker A, et al. 2006. Modification and preservation of environmental signals in speleothems. Earth-Science Reviews, 75: 105-153.

Galewsky J, Steen-Larsen H C, Field R D, et al. 2016. Stable isotopes in atmospheric water vapor and applications to the hydrologic cycle. Reviews of Geophysics, 54: 809-865.

Gazis C, Feng X. 2004. A stable isotope study of soil water: Evidence for mixing and preferential flow paths. Geoderma, 119: 97-111.

Ge Q, Hao Z, Zheng J, et al. 2013. Temperature changes over the past 2000yr in China and comparison with the Northern Hemisphere. Climate of the Past, 9: 1153-1160.

Hao Q, Wang L, Oldfield F, et al. 2012. Delayed build-up of Arctic ice sheets during 400, 000-year minima in insolation variability. Nature, 490: 393-396.

Hendy C H. 1971. The isotopic geochemistry of speleothems-I. The calculation of the effects of different modes of formation on the isotopic composition of speleothems and their applicability as palaeoclimatic indicators. Geochimica et Cosmochimica Acta, 35: 801-824.

Hu K, Chen H, Nie Y, et al. 2015. Seasonal recharge and mean residence times of soil and epikarst water in a small karst catchment of southwest China. Scientific Reports, 5: 10215.

Jiang D, Lang X, Tian Z, et al. 2011. Last glacial maximum climate over China from PMIP simulations. Palaeogeography, Palaeoclimatology, Palaeoecology, 309: 347-357.

Jiang D G, Tian Z, Lang X. 2013. Mid-holocene net precipitation changes over China: Model-data comparison. Quaternary Science Reviews, 82: 104-120.

Kanamitsu M, Ebisuzaki W, Woolen J, et al. 2002. NCEP/DOE AMIP-II Reanalysis (R-2). Bulletin of the American Meteorological Society, 83 (11): 1631-1643.

Lachniet M S. 2009. Climatic and environmental controls on speleothem oxygen-isotope values. Quaternary Science Reviews, 28: 412-432.

Li B, Yuan D, Lauritzen S E, et al. 1998. The Younger Dryas event and Holocene climate fluctuations recorded in a stalagmite from the Panlong Cave of Guilin. Acta Geologica Sinica, 72 (4): 455-465.

Li H, Bar-Matthews M, Chang Y, et al. 2017. High-resolution δ^{18}O and δ^{13}C records during the past 65 ka from

Fengyu Cave in Guilin: Variation of monsoonal climates in south China. Quaternary International, 441: 117-128.

Liao J, Hu C, Wang M, et al. 2018. Assessing acid rain and climate effects on the temporal variation of dissolved organic matter in the unsaturated zone of a karstic system from southern China. Journal of Hydrology, 556: 475-487.

Marcott S A, Shakun J D, Clark P U, et al. 2013. A reconstruction of regional and global temperature for the past 11, 300 years. Science, 339: 1198-1201.

Risi C, Noone D, Worden J, et al. 2012. Process-evaluation of tropospheric humidity simulated by general circulation models using water vapor isotopologues: 1. Comparison between models and observations. Journal of Geophysical Research: Atmospheres, 117 (5), D05303.

Ruan J, Zhang H, Cai Z, et al. 2019. Regional controls on daily to interannual variations of precipitation isotope ratios in Southeast China: Implications for paleomonsoon reconstruction. Earth and Planetary Science Letters, 527: 115794.

Sun Z, Yang Y, Zhao J, et al. 2018. Potential ENSO effects on the oxygen isotope composition of modern speleothems: Observations from Jiguan Cave, central China. Journal of Hydrology, 566: 164-174.

Tang K, Feng X. 2001. The effect of soil hydrology on the oxygen and hydrogen isotopic compositions of plants'source water. Earth and Planetary Science Letters, 185: 355-367.

Van Meerbeeck C J, Renssen H, Roche D M. 2009. How did Marine Isotope Stage 3 and Last Glacial Maximum climates differ? -perspectives from equilibrium simulations. Climate of the Past, 5: 33-51.

Wang Y, Cheng H, Edwards R L, et al. 2001. A high-resolution absolute-dated late Pleistocene monsoon record from Hulu Cave, China. Science, 294: 2345-2348.

Wu X, Pan M G, Zhu X, et al. 2018. Effect of extreme precipitation events on the hydrochemistry index and stable isotope compositions of drip water in a subtropical cave, Guangxi, SW China. Carbonates and Evaporites, 33: 123-131.

Xie L, Wei G, Deng W, et al. 2011. Daily δ^{18}O and δD of precipitations from 2007 to 2009 in Guangzhou, South China: Implications for changes of moisture sources. Journal of Hydrology, 400: 477-489.

Yang J, Chen H, Nie Y, et al. 2019. Dynamic variations in profile soil water on karst hillslopes in Southwest China. Catena, 172: 655-663.

Yang X, Davis M E, Acharya S, et al. 2018. Asian monsoon variations revealed from stable isotopes in precipitation. Climate Dynamics, 51: 2267-2283.

Yin J, Li H, Tang W, et al. 2019. Rainfall variability and vegetation recovery in rocky desertification areas recorded in recently-deposited stalagmite from Guilin, South China. Quaternary International, 528, 109-119.

Yin J, Tang W, Wu X, et al. 2020. Individual event, seasonal and interannual variations in δ^{18}O values of drip water in Maomaotou Big Cave, Guilin, South China, and their implications for palaeoclimatic reconstructions. Boreas, 49: 769-782.

Yoshimura K, Kanamitsu M. 2008. Dynamical global downscaling of global reanalysis. Monthly Weather Review, 136 (8): 2983-2998.

Yoshimura K, Kanamitsu M, Noone D, et al. 2008. Historical isotope simulation using Reanalysis atmospheric data. Journal of Geophysical Research: Atmospheres, 113, D19108.

Yuan S, Zhou G, Guo Z, et al. 1995. ^{14}C AMS dating the transition from the paleolothic to the neolothic in south China. Radiocarbon, 37 (2): 245-249.

Zhang J, Li T. 2019. Seasonal and interannual variations of hydrochemical characteristics and stable isotopic compositions of drip waters in Furong Cave, southwest China based on 12 years' monitoring. Journal of Hydrology, 572: 40-50.

Zhang M, Yuan D, Lin Y, et al. 2004. A 6000- year high- resolution climatic record from a stalagmite in Xiangshui Cave, Guilin, China. The Holocene, 14 (5): 697-702.

Zimmerman U, Ehhalt D, Munnich K O. 1968. Soil water movement and evapotranspiration. Changes in the isotopic composition of the water in Isotopes in hydrology//Proceedings of the Symposium in hydrology. Vienna: IAEA: 567-585.

第5章 | 人类活动对流域景观的影响

5.1 概 述

5.1.1 生态系统服务与流域景观保护

景观作为人和环境相互作用的基本空间单元，是有效研究和维系可持续性的最小尺度，同时也是上通全球下达局地的一个重要枢纽尺度。景观类型多种多样，但对包括人类在内的生态系统而言，景观的重要基础作用即是提供不同的生态系统服务。本质上，生态系统服务被定义为人们从生态系统中获得的利益（MA，2005）。这一概念与自然资本评估的关系，与生态系统功能的直接联系，与经济学家和社会科学家更好地理解的可能性，以及对其用于解决环境冲突和评估土地使用变化的多重后果的期望，都有助于生态系统服务作为一种有用的方法来应对景观管理保护和人类福祉维护的挑战。发展生态系统服务的概念是为了加深认识环境所提供的能力和利益，以及更好地评估人类活动对这些系统所产生的影响。

千年生态系统评估（MA）将主要的生态系统服务分为了四类，包括供给服务（如提供食物和水）、调节服务（如控制洪水和疾病）、文化服务（如精神、娱乐和文化收益）以及支持服务（如维持地球生命生存环境的养分循环）。四种主要类型的生态系统服务都可以对人类以及动植物产生直接和间接的好处。世界各地持续的人口增长、城市化、工业化和多变的气候给生态系统带来了相当大的压力（Cumming et al.，2014），导致全球60%以上的生态系统服务退化。持续的森林砍伐和土地转用、过度取水、不断增长的化石燃料消耗和不断增加的温室气体排放正在消耗和破坏自然生态系统、污染环境以及减少生态系统服务（MA，2005）。大多数生态系统服务，如水调节、营养供应、碳储存和土壤侵蚀防治，在时间和空间尺度上都在衰减（Li et al.，2020；Bai et al.，2019）。科学界劝告决策者增加生态系统服务概念的使用，以便进行区域和国家层面的景观管理，重建和加强生态系统的完整性和功能，保护自然界提供的利益和服务的可持续供应与公平获取（Keenan et al.，2019）。这些努力已经带来了一些显著的成功，如美国总统要求联邦机构在决策中考虑生态系统的行政命令以及为支持该命令而制定的指南（United States Government，2015），欧盟制定的生态系统服务共同国际分类（Haines-Young and Potschin，2011），以及英国和西班牙的生态系统服务框架（United Kingdom National Ecosystem Assessment，2014；Spanish National Ecosystem Assessment，2014）。然而，当涉及实现这些目标的实际战略时，特别是如何恢复和管理多种景观以支持人类福祉目标时，决策者和利益相关者可能更愿意使用价值指标将景观变化所带来的生态系统的变化与人类福祉的指标联系起来。他们认为，景观与生态系统管理已经脱离了其自然唯物主义和科学背景，现在应当与其他学科如社会和经济科学共享。为了让决策者接受这一发展性的方法，学者和研究人员采用了生态系统服务价值（ESV）的概念，使生态系统服务的保护在经济上更具有吸引力和普遍性（Sheng et al.，2019）。这是本章中使用的重点概念之一。

作为对生态系统潜在服务能力的定量估计，生态系统服务价值是将生态系统服务概念引入现实应用的媒介，对景观与生态保护具有重要的指导意义。在过去的几年中，研究者在使用生态系统服务价值为流域景观管理提供信息方面做出了许多努力，如将自然价值可视化以提高保护意识（Zhang et al.，2020），估计人类引起的环境破坏所造成的生态系统服务损失（Chen，2020），估计生态补偿的成本，评估政府生态计划的有效性，为解决生态退化问题提供有力论据，补充可持续发展指标（Xue and Luo，2015），以及制定生态系统服务价值的可持续保护方案等。

漓江流域是国家重点生态功能区、国家生态文明先行示范区和桂林市重要生态安全战略区，还是著名的国际旅游胜地。然而作为典型的喀斯特地貌区，漓江流域生态环境十分脆弱，人类生活和生产活动发展已导致了石漠化、水土流失、生态功能退化等一系列生态环境问题，威胁喀斯特生态系统的安全运行，导致其生态屏障作用不断被削弱，严重影响到流域景观生态安全和可持续发展。2019 年至今，新冠疫情使景观可持续保护的进展出现停滞和倒退，在疫情过去之后，面对生态恢复规划，现金短缺的政府不能不分轻重缓急地推出大规模的区域生态项目。在实施生态系统恢复具体措施之前，需要考虑一些关键问题，以避免只关注增加生态系统恢复的面积/数量。例如，哪些生态系统在景观可持续保护目标中起着更关键的作用？哪些是恢复的优先领域？如何在空间上最好地分配生态系统的恢复工作，以使景观保护的效益最大化？生态系统及其服务价值在如何帮助实现具体多种保护目标方面仍然阐述得很不清楚，决策者很难将其纳入地区和国家发展计划。要想有效地确定景观可持续管理行动的优先次序，就需要了解当前的情况和正在采取的方向。因此，了解生态系统服务价值的时空分布格局及其变化的驱动因素已成为实现多尺度自然资源管理和景观保护的核心问题。为管理者提供关于生态系统服务价值变化背后驱动因素的详细信息，以便其更好地权衡社会经济发展和生态项目投资。这种信息的缺失限制了促进区域经济发展和改善人类福祉的决策。本章围绕 2000～2020 年漓江流域景观与其带来的生态系统服务价值的时空变化，分析背后的人类活动复合驱动机制，量化不同因素间的交互作用和影响程度，在此基础上对漓江流域景观管理与保护挑战进行分析，为我国建设国家可持续发展议程创新示范区提供参考，也为落实 2030 年可持续发展议程提供实践经验。

5.1.2　人类活动与流域景观变化

从一万多年前农业的出现开始，人类活动就一直在改变着全球地表景观和地貌。时至今日，超过 80% 的地表景观在一定程度上受到人类活动的影响。这些影响使许多独特而有价值的自然景观丧失，还威胁到这些景观提供的许多生态系统服务。引起生态系统服务价值变化的自然因素或人为因素称为驱动因素，包括间接因素和直接因素，如气候变化、人口变化、经济活动变化、社会政治因素、文化因素和技术变化。这些因素在不同地点以复杂的方式相互作用，改变对生态系统的压力和生态系统服务的使用。自然因素促进了生态系统服务的形成和空间分布，它们对总生态系统服务价值（TESV）的直接影响在短期内是不明显的（Fang et al., 2021）。但研究表明，21 世纪以来显著多变的（具有区域差异的）温度和降水模式将日益威胁到自然生态系统和生物多样性。人为因素主要包括城市化、农业施肥和灌溉、放牧、工业生产、森林砍伐、生态恢复等（Mueller et al., 2014）。不同的人类活动对生态系统服务和生态系统服务价值有积极或消极的影响。虽然有些因素（如自然因素属于宏观调控范畴，可以评估，但无法控制）可能超出决策者的控制范围，但决策者仍然可以影响一些驱动因素（内生驱动因素），从而影响生态系统过程（Kumar et al., 2013）。目前，我们还不完全了解生态系统服务价值变化的复杂关系和驱动因素，缺乏对其机制和驱动因素的深入探索。传统的相关、回归等统计方法只有在因变量和自变量服从正态分布，且变化与驱动力关系为线性时才有效，而上述所提到的这些复杂变化是非线性和相互作用的，量化它们的贡献是一项挑战。

本章重点关注点农业活动、工业活动、城镇化建设以及旅游活动对漓江流域景观及生态系统服务变化的影响。

农业活动的影响贯穿粮食生产和作物种植的整个过程。为了种植作物或饲养食草动物而改变土地利用方式会使自然土地和动物天然栖息地快速消失。此外，作物通常需要大量的化肥和杀虫剂，其通过土壤孔隙的迁移，会污染附近的地表和地下水。在水资源紧张的地区，低效的灌溉系统会导致额外的问题，如盐碱化、地下水储备枯竭和人为降低地表水质量，这严重影响水生态系统的完整性和可循环性。放牧等农业行为的位置不当或管理不佳可能改变当地的植被物种组成，使土壤质量下降，并导致荒漠化，其产生的废物，如果处理不当，也可能会威胁到土地和水质。此外，虽然不是典型的农业活动，但供应树木原材料所造成的森林砍伐也是人类活动带来的一个大问题。在全球范围内，森林占地球陆地面积的 30% 左右。它们被认为是最大的碳汇之一，约占陆地植物生产力的一半。几个世纪以来，人类一直在采集森林产品。虽然有些方法，如有选择地采伐，可以最大限度地减少对森林生态系统的大规模破坏，但一些技术，如为开发或农业目的而采伐或转换森林，已经对景观造成了严重影响。裸露的地面加速了土壤侵蚀和增加了地表径流，特别是在陡峭的地形上，一定程度上降低了水质。陡峭的斜坡失去覆盖物也会增加土壤的不稳定性，并导致泥石流和洪水。

工业开采通常分为地下开采和地表开采。地下开采对地表环境的影响相对较小，而地表或带状开采需要去除上覆的景观特征，对动植物的有害影响明显。与此相关的问题，如酸性矿井排水，也是许多地区关注的重要问题。一种特别具有破坏性的露天采矿会造成严重的破坏，将受到采矿破坏的景观恢复到原来的状态是一个具有挑战性的长期过程。

城镇化建设意味着将自然景观转变为城市和郊区，包括支持它们的所有必要的基础设施（交通网络、购物中心、污水处理、供水和输电线），这一定程度上改变了土地的基本特征，减少了生物多样性，在许多情况下，也降低了空气质量和水质。城市扩张，即城市向外扩张到乡村，随着自然栖息地的开发，会对景观产生额外的影响。

作为世界上最大的产业之一和许多低收入国家的主要经济部门，旅游业经常被当作促进发展的工具来推广。但是其带来的栖息地丧失和退化、污染、外来物种引入、自然资源过度开发等问题也日益增多。旅游发展的负面环境后果将对贫困地区的自然环境产生负面影响，而环境恶化将加剧旅游与贫困之间的负反馈关系。

以上问题在漓江流域更具有典型性，位于桂林市内的漓江流域喀斯特景观作为典型的岩溶河流喀斯特地貌景观，不仅代表了中国南方喀斯特地貌演化史的全部过程，同时也是受到人为干扰最严重的喀斯特地貌之一。喀斯特是一种复杂的地貌形态，喀斯特地貌地区是生态环境脆弱敏感区，人口众多、土地资源匮乏、发展滞后，这些因素对社会稳定构成潜在威胁，给经济发展带来巨大压力。随着人类活动的不断干扰，喀斯特生态系统敏感性持续增强，抗干扰与适应能力减弱，受损后难以恢复，尤其是生物多样性锐减、环境污染、石漠化等问题困扰着喀斯特地貌地区实现可持续发展。

"可持续发展目标15"强调人类活动引起的毁林和荒漠化（图5-1，图5-2）是实现可持续发展的主要挑战。针对桂林喀斯特地貌特征，如何把生态景观优势变成发展优势，促进景观资源的可持续利用，实现喀斯特石漠化地区生态修复和环境保护，是桂林可持续发展亟待解决的问题，也是全球自然资源丰富、生态环境脆弱的喀斯特地貌地区景观可持续发展面临的共性问题。

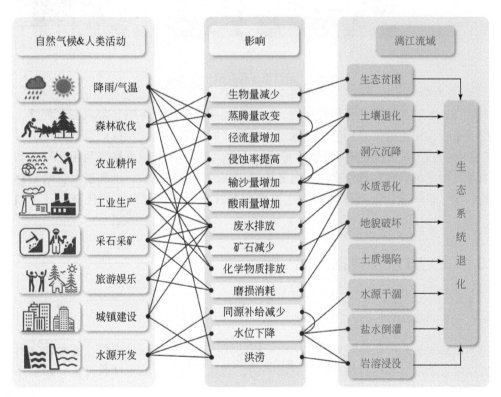

图 5-1　人类活动对漓江流域喀斯特景观的影响

资料来源：Williams，1993

图 5-2　漓江流域存在的生态问题

　　本章将生态系统服务及其价值作为表征元素连接人类活动影响和景观变化程度，一方面有利于明晰目前流域生态环境和景观退化状况，对开发流域喀斯特景观资源进行科学有效的产业布局；另一方面能够为之后的漓江流域喀斯特景观资源可持续利用新模式和新路径的探索提供基础资料和理论支撑，服务于国家流域开发和保护，也利于改善喀斯特地貌地区脆弱的生态环境，以及保护和构建流域的景观功能，具有良好的社会、经济和生态效益。

5.1.3　研究方法及数据来源

5.1.3.1　DPSIR 框架

　　DPSIR 框架是一种在自然系统中广泛使用的评价指标体系概念模型，它是作为衡量环境及可持续发展的一种指标体系而开发出来的，它从系统分析的角度看待人和环境系统的相互作用。它将表征一个自然系统的评价指标分成驱动力（Driving Forces）、压力（Pressure）、状态（State）、影响（Impact）和响应（Responses）五种类型，每种类型又分成若干种指标，能反映人类活动、社会经济与环境问题之间的联系以及环境对人类福祉的影响（图 5-3）（Organization for the Economic Co-operation and Development，1993）。自欧洲环境署（European Environment Agency，EEA）正式推出 DPSIR 框架并将其首先应用到欧洲综合环境评估中后，该框架就成为一类解决环境问题的管理模型，为综合分析生态环境管理中的自然、社会、经济、资源与生态环境之间的关系提供了一个基本的分析途径。研究者认为可以为每个环境问题制定一个"驱动力—压力—状态—影响—响应"链条，分析人类社会活动和这些环境问题之间的联系，评估当前的政策路线，为政策准备过程提供充分信息，以便更好地拟定环境政策（Luiten，1999）。

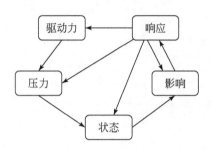

图 5-3　DPSIR 框架

通过中国知网数据库文献分析发现，DPSIR 框架发展二十多年来，生态环境管理与评价是其主要应用领域（图 5-4）。这符合 DPSIR 框架的制定目标，即通过更直观、更全面的分析框架展现人类系统与自然生态系统间的联系，使得政府决策者能更好地认识到人类社会对自然生态系统的影响并做出积极的回应。近年来，国际各界学者开始积极应用 DPSIR 框架在政策、管理、决策支持系统、生态系统服务、生物多样性、生态脆弱性等领域进行应用研究，DPSIR 框架在水平衡管理、流域可持续发展、河口系统管理和海岸带及沿海环境治理等方面已成为一种基础的分析方法，在确定系统驱动力和压力并支持政策管理实行方面具有普遍适用性。DPSIR 框架的 D-P-S 部分在探寻环境问题和景观变化的内外驱动力方面仍然具有十分直观和全面的分析能力，并且 S-I-R 部分同时具有政策评价、决策建议等重要功用。DPSIR 框架结合 GIS、RS 等大尺度景观与环境分析方法，在探究区域环境污染、景观变迁、景观破碎化、景观退化的驱动机制，以及针对此类问题提出政策和治理建议等方面具有十分可观的应用前景。在此基础上，DPSIR 框架可以在特定时间范围内提供与景观资源管理有关的生态和经济信息之间的明确联系。本章使用 DPSIR 框架对影响生态系统服务价值变化的各驱动因子在 2000～2010 年以及 2010～2020 年两个时段内进行经济效益核算和影响程度分析。

5.1.3.2　生态系统服务价值计算

目前，有两种方法已被认可并用于生态系统服务价值估算。一种是基于原始数据的方法，即通过生态模型（如水源保护模型、气体调节的光合作用方程等）结合经济价值评估技术（如市场价格法、碳税法、重置成本法、旅行费用等）对生态过程和功能进行量化。这种方法通常需要大量地输入参数，并包括复杂的核算过程，导致难以统一估值方法和统一不同生态系统服务价值的参数。由于密集的参数化，该方法通常应用于小空间尺度，并在一项或几项服务上实施，而不是在综合生态系统服务价值上实施（Wen et al., 2013）。本研究使用另一种基于单位价值的方法。对于这种方法，每个生态系统服务的经济价值被

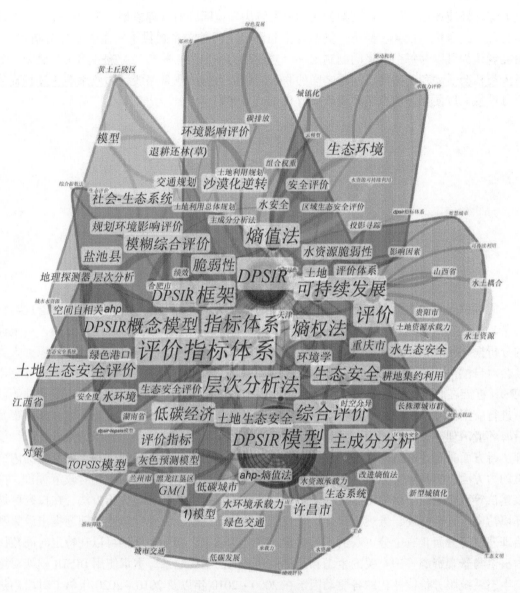

图 5-4　DPSIR 研究关键词分析

资料来源：赵翔和贺桂珍，2021

估计为一个等价系数（无量纲）与一个标准等价因子所代表的经济价值的乘积，即每单位面积所提供的产品或服务的价值（Xie et al.，2017）。在区域和全球研究中，这种方法更便于评估生态系统服务价值的空间–时间分布。

本研究区的土地覆被类型分为六类：耕地、林地、草地、湿地、水体和人造地表。生态系统服务类型分为供给服务［包括食物供应（FS）、物质供应（MS）、水供应（WS）］、调节服务［包括空气质量调节（AR）、气候调节（CR）、废物处理（WT）、水流调节（WF）、防止侵蚀（EP）］、支持服务［包括土壤肥力维持（SF）、生境服务（HS）］和文化与娱乐服务（CS）。将每种生态系统服务类型 $i(i=1,2,3,\cdots,n；n=11)$ 在每种土地覆

被类型 $j(j=1,2,3,\cdots,m;\ m=6)$ 上的价值定义为 ESV_{ij}，然后将研究区的总生态系统服务价值定义为 TESV，具体如下：

$$\mathrm{TESV} = \sum_{i=1}^{n} \sum_{j=1}^{m} \mathrm{ESV}_{ij} \tag{5-1}$$

$$\mathrm{ESV}_{ij} = A_j \cdot e_{ij} \cdot C_v \cdot C_1 \cdot C_2 \cdot C_3 \tag{5-2}$$

式中，e_{ij} 为中国陆地生态系统中每种生态系统服务 i 在每公顷土地覆被类型 j 上的等效权重，本研究根据相关研究进行了完善（表 5-1）；A_j 为土地覆被类型 j 的总面积。此外，为了使计算结果更加准确，还增加了以下参数：①空间异质性参数 C_v，通过实际研究区域的谷物单位产量价值来衡量等价系数的经济价值；②支付意愿参数 C_1 和支付能力参数 C_2，这两个参数与生态系统服务价值呈显著正相关，以此来修正社会经济发展差异；③时间异质性参数 C_3，通过通货膨胀率修正不同研究年份的计算结果，使结果更适合比较分析。上述所有参数的数值随研究年份不同而变化。上述所有参数计算公式为

$$C_v = 1/7 \times \text{研究年份谷物价格}(元/\mathrm{kg}) \times \text{产量}(\mathrm{kg/hm}^2) \tag{5-3}$$

$$C_1 = \frac{\text{研究区研究年份受教育人口比例}}{\text{全国研究年份受教育人口比例}} \tag{5-4}$$

$$C_2 = \frac{\text{研究区研究年份人均可支配收入}}{\text{全国研究年份人均可支配收入}} \tag{5-5}$$

$$C_3 = 1 + R \tag{5-6}$$

式中，R 为通货膨胀率（以 2000 年为基础）。

此外，本研究还采用了敏感性分析来检验估计的生态系统服务价值对价值系数（e_j）的依赖性，即检验在某一价值系数发生一定比例变化时生态系统服务价值的比例变化。在每项分析中，本研究使用标准的经济弹性概念计算出敏感系数（S_c），具体如下：

$$S_c = \left| \frac{(\mathrm{ESV}_t - \mathrm{ESV}_s)/\mathrm{ESV}_s}{(e_{jt} - e_{js})/e_{js}} \right| \tag{5-7}$$

式中，s 和 t 分别为初始值和调整值（±50%）。如果 $S_c \geq 1$，那么估计的生态系统服务价值相对于该系数是有弹性的，准确定义 e_j 很重要；但如果 $S_c < 1$，则认为估计的生态系统服务价值是没有弹性的，即使 e_j 的准确性相对较低，计算结果也是可靠的。总的来说，尽管价值系数具有不确定性，但敏感性分析表明本研究对研究区的估计是可靠的（表 5-2）。

表 5-1　中国陆地生态系统每公顷生态系统服务的等效权重

生态系统服务类型	耕地	林地	草地	湿地	水体	人造地表
食物供应	1.36	0.31	0.38	0.51	0.8	0
物质供应	0.09	0.71	0.56	0.5	0.23	0
水供应	-2.63	0.37	0.31	2.59	8.29	0
空气质量调节	1.11	2.35	1.97	1.9	0.77	0
气候调节	0.57	7.03	5.21	3.6	2.29	0
废物处理	0.17	1.99	1.72	3.6	5.55	-2.46
水流调节	2.72	3.51	3.82	24.23	102.24	-5.3

生态系统服务类型	耕地	林地	草地	湿地	水体	人造地表
防止侵蚀	0.01	2.86	2.4	2.31	0.93	0
土壤肥力维持	0.19	0.22	0.18	0.18	0.07	−1.73
生境服务	0.21	2.6	2.18	7.87	2.55	0
文化与娱乐服务	0.09	1.14	0.96	4.73	1.89	0.17

表5-2　生态系统服务权重调整50%造成的总生态系统服务价值的比例变化和敏感性系数

土地覆被类型	2000 年		2010 年		2020 年	
	TESV/%	S_c	TESV/%	S_c	TESV/%	S_c
耕地	±2.59	±0.052	±2.57	±0.051	±2.53	±0.051
林地	±42.95	±0.859	±42.93	±0.859	±42.72	±0.854
草地	±1.59	±0.032	±1.63	±0.033	±1.35	±0.027
湿地	±0.13	±0.003	±0.10	±0.002	±0.05	±0.001
水体	±3.10	±0.062	±3.17	±0.063	±4.25	±0.085
人造地表	±0.37	±0.007	±0.40	±0.008	±0.90	±0.018

5.1.3.3　驱动力分析

本研究选择了8个有可能在短期内影响生态系统服务的驱动力，即2个环境驱动力（降水和气温）和6个人类活动驱动力（农业活动、工业活动、旅游活动、城市建设、人口和消费水平），并在每个类别中选择了代表性指标（表5-3）。在2000~2010年和2010~2020年两个时段内，利用自然断点法对漓江流域45个乡镇的8个指标的变化进行离散化处理。然后，使用地理探测器方法揭示人类活动对生态系统服务价值变化的空间影响，并与气候变化进行对比。

地理探测器是探测空间分异性，以及揭示其背后驱动力的一组统计学方法（表5-3）。其核心思想是基于这样的假设：如果某个自变量对某个因变量有重要影响，那么自变量和因变量的空间分布应该具有相似性。地理探测器既可以探测数值型数据，又可以探测定性数据。此外，地理探测器通过分别计算和比较各单因子 q 值及两因子叠加后的 q 值，可以判断两因子是否存在交互作用，以及交互作用的强弱、方向、线性还是非线性等。本研究使用 GeoDetector 地理探测器软件，对影响漓江流域喀斯特景观变化的驱动因子进行分析，研究被选取的各个因子对景观变化的解释力大小，其模型如下：

$$q = 1 - \frac{\sum_{h=1}^{L} N_h \sigma_h^2}{N\sigma^2} \tag{5-8}$$

式中，q 为某因子解释了 $q\times100\%$ 的景观变化程度；L 为影响因子的分层数；N_h 和 N 分别为影响因子的层 h 和研究区域的样本数；σ_h 和 σ 分别为层 h 和研究区域景观变化程度的方差。q 的值域为 $[0,1]$，q 值越大表明该因子对景观变化的解释力越大。

5.1.3.4 数据来源

土地覆被数据来自中国国家基础地理信息中心的全球土地覆盖数据产品服务网站（http://www.globallandcover.com/）。降水和气温数据来自中国科学院资源环境科学与数据中心。其他统计数据来自中国国家统计局和研究地区的历史县志。数据系列的可靠性在使用和发布前经过了严格检查。

表 5-3　驱动因素和代表指标

驱动因素	驱动力	代号	指标	单位
自然驱动	降水	X_1	年平均降水量	mm
	气温	X_2	年平均气温	℃
人类活动	城市建设	X_3	建设投资额	元
	人口	X_4	人口密度	人/km²
	消费水平	X_5	人均可支配收入	元
	农业活动	X_6	农业产值	元
	工业活动	X_7	工业产值	元
	旅游活动	X_8	旅游人数	人次

5.2　农业和工业活动的影响

5.2.1　漓江流域的农业活动

漓江流域处于亚热带季风气候区，年平均气温为 17～20℃，年降水量为 1400～2000mm。适宜的气候和广泛分布的冲积土和水稻土使该地区成为桂林最重要的种植区，漓江流域素有"桂北粮仓"之称，是广西主要粮食生产基地之一（图 5-5）。粮油作物主要有水稻、玉米、红薯、马铃薯等。水果主要有柑橘、沙田柚、金橘、葡萄、月柿等。其他经济作物主要有罗汉果、荔浦芋、荸荠等。此外，桂林还是"南菜北运""西菜东运"的重要生产基地。

漓江两岸的平原主要种植蔬菜，包括穿山乡、大河乡、柘木镇共 25 个村委，有耕地面积 32 146 亩，其中水田 19 853 亩，占 61.8%，旱地 12 293 亩，占 38.2%；有常年菜地8700 多亩，季节性蔬菜地 7000 多亩。东北部低丘陵为水稻、季节蔬菜经作区，包括大河乡、朝阳乡共 11 个村委，有耕地面积 15 495 亩，其中水田 12 097 亩，占 78.1%，旱地3398 亩，占 21.9%。西北部桃花江中下游阶地为水生蔬菜、水稻区，包括甲山乡、大河乡共 8 个村委，耕地面积 11 910.7 亩，其中水田面积 11 439 亩，占 96.04%。南部低丘陵粮食作物、经济作物区，包括柘木镇、雁山镇、大埠乡共 27 个村委，有耕地面积52 440.3亩，其中水田 32 766 亩，占 62.5%，旱地 19 674.3 亩，占 37.5%。截至 2020 年，桂林市

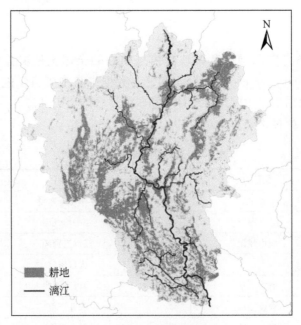

图 5-5　漓江流域耕地概况

域耕地保有量为 387 500hm²，基本农田保护区总面积为 334 300hm²，农作物总播种面积约为 70 万 hm²，粮食总产量为 175.98 万 t。

5.2.2　农业活动对生态系统服务的影响

2000～2010 年，桂林市区的城市化进程加快，建设投资猛增 6 倍，人口密度每平方千米增长了 43 人（图 5-6）。对自然资源、食物和纤维的需求，使中游地区的农业活动强度提高了 500% 以上（图 5-7）。密集的农业活动大大改变了水文过程，包括地下水和其他水体在土壤中的流动。同时，耕地的扩大占用了 17.54% 的天然湿地，使水供应服务的价值减少了约 3.08%（446 万元），并在一定程度上降低了土壤肥力维持的价值（图 5-8）。在中游地区，城市扩张的趋势已经形成。由此产生的农业用地、建设用地和自然湿地之间的竞争将成为该地区难以应对的可持续发展挑战。城市化进程破坏了大量的优质耕地，农民被迫以湿地围垦为目标（图 5-9）。就在新城区边上的会仙县，由于农业活动，自然湿地严重退化。除了直接损失外，由于过度使用化肥和农药、畜禽粪便渗漏和喂鱼，湿地已被严重污染。2012 年，会仙喀斯特湿地被列入国家湿地公园试点建设，旨在恢复自然湿地。近年来，桂林市人民政府注重通过减少粮田和鱼塘来恢复自然水体和水生植被。然而，减少粮田导致当地农民利益受损，这似乎是一个不可能完成的任务。如何在保护湿地的同时，在本土湿地景观中可持续地发展当地农业，仍然是一个挑战。换句话说，湿地−农业关系从竞争到共存的转变需要更多的可持续发展模式。

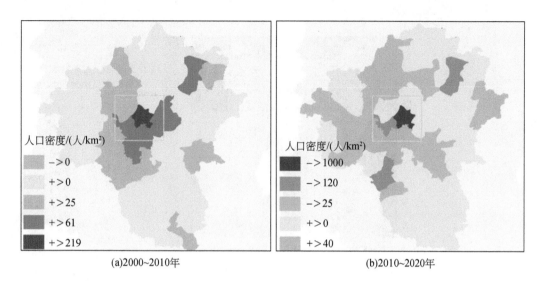

(a)2000~2010年   (b)2010~2020年

图 5-6　漓江流域 20 年间人口密度变化情况

+为增加量，−为减少量，如−>0 为减少量大于 0 人/km²，下同

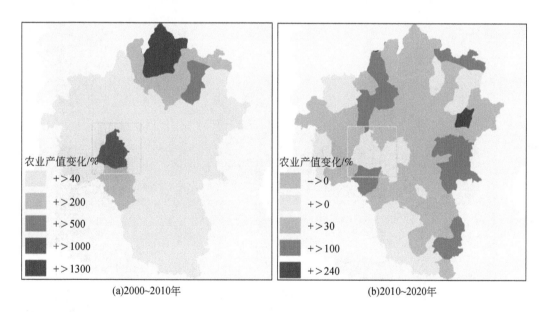

(a)2000~2010年   (b)2010~2020年

图 5-7　漓江流域 2000 ~ 2020 年农业产值变化情况

5.2.3　漓江流域的工业活动

桂林矿产资源较为丰富，已发现可利用矿产 48 种，其中查明有一定资源储量并开发利用的矿产 40 种。在查明资源储量的矿产中有 17 种居全广西前列，其中滑石矿质量居世界前列，保有资源储量居全国前列。铅锌、铌钽、花岗岩、石灰岩、大理岩、重晶石、矿

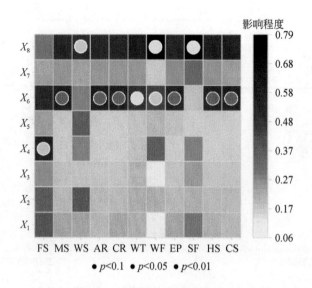

图 5-8　农业活动 X_6 影响程度图

图 5-9　湿地围垦状况

泉水等资源前景较好，滑石、大理岩、花岗岩、石灰岩、萤石、矿泉水及鸡血石等具有较大开发潜力。

桂林市人民政府出台系列政策措施，全力推进工业振兴。2020 年，电子信息、装备制造、生物医药、生态食品四大优势产业规模以上工业增加值同比增长 8.0%，高技术产业规模以上工业增加值增长 17.6%。在漓江流域形成了"一点、三带、五区、多集群"的产业空间格局（图5-10）。"一点"是指中心城区内七星区高新技术园区，以高新技术产品生产研发为主要功能；"三带"是指灵川–西城–苏桥经济发展带、荔浦–平乐产业发展带和全州产业发展带；"五区"是指漓江中上游特色经济区、漓江下游特色经济区、洛清江流域特色经济区、湘江流域特色经济区、资江–浔江生态与民族旅游特色经济区，以第一产业和第三产业为主；"多集群"为多个县域工业集中区。

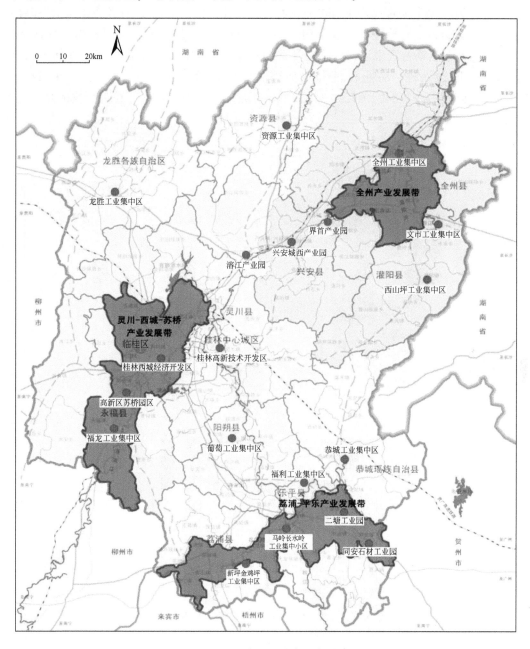

图 5-10　漓江流域产业布局

5.2.4 工业活动对生态系统服务的影响

在下游地区，工业活动在很大程度上降低了生态系统服务价值。自 2003 年当地政府提出工业强市的发展战略，旨在解决旅游业和农业提供的财政收入不足的问题以来，至 2010 年，漓江流域的城镇已经进入工业化时代，工业产值平均增长 20 倍以上（图 5-11）。在工业化的早期和中期阶段，工业部门一般以大量生产、加工和消耗原材料和能源为特征。然而，对于喀斯特区来说，矿物的开采会对地表植被造成巨大的、不可逆转的破坏。工业活动使废物处理、防止侵蚀和生境服务的价值分别减少了 20.27%、20.89% 和 20.56%，解释力为 81.8%、87.3% 和 84.9%（$p<0.1$）（图 5-12）。更为严重的是，植被

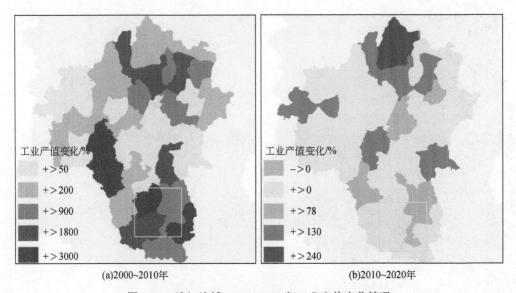

(a)2000~2010年   (b)2010~2020年

图 5-11 漓江流域 2000~2020 年工业产值变化情况

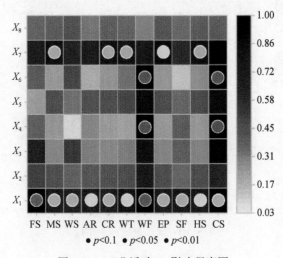

图 5-12 工业活动 X_7 影响程度图

的丧失使岩溶地貌更容易受到降水的侵蚀。2010~2020年,下游地区的总生态系统服务价值减少了8.3亿元(约20%)。非法建造的采石场分布广泛,采矿活动破坏了山区的原始植被(图5-13)。政府已经实施了严格的控制措施,大部分的非法活动已经得到了规范和制止。然而,岩溶地区陡峭的山体和稀薄不稳定的土壤,使得废弃的矿山重新植被项目往往需要更高的投资和更长的时间。

图5-13 石料开采对喀斯特地貌的影响

5.3 城镇化建设及旅游活动的影响

5.3.1 漓江流域的城镇化建设

2000~2020年,漓江流域城镇化建设面积从129.9km² 增加到317.4km²,增幅达到144.34%,2020年城镇化水平约为59%,城镇人口约为194万人,居住用地总面积为4384hm²,人均35.1m²;工业用地878.8hm²,占建设用地的6.7%;城市道路交通用地1989hm²,占建设用地的15.1%,人均15.9m²;城市绿地2068hm²,占规划建设用地的15.8%,其中公共绿地1630.5hm²;主要旅游设施用地369hm²;教育用地868.7hm²。漓江流域正在形成由"流域"与"多轴交通"共同构成的复合型空间格局和网络化城镇空间结构(图5-14)。市域逐步形成四级城镇规模结构,一级城镇为中心城区,人口规模为50万人及以上;二级城镇为部分县城或重要的产业城镇,人口规模在10万~50万人;三级城镇为人口规模在 2 万 ~ 5 万人的山区县城与重要城镇；四级城镇为其他建制镇与乡，人口规模在 2 万人以下。

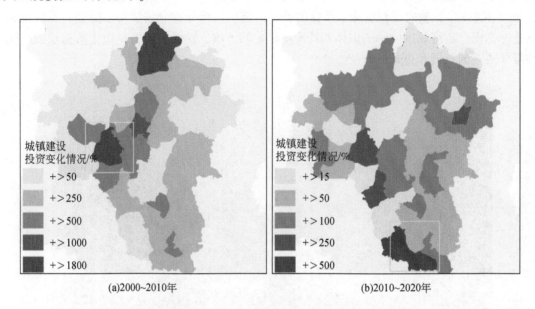

(a)2000~2010年　　　　　　　　(b)2010~2020年

图 5-14　漓江流域 2000 ~ 2020 年城镇建设投资变化情况

　　为了防止城镇化建设导致的自然资源过度开发，桂林市人民政府将生态条件极为敏感、需要进行严格生态保护或历史文化保护的地区，以及在满足基础设施和公共安全等方面需要严格控制的地区均设定为不允许开发建设的地区。主要包括自然保护区的核心区、自然保护小区、基本农田保护区、地表水源一级保护区、地下水源核心保护区、风景名胜区的核心区、历史文化保护核心区、坡度大于 25° 的水土保持区、地质灾害易发区、城区绿线控制范围、大型基础设施通道控制带、水体河流控制区以及其他需要控制的地区。对于位于禁止建设地区的农村居民点，实行"农村宅基地总体规模控制"政策，实施转移支付，严格限制非农村居住性功能的建设活动，有限度地许可以农村集体经济为主体的休旅业活动。同时，设立限制建设区，主要是指需要进行生态保护、历史文化保护或具有一定安全防护要求的重点保护地或敏感区，包括自然保护区的非核心区、风景名胜区的非核心区、森林公园及经济林、一般农田、地表水源二级保护区、地下水源防护区、坡度介于15° ~ 25° 的水土保持区、机场净空保护区、地下文物埋藏区、行滞洪区、乡村风貌保护区等。城镇建设用地避让限制建设区，对列入限制建设区的城镇建设区，提出了具体建设限制要求。对位于限制建设区的农村居民点，规划制定了相应的村庄集镇规划，严格控制其建设活动。

5.3.2　城镇化建设对生态系统服务的影响

　　2000 ~ 2010 年，桂林市区的城市化进程加快，建设投资增长了约 6 倍（图 5-14）。2010 年，《桂林市城市总体规划》决定将城市中心迁离上游主流地区。当地政府提出了沿漓江建设经济带的发展目标，并强调通过复垦实现流域内新增建设用地的重要性。2010~2020年，大量的农村劳动力涌入新城镇以获得更高的收入，农村地区的人口密度每平方千米减少了100人以上。加速的城市化削弱了农业用地的质量和数量，2010~2020年有10 440hm²的耕地转为人工建设用地，人工总面积增加146.21%。在此之后，51.07%的天然湿地不得不在耕地持续扩张的威胁下消失。新城建设引起的大规模农村–城市人口迁移使食物供应和土壤肥力维持的价值分别降低了23.04%和50.05%，解释力为78.9%和88.7%（$p<0.01$）（图5-15）。此外，城市旅游是当地政府关注的重点。为了提供城市旅游用水，在几个水库进行了补水工程，包括上游的青狮潭水库和溶江水库。这使水供应服务价值增加了29.08%（约4525万元），旅游收入增加了近300%，但如果与城市化带来的结果一起考虑，中游地区的总生态系统服务价值下降了22.8%，约21亿元。

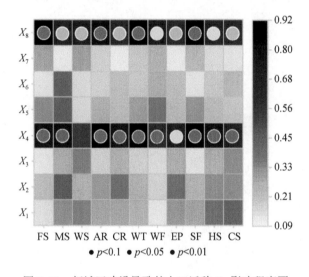

图 5-15　新城区建设导致的人口迁移 X_4 影响程度图

5.3.3　漓江流域的旅游活动

桂林旅游资源丰富，典型的岩溶地貌赋予桂林"奇山、秀水、异洞、美石"的山水风光，享有"甲天下"的声誉。而且自然资源和人文资源浑然一体，城市与景区交融，推窗、出门就能见景，且景区分布适当，空间层次多，又有城镇为依托，各具特色，便于多种旅游线路的组合与分期、分区开发，已开发的风景点达20余处（图5-16）。还有古遗址、古建筑、陵墓、石刻及摩崖造像、革命纪念遗址和具有特色的文化艺术等人文景观。截至2020年，桂林共有AAA级景点20处，AAAA级景点27处，AAAAA级景点4处。

桂林借助建设"国家旅游综合改革试验区"的机遇，通过挖掘与利用桂林优秀的自然资源和人文资源，主城区以城市风景观光、历史文化、会议会展、专业培训、休闲疗养、文化创意、特色旅游等为主要方向；临桂新区以会议会展、酒店培训、转乘服务、文化创意等为主要方向；阳朔县以风景观光、休闲度假、会议、疗养、酒店培训、教育研修、自

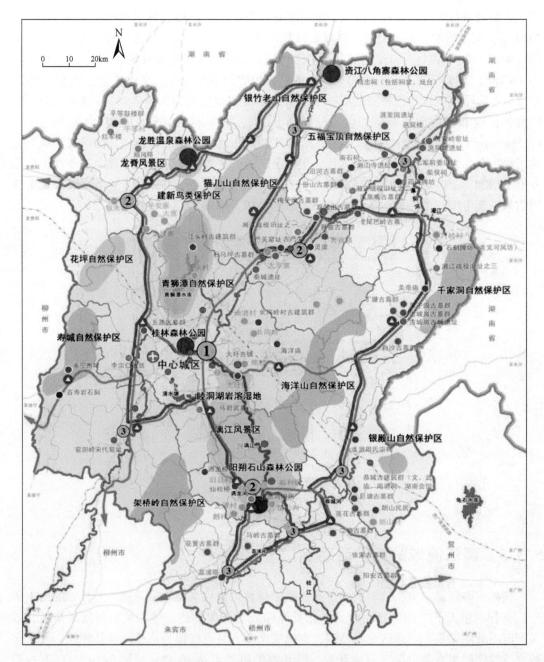

图 5-16　漓江流域旅游景点分布图

由行、生态旅游、特色旅游等为主要方向；灵川县以休闲旅游、古镇人文、漓江上游观光、生态旅游、农业体验等为主要方向，需配设交通与旅游导引等服务设施。兴安县以历史人文、研修探险、主题公园游乐、疗养、体育旅游、自由行等主要方向，建设与依托旅游基础设施，改善与提高旅游服务水平，建立"再现中国传统山水人文景观特色，探索中国现代旅游新内涵"的旅游改革试验区。2020 年，漓江流域接待游客 10 915.31 万人次，同比增长 32.58%。其中，国内游客 10 640.61 万人次，增长 33.28%；入境过夜游客 274.7 万人次，增长 10.36%。全市实现旅游总消费 1391.75 亿元，增长 43.22%。其中，国内旅游消费 1290.89 亿元，增长 46.21%；国际旅游（外汇）消费 15.24 亿美元，增长 15.80%。

5.3.4 旅游活动对生态系统服务的影响

漓江流域的上游地区（包括兴安县和灵川县）是生物多样性的重要宝库，物种丰富，生态系统复杂。2000 年的总生态系统服务价值为 24.2 亿元。特别是作为漓江源头的猫儿山地区（图 5-17），其是世界上保存最完整的森林生态系统之一，具有最典型的原生亚热带山地植被特征。独特的自然景观使周边城镇更早地开始关注旅游业的发展。从 2000 年起，当地政府就开始规划发展景区型旅游，重点是猫儿山地区。2000～2010 年，上游地区的人造地表面积增加了 149.4%，建设投资跃升了约 10 倍。由此带来的居民收入增长超过 300%，远高于同期中游和下游地区的增长。虽然小规模旅游降低了废物处理和防止侵蚀服务的价值，解释力为 65%（$p<0.1$），但是消费水平的提高间接地提高了上游地区的生境服务和文化与娱乐服务的价值，其解释力分别为 80.2% 和 89%（$p<0.1$）。另外，降水的增加也提高了大多数生态系统服务的价值，平均解释力为 71.3%，特别是对水供应和水流调节服务增加的影响分别达到 93.5% 和 84.2%（$p<0.1$）。这些导致总生态系统服务价值增加了约 1.27 亿元。

图 5-17　漓江源头猫儿山高山湿地景观

但是旅游业无论是否精心策划，都不可避免地改变着生态系统，并导致生态系统服务的损失。2010～2020 年，在已被列为自然保护区的猫儿山周围，上游地区的村庄依靠丰富的文化遗产景观资源为当地政府带来收入。然而，拥挤和噪声、水污染和废物的增加，对居民的生活环境产生了负面影响。旅游业的快速发展直接降低了上游地区的食物供应和土壤肥力维持服务的价值，总损失为 2294.8 万美元，解释力分别为 90.1% 和 76.7%（$p<0.05$）（图 5-18）。

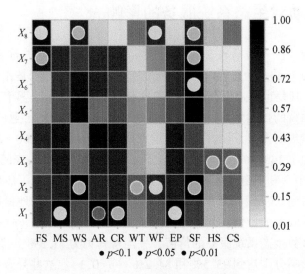

$\bullet\ p<0.1 \quad \bullet\ p<0.05 \quad \bullet\ p<0.01$

图 5-18　旅游活动 X_8 影响程度图

在全球范围内，特别是在发展中国家，旅游业已逐渐成为另一个对环境污染和碳排放有贡献的主要经济部门。这将对漓江流域的峰林峰丛（塔状喀斯特和锥状喀斯特）景观造成二次破坏。当地政府在 2015 年成立了桂林漓江风景名胜区管理委员会，以确保对自然景观资源的充分管理。2015～2020 年，该委员会重点关注峰林峰丛景观的生态恢复和环境保护。然而，自然景观代表着公共产品，其管理往往被证明是低效的。而且岩溶景观的保护和恢复对地方政府的财政构成挑战。可持续旅游可以成为自然岩溶景观资源的有效管理手段。政府需要与当地社区和公司合作，保持旅游业所需的自然景观的吸引力。就目前而言，峰林峰丛景观的可持续旅游模式还需要探索和发展。

5.4　驱动力及正负效益对比

5.4.1　上中下游主要驱动力对比

综合 5.3 节分析结果，本章所选择的 8 个驱动因素对漓江流域上中下游整体生态系统服务价值的影响情况如表 5-4 所示，对比结果如下。①降水和气温的变化主要影响着上游地区的生态系统服务价值变化。对比中下游地区，上游地区的自然气候变化程度较轻，但影响程度却比中下游大。在 2000～2010 年以及 2010～2020 年两个时段内，降水的变化对

上游地区的总生态系统服务价值改变存在着显著影响，影响程度分别为 0.74 和 0.59（$p<$
0.05）。同样地，气温变化在 0.40（$p<0.1$）和 0.64（$p<0.05$）的程度上对总生态系统服
力价值的变化产生显著影响。②人口及农业活动带来的影响均显著。2000 ~ 2020 年，中游
地区总生态系统服务价值在 0.76 和 0.50 的程度上受到了人口和农业活动的影响，是全流
域中显著性较高的两类驱动因素。③2010 ~ 2020 年旅游活动在下游地区产生的影响最大。
漓江流域下游地区的阳朔县自古以来就是我国的重要风景名胜区，但 2010 ~ 2020 年旅游
业呈指数型发展，在 0.37（$p<0.05$）的程度上降低了下游地区的总生态系统服务价值。

表 5-4　上中下游主要驱动力对比

驱动因素	驱动力	状态						影响					
		2000 ~ 2010 年			2010 ~ 2020 年			2000 ~ 2010 年			2010 ~ 2020 年		
		上	中	下	上	中	下	上	中	下	上	中	下
自然驱动	降水	+	++	++	+	++	++	0.74	0.23	0.30	0.59	0.28	0.83
	气温	+	++	+++	+	++	+++	0.40	0.23	0.13	0.64	0.30	0.47
人类活动	城市建设	++	++	+	+	++	++	0.58	0.18	0.26	0.49	0.22	0.45
	人口	+	++	+	−	−−	+	0.33	0.24	0.21	0.47	0.76	0.36
	消费水平	+++	+	+	+	++	++	0.69	0.19	0.15	0.44	0.26	0.48
	农业活动	+++	++	+	−	−	+	0.47	0.50	0.56	0.45	0.20	0.39
	工业活动	+	++	+++	++	+	++	0.50	0.24	0.06	0.50	0.18	0.78
	旅游活动	+	−	++	+	+++	+	0.57	0.58	0.28	0.39	0.77	0.37

注：▨：$p<0.1$；▨：$p<0.05$；▨：$p<0.01$；+ ~ +++：变化增强；− ~ −−：变化减弱。

全流域中造成总生态系统服务降低最明显，即影响程度最强的驱动情况是下游地区中
工业活动与降水之间的交互驱动，两者共同作用于脆弱的岩溶地表，分别在 0.78（$p<$
0.05）和 0.83（$p<0.01$）的程度上造成了巨大的生态系统服务价值损失。

5.4.2　正向效益和负向效益对比

从表 5-5 可以看出，2000 ~ 2020 年，上游地区整体生态系统服务价值呈现减少的态
势，各乡镇平均减少 5091.4 万元，其中降幅最大的是华江瑶族乡，最小的是白石乡。产
生负效益的主要因素是城镇建设，平均使生态系统服务价值减少了 1277.5 万元，对溶江
镇、华江瑶族乡、漠川乡及高尚镇影响较大；其次是气候变暖，由于上游地区高山森林和
湿地面积广阔，持续的升温对生物多样性的维持影响较大，直接降低了该区域的生境服务
价值，平均使生态系统服务价值减少了 2410.5 万元，对华江瑶族乡和溶江镇影响较大，
分别减少了 6008 万元和 4812 万元；旅游活动仍然是当地生态系统服务价值负效益的来源
之一，但影响程度较轻，平均使生态价值减少了 644.2 万元。2000 ~ 2020 年，人工水库、
天然林保护、人工造林和退耕还林等生态工程带来较为可观的生态系统服务价值正效益，
各乡镇生态系统服务价值平均提高了 1640.9 万元。

表 5-5 上游地区 2000~2020 年影响因素正负效益对比　　（单元：万元）

乡镇	TESV 变化	城镇建设	气候变暖	旅游活动	水利工程	生态工程
白石乡	−1 790	−402	−798	−215	56	556
高尚镇	−5 959	−1 236	−2 344	−635	232	1 637
漠川乡	−7 933	−2 048	−3 948	−1 067	38	2 765
崔家乡	−2 189	−479	−945	−250	143	662
湘漓镇	−2 452	−467	−907	−240	396	866
兴安镇	−4 484	−1 123	−1 891	−490	288	1 185
严关镇	−2 768	−627	−1 158	−313	79	794
界首镇	−3 023	−677	−1 294	−343	305	1 010
溶江镇	−7 988	−2 519	−4 812	−1 248	531	3 149
华江瑶族乡	−12 328	−3 197	−6 008	−1 641	—	3 785

中游地区生态系统服务价值负效益的最主要来源仍然是城镇建设，其次是湿地与水体破坏以及农业活动（表 5-6）。快速的城镇化使中心城区、临桂镇和青狮潭镇的生态系统服务价值分别减少了 2790 万元、2922 万元和 3114 万元，在其他乡镇城镇建设产生的负效益平均约 1153 万元。而湿地与水体的破坏虽然范围较小，却造成了高额的负效益，使中心城区生态系统服务价值减少了 4487 万元、临桂镇减少了 3846 万元以及两江镇减少了 2678 万元。同样地，在中央政府和当地政府的及时治理和管控下，各种生态工程带来了平均 1289 万元的正效益，水利工程产生了平均 202 万元的正效益，其中青狮潭镇、宛田瑶族乡、大境瑶族乡等乡镇受益均超过了 2000 万元，生态修复成果较显著。

表 5-6 中游地区 2000~2020 年影响因素正负效益对比　　（单元：万元）

乡镇	TESV 变化	城镇建设	湿地与水体破坏	农业活动	水利工程	生态工程
南边山乡	−4 759	−1 077	−809	−56	—	1 072
六塘镇	−3 475	−749	−953	−73	72	508
大埠乡	−1 416	−392	−47	−23	37	483
草坪回族乡	−997	−189	−348	−9	42	229
雁山镇	−6 040	−1 404	−2186	−249	508	860
会仙镇	−1 520	−640	103	−78	408	718
四塘乡	−3 441	−933	−1 038	−151	537	747
大境瑶族乡	−6 804	−1 763	−270	−85	—	2 305
潮田乡	−5 448	−1 329	−714	−71	104	1 639
中心城区	−11 603	−2 790	−4 487	−662	750	1 290
大圩镇	−4 656	−1 097	−1 194	−96	367	1 152
两江镇	−7 166	−1 454	−2 678	−129	509	1 464
海洋乡	−4 912	−1 280	−344	−69	86	1 602

续表

乡镇	TESV 变化	城镇建设	湿地与水体破坏	农业活动	水利工程	生态工程
临桂镇	−12 159	−2 922	−3 846	−626	512	1 092
茶洞乡	−5 755	−1 293	−1 013	−60	—	1 646
定江镇	−3 517	−813	−1 013	−140	125	447
灵川镇	−3 913	−1 086	−1 112	−254	444	479
保宁乡	−6 548	−1 430	−1 796	−123	278	1 449
灵田镇	−7 100	−1 633	−1 167	−78	53	2 020
潭下镇	−5 037	−1 207	−804	−116	133	867
中庸乡	−2 755	−606	−690	−40	117	674
黄沙瑶族乡	−7 666	−1 707	−1 218	−73	—	2 134
三街镇	−3 635	−1 345	—	−116	167	1 394
宛田瑶族乡	−10 492	−2 338	−1 733	−117	—	2 752
兰田瑶族乡	−3 084	−747	−290	−34		952
青狮潭镇	−12 988	−3 114	−1 509	−199	—	3 531

　　下游地区因城镇建设带来的生态价值负效益比中上游地区更多（表 5-7），平均负效益为 7660 万元，66.67% 的乡镇负效益大于 5000 万元。此外，旅游活动、工业开采与雨水侵蚀严重破坏了下游地区脆弱的岩溶植被，裸露的岩石更易受到雨水侵蚀，二者平均产生的负效益为 2792 万元。但下游也是生态治理后获得正效益最为明显的地区，其中金宝乡和兴坪镇在 2000～2020 年由生态工程（人工造林和坡耕地治理）带来的生态系统服务价值均超过了 1 亿元，其他下游乡镇受益超过 2400 万元。另外，中上游的水利工程也为下游地区带来了平均 746 万元的水供应生态效益。

表 5-7　下游地区 2000～2020 年影响因素正负效益对比　　　（单元：万元）

乡镇	TESV 变化	城镇建设	旅游活动	工业开采与雨水侵蚀	水利工程	生态工程
普益乡	−1 525	−3 904	−1 235	−1 335	588	3 585
高田镇	−3 603	−7 274	−2 506	−2 675	563	6 529
阳朔镇	−1 625	−3 752	−1 123	−1 189	456	2 490
金宝乡	−5 922	−8 269	−4 274	−4 677	—	11 058
白沙镇	−2 822	−9 027	−2 244	−2 392	1 537	6 144
福利镇	−4 853	−12 455	−3 358	−3 531	1 679	9 055
葡萄镇	−2 302	−6 205	−1 702	−1 808	882	4 669
杨堤乡	−3 218	−3 688	−1 847	−1 931	—	5 402
兴坪镇	−8 269	−14 370	−5 975	−6 448	1 007	17 388

5.5 本章小结

　　喀斯特地貌具有环境界面变异敏感度高、空间转移能力强、生态系统竞争程度高、生物量小、被替代概率大、环境容量低、承灾能力弱、稳定性差等一系列环境脆弱性特征，人类活动和社会经济发展对其产生一定的负面影响，引起国际社会和学术界的广泛关注。人类引起的岩溶景观退化已经发生了数千年，然而，随着人口增长、城市扩张、生活方式的改变、科学技术的发展、食品和能源需求以及社会经济的变化，景观退化的幅度和面积都在增加。本章的研究结果显示，由于人类活动的影响，整个漓江流域的生态系统服务价值减少了23.6亿元。上游地区受旅游活动的干扰最大，平均解释力为95.2%；中游地区受城镇建设的干扰最大，平均解释力为85.3%；下游地区受工业活动的干扰最大，平均解释力为86.9%。为了修复人类活动造成的损失，"九五"计划以来，在国家科技计划的持续支持下，围绕喀斯特生态修复与石漠化治理，在喀斯特生态保护与修复基础理论、技术研发、产业示范等方面开展了系统研究，从全球角度阐明了我国喀斯特区的特殊性及生态脆弱性，发现了喀斯特地上–地下双层水文地质结构及水土运移过程的特殊性，揭示了人类干扰胁迫下喀斯特生态系统退化机制，但是以喀斯特地貌作为典型景观，在如何科学调控及可持续利用等方面关注相对较少，对景观资源进行可持续利用模式分析尚需要系统研究。近年来，迅速发展的高分遥感影像、GIS技术为揭示不同类型景观资源演变趋势提供了技术手段；将景观作为一种特殊的资源，融入旅游等社会经济因素研究其现状承载力与提升技术，将是应对人类活动影响，进行敏感性区域生境恢复和生态功能优化的新方向。

参 考 文 献

赵翔，贺桂珍. 2021. 基于CiteSpace的驱动力–压力–状态–影响–响应分析框架研究进展. 生态学报，41 （16）：6692-6705.

Bai Y, Ochuodho T, Yang J. 2019. Impact of land use and climate change on water related ecosystem services in Kentucky, USA. Ecological Indicators, 102 (6141)：51-64.

Chen H J. 2020. Complementing conventional environmental impact assessments of tourism with ecosystem service valuation：A case study of the Wulingyuan Scenic Area, China. Ecosystem Services, 43：101100.

Cumming G S, Buerkert A, Hoffmann E M, et al. 2014. Implications of agricultural transitions and urbanization for ecosystem services. Nature, 515：50-57.

Fang L L, Wang L C, Chen W X, et al. 2021. Identifying the impacts of natural and human factors on ecosystem service in the Yangtze and Yellow River Basins. Journal of Cleaner Production, 314：127995.

Haines-Young R, Potschin M. 2011. Common International Classification of Ecosystem Services (CICES)：2011 Update. Nottingham：Report to the European Environmental Agency.

Keenan R J, Pozza G, Fitzsimons J A. 2019. Ecosystem services in environmental policy：Barriers and opportunities for increased adoption. Ecosystem Services, 38：100943.

Kumar P, Esen S E, Yashiro M. 2013. Linking ecosystem services to strategic environmental assessment in development policies. Environmental Impact Assessment Review, 40：75-81.

Li J H, Bai Y, Alatalo J M. 2020. Impacts of rural tourism-driven land use change on ecosystems services provision in Erhai Lake Basin, China. Ecosystem Services, 42：101081.

| 第 5 章 | 人类活动对流域景观的影响

Luiten H. 1999. A legislative view on science and predictive models. Environmental Pollution, 100 (1/3): 5-11.

MA. 2005. Ecosystems and Human Well-being: Our Human Planet. Washington: Island Press.

Mueller T, Dressler G, Tucker C J, et al. 2014. Human land-use practices lead to global longterm increases in photosynthetic capacity. Remote Sensing, 6 (6): 5717-5731.

Organization for the Economic Co-operation and Development. 1993. OECD Core Set of Indicators for Environmental Performance Reviews: A Synthesis Report by the Group on the State of the Environment. Paris: Organization for the Economic Co-operation and Development.

Sheng H X, Xu H N, Zhang L P, et al. 2019. Ecosystem intrinsic value and its application in decision-making for sustainable development. Journal for Nature Conservation, 49: 27-36.

Spanish National Ecosystem Assessment. 2014. Ecosystems and biodiversity for human wellbeing. http://www.ecomilenio. es/wp-content/uploads/2015/02/0. -Front. -Contents. -Foreword. -Preface. -Key-messages. pdf

United Kingdom National Ecosystem Assessment. 2014. The UK National Ecosystem Assessment: Synthesis of the Key Findings. UNEP-WCMC, LWEC, UK. Accessed October 13, 2021.

United States Government. 2015. Transforming Our World: The 2030 Agenda for Sustainable Development, A/RES/70/1. New York: United Nations.

Wen L, Dong S K, Li Y Y, et al. 2013. Effect of degradation intensity on grassland ecosystem services in the alpine region of Qinghai-Tibetan Plateau, China. PloS One, 8: e58432.

Williams P W. 1993. Karst terrains environmental changes and human impact. Catena, 25: 268.

Xie G D, Zhang C X, Zhen L, et al. 2017. Dynamic changes in the value of China's ecosystem services. Ecosystem Services, 26: 146-154.

Xue M G, Luo Y M. 2015. Dynamic variations in ecosystem service value and sustainability of urban system: A case study for Tianjin city, China. Cities, 46: 85-93.

Zhang J, Qu M, Wang C, et al., 2020. Quantifying landscape pattern and ecosystem service value changes: A case study at the county level in the Chinese Loess Plateau. Global Ecology and Conservation, 23: e01110.

| 133 |

第 6 章 影响景观演变的人文因素实证研究

6.1 景观与人类行为的交互影响机制

6.1.1 景观演变过程中的人文因素影响

在景观生态学和自然地理学领域，景观演变体现为景观格局或国土空间利用变化，反映了自然和人文多种因素在时间和空间尺度上的综合影响，即自然因素和人文因素的共同驱动作用（邬建国，2000；张秋菊等，2003；胡巍巍等，2008）。自然因素包括气候、水文、地貌、土壤和自然干扰等，人文因素指与人类活动相关、可导致景观格局发生变化的要素，如社会经济因素、政策因素、技术因素、文化因素等（邵景安等，2007；邵洪伟，2008）。多数自然因素相对稳定，具有累积性效应，在较短的时间尺度内对地表景观的影响作用有限。与自然因素相比，人文因素侧重社会经济活动对景观结构、功能和演进过程的影响。工业革命以来，人类活动的影响逐渐加剧，成为深刻影响全球生态系统的主要驱动力。人文因素由于在较短的时间尺度和不同空间尺度上均可对地表景观演变产生显著影响，因而越来越受到研究者的关注（傅伯杰等，2006；吴健生等，2012）。

景观资源是生态经济系统脆弱地区的重要资源之一，识别影响重点生态功能区景观格局演变的人文因素及其驱动机制有助于揭示各种人文因素对景观资源利用的影响，对于分析景观格局动态变化的成因、驱动机制、发展方向具有重要意义（王成等，2007）。首先，分析景观格局的演变特征及其人文因素，掌握其变化的过程和规律，可以为管理部门制定景观资源利用方式、确定产业发展方向、编制土地利用策略、建立健康的生态格局提供科学依据（万将军等，2018）。其次，分析引起景观格局演变的人文因素有利于发挥区域景观资源的最大效能和价值，实现资源的最优分配，对维持一个区域的可持续发展具有重要意义。

6.1.2 人文因素的分类体系

6.1.2.1 人文驱动因子识别

景观格局变化的人文驱动力研究以问题为导向，旨在揭示生态系统和景观单元变化的原因，从而为在景观格局演化、资源利用和生态环境保护等领域制定相应对策提供科学支持（傅伯杰等，2006）。人文因素（不同维度的驱动力变量）包含要素（因子）众多，可通过影响人们在景观资源利用上的决策和行为对当地景观和生态环境产生直接影响（陈百明，1997）。

国际上关于人文驱动因子的相关研究可追溯至早期关于环境影响因素的讨论。20世纪70年代初期，随着"生态技术说"和"人口增长论"等讨论的逐渐深入，美国人口学家Ehrlich与能源学家Holdren提出了探究人类活动对自然环境影响的IPAT模型（Holdren and Ehrlich，1972）。其中，I为环境影响或压力（Environmental Impact），P为人口（Population），A为富裕程度（Affluence），T为支持富裕程度的特定技术（Technology）。IPAT模型将人文因素分为人口、富裕程度（人均消费水平）和支持富裕程度的特定技术三类，并将环境影响或压力视为三大因子的函数。随后，国际地圈-生物圈计划（International Geosphere-Biosphere Programme，IGBP）和全球环境变化的人文因素计划（International Human Dimensions Programme on Global Environmental Change，IHDP）于20世纪90年代初期开展了"土地利用/土地覆被变化科学研究计划"，为研究人类活动对地表覆被变化的影响提出了更为详细的人文因素框架（刘纪远等，2009）。随着各项研究的逐渐深入，人文因素的内涵和框架逐渐丰富，逐步发展为人口、经济、社会、政策、技术和文化等变量类别，同时认为驱动因子与景观演化之间存在系统耦合关系，在不同时空尺度上的功能的效应可能存在显著差异，每个变量的直接作用均取决于具体情况，需要进行多维度、多层次分析（Hersperger and Bürgi，2008）。

国内研究也在逐渐深入。地表景观格局演化的相关研究集中在社会经济快速发展地区、生态环境脆弱区以及受城市化影响较大的城市边缘地区，主要驱动因子集中在人口规模、经济发展、土地制度和服务业影响等方面（杨梅等，2011）。例如，张明等（2001）选取自然因素及人文因素共58个变量通过典型相关分析探讨了环渤海地区的土地利用情况及自然、人文驱动机制。万将军等（2018）从社会经济、政策制度、文化民俗、人口变化等多维视角出发，对我国西南喀斯特山区的国土空间利用情况进行了人文驱动机制构建。郭丽英等（2005）以陕西榆林为例，选取14种经济社会指标对西南农牧交错区的土地利用格局和景观生态演变机制进行了探究。阳文锐（2015）选取景观类别和景观水平两个层次的景观指数指标，结合社会经济要素等人文驱动因子，以定性和定量相结合的方法对北京景观格局演进和驱动机制进行了分析，认为经济社会发展和城市总体规划实施等政策因素对北京的景观格局演变具有显著影响。

6.1.2.2 漓江流域景观演进过程中的人文驱动因子分类

漓江流域属于中西部重点生态功能区，经济欠发达，少数民族众多。区域内丰富的以喀斯特为主体的地貌景观及人文景观资源在发展休闲旅游和生态旅游方面具有巨大潜力。基于已有研究（陈百明，1997；邬建国，2000；万将军等，2018；Wood and Handley，2001），并结合国民经济统计分类和相关政策文件，本研究将景观演变的人文因素分为政策、经济、社会、技术和文化五大因素，如表6-1所示。

表 6-1　影响景观演变进程的主要人文驱动力及其特征

一级因子（因素）	二级因子	三级因子	因子特征
政策	资源环境保护及国土空间规划相关政策	自然资源开发利用政策	对资源环境、土地利用等因素影响显著，可直接影响地表景观格局，为定性分析
		土地利用政策	
		土地管理政策	
		生态、环保政策	
		自然保护地政策	
		城市和建筑风貌管理政策	
	社会、经济、人口等政策	经济产业政策	
		区域发展政策	
		人口政策	
		文化政策	
经济	综合经济水平	地区生产总值	反映资源供需情况，与景观资源利用具有高度的相关性，具备较好的数据获取和统计基础
		人均地区生产总值	
		全年社会消费品零售总额	
		全年外贸进出口总额	
		固定资产投资	
		一般公共预算收入	
	产业结构	农业发展	
		工业和建筑业发展	
		服务业发展	
	居民收入消费	居民收入	
		居民消费	
社会	人口变化	人口规模	与景观资源利用具有高度的相关性，具备一定的数据获取和统计基础
		城镇常住人口	
		农村常住人口	
		城镇化水平	
		人口结构（自然、地域、社会）	
	城乡建设	土地利用	
		建筑工程建设	
		基础设施建设	
		城乡环境建设	
		自然保护地建设	
	社会保障	养老保障	
		医疗保障	
		社会服务等保障	

一级因子（因素）	二级因子	三级因子	因子特征
社会	教育水平	教育普及程度	与景观资源利用具有高度的相关性，具备一定的数据获取和统计基础
		受教育程度	
		受教育年限	
技术	技术投入	技术投入经费	可作用于环境资源利用效率和生产形式，对不同区域产业模式产生影响，但对不同景观资源的影响机制不同，难以量化预测
		专业技术人员数量	
	技术应用	农业技术	
		土木建筑/水利工程技术	
		环境工程技术	
		信息技术	
		人文与社会科学技术	
文化	物质文化	建（构）筑文化	影响及演替进程较为缓慢，难以量化预测，但可显著影响生产-生活-生态的"三生"空间格局，在区域横向比较中往往体现出较强的异质性
		艺术品、文献、手工艺品等	
	非物质文化	价值观念	
		行为方式	
		民俗活动	
		相关知识和实践	

6.1.3 人文因素驱动系统及机制

6.1.3.1 景观演进过程中的多维人文因素分析

景观格局变化是人地关系演变的重要表征，可直接反映特定时空范围内人类活动与自然环境的直接作用路径和结果，其演化过程与不同社会经济发展阶段人类对生态系统（或生态系统服务价值）的需求密不可分（邬建国，2000；傅伯杰等，2006）。经济社会活动对景观演变的影响具有二重性。一方面人类通过农业生产、社区生活、产业规划、工程建设等手段保护和改造自然，并通过资金投入与技术研发支持景观格局的良性演化。另一方面，若缺乏有效的资源环境承载力评估和科学的规划、监测与管理，各类生产建设活动可能造成对土地资源的不合理垦殖、水资源的不合理利用和矿产资源的乱开滥采，从而破坏地表景观格局，对自然环境产生极大压力，导致生态系统失衡。研究漓江流域景观格局演变进程，探索其人文因素驱动机制，可从政策、经济、社会、技术和文化等维度分析，探索各维度影响因素和具体因子构成，为协调区域人地关系提供科学决策依据。

1）政策维度

国家和地方政策法规是引起一定区域范围内土地利用变化的重要人文因素（吴健生等，2012）。一方面，土地开发、退耕还林、区域发展规划等政策法规可直接影响宏观景观格局。同时，在具体执行过程中，政策条文在不同区域尺度的调控具有弹性，实施力度与管控范围均有所差别，因而对景观格局变化的影响具有差异性。另一方面，受政策法规和管理体系影响，政策因子可在人口、经济、社会等方面起到调控作用，间接改变资源利用方式，从而对景观格局产生影响。例如，我国西部开发、退耕还林和全国生态功能区划分等政策有助于增加林草面积，城市总体规划依据国民经济和社会发展规划对一定时期内的城市用地做出综合部署，这些均可显著改变地表景观格局，另外建设用地变化可影响投资方向，从而影响经济建设方向和城市扩张模式。

本研究中政策因素主要包括资源环境保护及国土空间规划相关政策，以及社会、经济、人口等政策。在对政策因素的影响评价中，由于作用范围和影响机制难以量化，因此评价多为定性描述，定量模拟预测的不确定性较高。

2）经济维度

经济发展是影响生产要素配置和公共资源管理的重要因素，可动态影响土地利用、资源开发，从而对景观格局产生多层级、多角度的影响（李平等，2001；何春阳等，2004；孔祥斌等，2005；戈大专等，2018）。在经济增长进程中，为满足人类生产生活需求，需要对土地等投入性要素进行开发利用。以产业发展为例，土地利用变化与产业结构密不可分。一方面，由于不同经济部门对土地的占用水平具有差异性，因而不同经济发展阶段及三次产业结构变化均会带动土地资源利用方式的变化。同时，三次产业土地利用的集约化程度不同，第二、第三产业在经济结构中比例的提高多伴随着对建设用地的需求的提升（孔祥斌等，2005）。另一方面，景观格局是生态环境的载体和重要表征，随着经济水平提升，人类社会在能源、交通、医疗、居住环境、文化教育等方面的需求会进一步带动资源开发，从而对生态环境产生影响。例如，在农业为主导产业的地区，为保障粮食产品供需，灌溉用水可能挤占生态用水，导致地表湿地水位下降，天然植被退化，自然生态系统萎缩（杨东等，2010）。

本研究中经济因素包括可反映研究区域综合经济水平、产业结构和居民收入消费等与景观资源利用具有高度相关性的经济领域变量，尤其是与经济发展相关的土地利用类型如耕地、人工林地等。经济因子具备较好数据获取和统计基础，更易进行模型评估和情景预测。

3）社会维度

社会因素包括人口变化、城乡建设、社会保障和教育水平等因子，同经济因子类似，社会因子具有备一定的数据获取和统计基础，且与景观演变密切相关，尤其是人口相关指标，地区人口规模和人口结构等因子都会对景观资源和土地利用产生不同程度影响，是人文驱动力研究中的重要变量。

人口规模和人口结构是影响土地利用变化的最主要的社会因子，也是最具有活力的因子之一。首先，人口增长直接影响人地关系和土地产品供需矛盾。随着人口增长，为保障基本生存需求和粮食安全，需要在提高单产的同时维持或扩大必要的耕地面积，从而直接影响土地利用变化。人口增长也会引起对住房与生存环境需求的变化，为满足社会发展要求，城市建设用地需求提升，可引起土地利用类型之间的相互转化（邵洪伟，2008）。此外，人口居住需求与产业聚集能力密切相关，是推动城市用地扩张的重要因素。随着农村人口加速向城市转移，城市人口的聚集增加了住房需求，推动了房地产的强劲发展，导致了城市用地的增长。

社会因子驱动作用的另一个重要体现是城镇化进程对自然环境的影响。城镇化进程的推进涉及农业人口向城市的聚集和农业人口向非农业人口的转变，以及城市景观向乡村景观的扩展。城镇化的水平越高，城市人口数量就越多，对城市用地的需求也会相应提升。城镇化进程不仅通过人口和产业集中影响城市用地及城市景观，还通过生活方式和价值观念的扩散改变城乡景观格局（吴健生等，2012；阳文锐，2015；鲍梓婷，2016）。

本研究中社会因素包含人口变化、城乡建设、社会保障和教育水平四个因子。景观格局变化受人类活动影响显著，因而社会因素的判断和评估具有重要作用。社会因素涉及众多影响因子，虽然与景观资源利用具有高度相关性，但具体因子的评价指标的数据来源不一，部分因子具备一定程度的统计基础，其他因子需要通过定性分析实现。

4）技术维度

技术进步可对区域景观格局和生态系统产生深远影响，随着科技发展，其作用日益显著（邵洪伟，2008）。技术进步对景观格局的变化具有正反两方面的影响。一方面，农业技术进步有助于减轻耕地使用压力，保障粮食产品供应安全。喷灌、滴灌等技术的使用有助于节约水资源，农业用水需求减少间接保证了生态用水，减缓了湿地等天然水生生态系统的退化。另一方面，农业生产的机械化、规模化加快了农业生产效率，减少了劳动力需求，在推动耕地面积增加的同时也使得更多的农村劳动力向城市转移，第二、第三产业的比例增加，间接导致了建设用地的增加。

本研究中技术因素主要包括技术投入和技术应用两个因子。不同技术策略和投入强度可影响土地等环境资源利用效率和生产形成，对不同区域产业模式产生影响，在不同经济发展阶段作用不同。技术因子对不同景观资源的影响机制不同，时间尺度存在跨越性，因而难以量化预测。

5）文化维度

文化因素包括物质文化与非物质文化相关因子，如生产生活方式、价值理念、建筑技术、信仰等，可表现为景观的多元性并作用于景观的文化价值（鲍梓婷，2016）。与自然驱动因素相似，文化因素的影响及演替进程较为缓慢，具有时间累积性，因此文化因素的作用机制短期内可能难以明确，需要在较长的时间尺度上才能呈现出显著影响。但文化因素可显著影响生产-生活-生态的"三生"空间格局，可在建筑风格、农耕文化、风俗传统等方面有所体现。我国幅员辽阔，纵横跨度大，在景观格局的区域横向比较中往往可体现出较强的异质性，因而纳入文化维度进行综合分析具有现实意义（万将军等，2018）。

本研究中文化因素包括物质文化和非物质文化两大因子，包含但不限于建（构）筑文化，艺术品、文献、手工艺品等，价值观念，行为方式，民俗活动，以及相关知识和实践等具体因子。文化因素通常需要较长的时间累积产生作用，对景观格局的影响及演替进程较为缓慢，难以量化预测，但可显著影响生产-生活-生态的"三生"空间格局，在区域横向比较中往往体现出较强的异质性。

6.1.3.2 人文因素驱动系统

1）人文因素的驱动机制识别

揭示景观单元变化的原因和人文驱动机制，需要以系统视角进行整体分析（傅伯杰等，2006；胡乔利等，2011；吴健生等，2012）。首先，影响景观格局演变的人文因素包括众多因子，每个因子均可对景观演变进程产生影响，同时影响的发生并不独立，绝大多数景观变化都是多种因子及其所属因素协同作用的结果，因而需要对人文因素驱动系统进行整体构建。其次，驱动因子之间存在相互作用关系，目前关于景观格局演变驱动因素的内在联系的相关研究相对较少，相关研究集中在经济、社会、技术三方面，人文因素与景观格局的变化也集中在以上三类驱动因素与土地利用类型和地表覆被变化的作用关系上。

在对人文因素驱动机制的分析方面，可通过定性、定量、半定量或定性与定量相结合的综合研究模式探究各因子之间以及人文驱动因子与景观格局变化之间的相对关系。定性分析方法侧重机理探讨，以辨识、归类驱动因子并进行关联描述为特征。定量研究在国外起步较早，侧重梳理地理过程变化或对关键因子进行甄别分析。半定量分析倾向于将驱动机制进行图表化表达，通过比较分析、层次分析等方式对驱动因子间的反馈机制进行定量化探究。在探究土地利用变化的相关工作中，多采取定性与定量相结合的方式，通过定性描述景观格局并结合遥感影响对地表景观变化进行分析。作用关系方面则可利用 DPSIR 模型分析各要素及景观格局变化间的反馈机制（张继权等，2011；赵翔和贺桂珍，2021）。

2）漓江流域人文因素驱动机制框架及内涵

漓江流域风景资源丰富，流域内分布有 14 处国家级和自治区级自然保护地与湿地公园，生态环境保护意义重大。改革开放以来，桂林的社会经济有了巨大发展，城镇化水平不断提升，生态保护和可持续发展理念逐步深入，产业格局逐渐由工农业生产转向以旅游为支柱的三产融合发展模式，区域内景观格局受到多重人文因素影响。

基于人文因素分类体系及系统论分析方法，研究初步构建了影响漓江流域景观演进进程的人文因素驱动机制框架，从政策、经济、社会、技术和文化视角出发，对影响景观演变进程的人文因素之间的作用关系及各因素对景观的影响进行体系构建，如图 6-1 所示。

政策上，漓江流域生态保护工作受到各级政府关注。国家层面，1982 年漓江被国务院列为第一批国家重点风景名胜区；1996 年漓江被列为国家重点保护的 13 条江河之一；2012 年经国务院同意，国家发展和改革委员会批复了《桂林国际旅游胜地建设发展规划纲要》；2014 年漓江流域内喀斯特地貌被列入《世界自然遗产名录》；2018 年国务院批复桂林市以景观资源可持续利用为主题，建设国家可持续发展议程创新示范区，桂林国际旅游胜地建设和景观资源可持续利用上升为国家战略，有效提升了生态环境保护和景观资源可持续利用相关政策的支持力度。

地方层面，根据国家和区域实际需求，广西壮族自治区人民政府和桂林市人民政府多措并举，不断加强漓江流域的景观资源保护工作。1998 年桂林市打造了"两江四湖"精品工程；2005 年桂林市水生态系统保护与修复规划方案通过审查，水利部批复同意在桂林开展水生态系统保护与修复试点工作；2011 年广西发布第一部地方综合性生态环境保护法

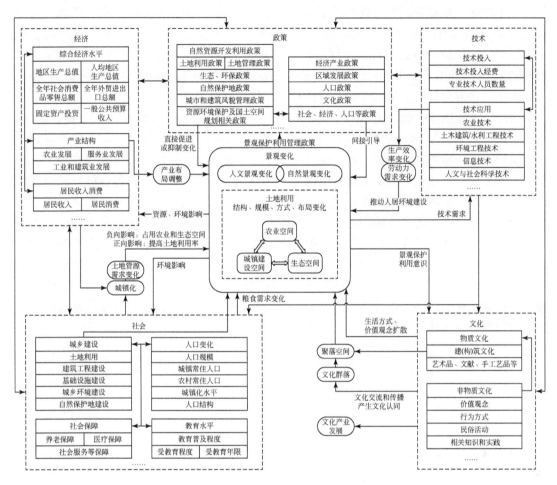

图 6-1 景观演变与人文因素驱动系统作用关系示意

规《广西壮族自治区漓江流域生态环境保护条例》；2013 年《桂林漓江风景名胜区总体规划（2013—2025 年)》正式出台，同年，桂林市启动实施漓江综合治理与生态保护工程并纳入全市重点项目加以推进；2015 年漓江风景名胜区工作委员会、管理委员会挂牌成立，漓江管理机构的行政管理职能得到推进；2019 年《桂林漓江生态保护和修复提升工程方案（2019—2025 年)》出台，广西着手编制《桂林漓江流域山水林田湖草生态保护与修复总体规划（2020—2035 年)》；2020 年广西批准通过《桂林市漓江风景名胜区管理条例》，进一步加强了对漓江风景名胜区的管理工作；2021 年广西检察院出台《关于充分发挥公益诉讼检察职能 加强漓江流域生态环境保护的意见》，桂林市人大常务委员会推动出台《桂林市喀斯特景观资源可持续利用条例》《桂林市灵渠保护条例》；2022 年桂林漓江风景名胜区管理委员会推动《桂林漓江流域生态环境保护总体规划（2022—2035)》编制工作。地方性法规政策的出台不断推进漓江生态治理机制从行政管控转向行政执法、司法联动、纪检监察、法规管控的全域法治化保护，对当地产业结构调整及经济发展起到了重要的引导作用。

随着漓江流域生态保护力度的持续加强和旅游目的地知名度的不断提高，流域生态优势进一步转化，景观资源生态效益不断释放，文化和旅游产业迅速发展，有效带动了本地居民收益。"十三五"期间，桂林市接待国内外游客总人数从 2015 年的 4469.95 万人次增至 2020 年的 10 241.20 万人次，年均增长 18.03%；旅游总消费由 2015 年的 517.33 亿元增长到 2020 年的 1233.54 亿元，年均增长 18.98%；2019 年接待旅游总人数突破 1.38 亿人次，实现旅游总消费 1874.25 亿元（桂林市文化广电和旅游局，2020，2021）。

此外，文化因素在漓江流域的作用较为明显。桂林喀斯特地貌所在区域分布有壮族、回族、瑶族、侗族等 28 个民族，民族村寨众多，文化特色鲜明，各少数民族有着尊重自然、保护生态环境的优良传统，行政保护与民间古朴保护模式高度统一，有利推进了生态旅游业的发展，有效探索了在生态环境保育与文化传承的同时促进地方经济增长的可持续发展路径。漓江水环境保护工作也成为"桂林样板"向全国推广。2021 年中央全面深化改革委员会办公室刊发宣传推广漓江生态保护改革创新经验，漓江干流水质保持国家地表水Ⅱ类标准，漓江生态保护典型经验获国务院通报表扬，是唯一入选的江河治理典型。

整体而言，政策、经济、社会、文化和技术因素共同组成了人文因素驱动系统，在多重时空尺度发挥累积效应，引起漓江流域内的景观格局变化；同时，系统内各因素的组成要素间有着互反馈机制，综合影响人类对景观资源的需求和决策，从而对流域景观产生直接或间接影响。具体作用机制详见 6.4 节。

6.2　景观格局演变的人文因素及其驱动机制实证研究方法

6.2.1　研究框架

景观格局演变研究涉及多个学科和领域，运用社会学研究方法可深入了解漓江流域特定地区人文因素的影响途径，有助于系统了解漓江流域景观演变过程中的人文因素驱动机制。本研究采取定量与定性相结合的方法，通过主成分分析、问卷调查与实地访谈（半结构式访谈）综合运用的研究策略，参照人文因素分类框架和因素特征，选取桂林漓江流域临桂区会仙湿地、恭城县、灵川县为典型案例，基于个案景观资源及发展情况分析人文因素的具体影响，以期有针对性地探讨影响漓江流域景观格局演变的人文因素的关键因子及相互作用机制（图 6-2）。

研究路径的重点是通过定量分析识别具有统计基础的人文因素的显著性，结合典型案例综合分析影响漓江流域景观格局演变的人文因素驱动机制；从景观资源利用和地区发展的角度，审视资源型城镇的建设发展与景观资源的系统特征；基于不同案例的规划定位，深入探讨关键要素和瓶颈问题，从战略和发展需求视角出发，为漓江流域景观资源保护利用和地方发展提供决策依据。

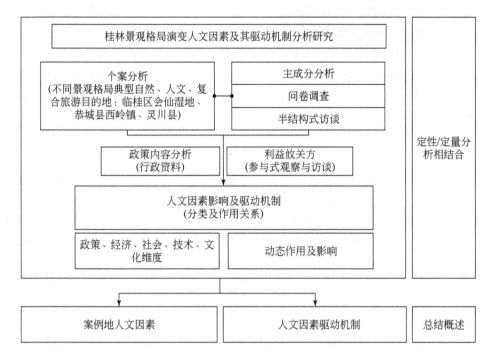

图 6-2　漓江流域景观格局演变的人文因素驱动机制实证研究技术路径流程示意图

　　数据来源和样本规模方面，研究选取桂林漓江流域具备不同景观格局的典型地区，通过多渠道收集一手资料并进行交叉分析，遵循循证研究的基本准则与方法步骤，所用统计及政策资料来源于国家及地方政府网站既有统计数据、政府工作报告及相关披露信息，所得数据代表性强、可信度高。

6.2.2　研究方法

6.2.2.1　主成分分析

　　景观格局演变受政策、经济、社会、技术和文化等多个因素影响，各驱动因素在区域景观格局先天以及后天的演变过程中均起到了重要的作用。同时，驱动因素包含众多因子，各因子的表征信息互有重叠，驱动机制极为复杂。主成分分析可对各驱动因素的组成因子进行降维重组，将多个可能存在相关性的因子线性转换为少数、独立、不相关的综合指标，从而探究表征因子影响，达到探究因变量之间关系的目的（虞晓芬和傅玳，2004）。

　　本研究基于景观演变的人文因素的分类体系（表 6-1）和既有统计数据指标，以稳定性、科学性、可获得性、完备性为原则从具有良好统计基础的经济和社会维度中筛选 14个因子为原始变量，建立驱动力因子指标体系。各因子反映了桂林人口、综合经济水平、产业结构和居民收入水平变化情况。随后，本研究运用 SPSS 软件，抽取特征值大于 1 的取综合因子进行主成分分析。主成分分析从既有统计数据角度为不同景观类型典型区域的关键人文因素的辨识和驱动机制的构建提供实证基础。

数据方面,研究选取 2001 年、2006 年、2008 年、2011 年、2013 年、2016 年、2018 年和 2021 年八期统计数据,数据来源为桂林各年度的统计年鉴以及桂林市国民经济和社会发展统计公报。需要注意的是,本研究在具体因子和指标数据的选取上受到统计指标体系和数据的可获得性影响,在样本规模上有所受限,因此因子指标体系的相关性检验及评价结果可能有所受限。但此处分析以探索景观演变的显性综合人文因素为导向,主成分分析可为此提供相对客观的评价结果。

6.2.2.2　问卷调查

问卷调查有助于系统、直接地对桂林社会发展情况和景观格局现状及景观资源利用的认知情况进行整体了解。本研究结合桂林基本情况、漓江流域景观资源特征以及其发展特点设置"漓江流域景观资源保护与利用情况调查"问卷,问卷主体由三部分构成:第一部分是调研对象对当地环境(景观)现状的一般认知情况;第二部分包含调研对象对影响因素及其影响的评价情况,并调查利益相关群体对漓江流域景观资源现状以及产业发展定位的认知情况等内容,该部分以主观问答题为主、封闭式问题为主要形式;第三部分是被访者的人口统计学特征信息,包括性别、年龄、受教育程度以及职业类别等相关问题。

由于居民样本数量较大、研究区域范围较广,且研究过程受到新冠疫情等因素限制,为保障样本数量、可信度、匿名性及覆盖度,资料收集采用自填问卷(Self- administered Questionnaire)法,通过社交媒体向漓江流域景观资源可持续利用推进工作相关政府机关、研究机构、旅游业从业人员及桂林市辖区居民进行定向发放,即通过采取在线调查(Online Survey)手段进行信息收集。问卷调研发放时间为 2021 年 5 月至 2022 年 7 月,共计收回有效问卷 622 份,其中 577 份来自桂林市辖区居民(1 市 9 县 6 区)。

6.2.2.3　半结构式访谈

访谈法通过口头交谈的方式获取第一手研究资料,是实地研究中重要的资料收集方法之一,根据问卷和程序的控制程度分为非结构式访谈、半结构式访谈和结构式访谈(Clifford et al.,2010;风笑天,2018)。景观格局演变与资源利用的人文因素内涵复杂,涉及对象和主题内容多样,难以通过结构化的问题设置进行直接测量。半结构式访谈可根据访谈主题设定问题大纲,并在交流过程中根据实际情况进行适当调整,具有较高的自由度与开放性,同时可有重点地深入了解被访者对实践经验的认知情况,最大限度地获取有关主题的真实资料。因此,本研究运用半结构式访谈方法确认景观格局现状和人文因素辨识情况,为阐释影响景观格局演变的人文因素驱动机制提供循证支持。

访谈问卷分为个人背景、所在地资源环境情况认知情况和未来发展愿景三部分,具体问题在访谈过程中根据受访者背景进行动态调整,并由研究人员根据回答情况作进一步引导和提问。受新冠疫情影响,本研究根据实际情况运用线上与线下相结合的手段开展了个别访谈、集体访谈和邮件咨询。个别访谈根据提纲以开放性问题为主,鼓励受访对象表达真实观点及描述经验。集体访谈以座谈会和现场对话为主要形式,参加人数在 4~7 人,由调研人员提问,访谈对象自由参与问答讨论。为保证对话信息无遗漏,本研究在取得受访对象同意后进行全程录音，为数据分析提供了真实全面的沟通情境和原始数据。

访谈对象主要来自漓江流域景观资源规划管理单位工作人员、景观资源可持续利用研究相关科研单位研究人员、旅游业从业人员及典型案例地本地居民代表，共计参与人数 26 人。受访对象均在本地工作、生活 10 年以上，对当地环境和建设发展历程有着切身体验，代表性较强，能够真实、恰当地反映本地景观格局变化情况。通过对访谈数据进行整理，共获得 23 份访谈文本（包含邮件咨询 1 份），录音记录总时长约 18h，整理访谈记录及邮件咨询总计约 23 万字。

6.2.2.4 个案分析

个案分析将研究重点聚焦于特定案例，可通过开展多方位、多维度、多层面的数据收集和深入分析，全方位地对研究主题进行阐释（风笑天，2018）。研究选取桂林漓江流域具备不同景观格局的自然、人文和复合型旅游目的地为典型地区，通过整合既有行政资料、分析参与式观察与半结构式访谈等方法探究人文因素与自然景观资源利用的内在关系、功能和作用过程，结合主成分分析和问卷调查的定量分析结果，试图归纳、总结出关键人文因素的作用机制，为其一般性理论解释和概括性验证提供实践依据。

研究案例地分别为广西桂林临桂区会仙湿地、恭城县和灵川县。其中，会仙湿地处于东亚岩溶区的核心地带，位于桂林中部偏西，是漓江流域最大的喀斯特地貌原生态湿地，作为中国最大岩溶湿地，被誉为"桂林之肾"，具有重要的生态价值。会仙湿地丰富的自然景观资源和人文资源为临桂区可持续发展提供了坚实的资源基础。近年来，随着社会经济发展，会仙湿地面临的胁迫因素增多，湿地面积有所缩减，景观出现退化，辨识并梳理影响会仙湿地演化的关键因素是科学修复和保护湿地景观资源的重要前提。

恭城县是典型的半山区、半平地丘陵少数民族聚居地，是我国有名的瑶乡，瑶族人口占总人口的 60%，具有独特的瑶汉融合文化，是国家重点生态功能区、国家可持续发展议程创新示范区先行区，被联合国确认为"发展中国家农村生态经济发展典范"，以养殖为基础、沼气为纽带、种植为重点的"三位一体"生态农业发展"恭城模式"闻名全国。进入 21 世纪，快速城镇化和新农村建设给恭城县可持续发展带来了新的挑战，部分山地长期开垦、单一种植模式导致景观资源出现退化，部分喀斯特地区石漠化加剧，生态保育、农业转型升级、第三产业发展任务紧迫。全面了解关键人文因素可为恭城县特色经济发展提供依据。

灵川县地处漓江上游，境内低山丘陵及河流众多，自然景观和人文景观丰富，是全国休闲农业与乡村旅游示范县和中国县域旅游竞争力百强县。近年来，湘桂铁路、贵广高铁相继开通，灵川县区域性交通枢纽位置更加凸显，县境内高铁经济产业园建设加速，产业发展空间进一步拓宽，全域旅游目的地建设定位明确。梳理影响灵川县景观资源的关键人文因素可为生态产品价值实现路径和自然、人文复合型旅游目的地建设发展提供借鉴。

6.3　漓江流域景观演变人文因素分析

6.3.1　驱动因子指标体系构建及整体特征主成分分析

主成分分析驱动因子指标体系以基于景观演变的人文因素的分类体系（表6-1）为依据，通过建立综合指标判断可定量分析的人文驱动因子的显著性以及所提取的主成分是否符合人文因素维度，为结合政策、技术和文化因素对驱动机制开展综合分析提供数据基础。

研究在已经建立的经济和社会因子体系中筛选了14个可定量分析的指标作为原始变量，具体如表6-2所示，分别为年末户籍人口总数（X_1）、城镇人口（X_2）、城镇化水平（X_3）、地区生产总值（X_4）、人均地区生产总值（X_5）、第一产业增加值（X_6）、第一产业比重（X_7）、第二产业增加值（X_8）、第二产业比重（X_9）、第三产业增加值（X_{10}）、第三产业比重（X_{11}）、工业总产值（X_{12}）、城镇居民可支配人均收入（X_{13}）、农村居民可支配人均收入（X_{14}）。

基于统计数据，运行SPSS软件对人文因素相关变量进行主成分分析，经标准化消除量纲后，得到变量间相关矩阵（表6-3）。从表6-3可直观地看出，各变量间90%以上相关系数绝对值大于0.1，部分相关系数接近1，表明变量间存在较强的相关关系，适合用主成分分析法研究变量间关系。

随后，研究选取特征值大于1的成分进行提取。如表6-4所示，旋转成分矩阵由载荷值组成，表征14个驱动因子原始变量与所抽取的第一主成分（F_1）、第二主成分（F_2）两个主成分的相关关系，系数越接近1，相应主成分载荷越高，表明原始变量与该主成分相关性越高，根据载荷值的大小可判别第一、第二主成分的类别。驱动因子变量与主成分F_1的相关关系如表6-5所示，系数越接近1，则与F_1的相关性越高；驱动因子变量与主成分F_2的相关关系如表6-6所示，系数越接近1，则与F_2的相关性越高。

由排序可知，工业总产值（X_{12}）、人均地区生产总值（X_5）、城镇居民可支配人均收入（X_{13}）、第一产业增加值（X_6）、第三产业增加值（X_{10}）、城镇化水平（X_3）、农村居民可支配人均收入（X_{14}）、城镇人口（X_2）等驱动因子在第一主成分上均有较大的正值载荷，即与第一主成分具有较强的正向相关性；第一产业比重（X_7）和第三产业比重（X_{11}），在第二主成分上的载荷较大，即与第二主成分的相关性较高。结合因子变量与主成分对应关系，可知社会和经济因子间具有显著的耦合关系，两者均对研究区域景观格局的变化起着重要作用，相较第二主成分的系数构成，人口变化因子的作用在第一主成分上较为突出，第一主成分可命名为人口结构–社会驱动力，第二主成分可命名为产业结构–经济驱动力。

表6-2 影响景观演变的人文驱动因子指标体系及变量原始数值

一级因子	二级因子	指标	变量	2001	2006	2008	2011	2013	2016	2018	2021
社会	人口变化	年末户籍人口总数/万人	X_1	487.62	499.29	508.32	499.71	521.78	500.94	538.15	501.59
		城镇人口/万人	X_2	69.09	74.42	136.42	123.4	224.12	238.48	254.28	264.20
		城镇化水平/%	X_3	14.17	14.91	26.84	25.20	45.63	47.61	50.00	52.67
经济	综合经济水平	地区生产总值/亿元	X_4	357.68	619.12	883.02	1 336.07	1 657.90	2 075.89	2 186.30	2 311.06
		人均地区生产总值/元	X_5	7 355	12 452	17 435	24 106	30 854	41 639	43 111	46 767
	产业结构	第一产业增加值/亿元	X_6	107.49	134.08	171.51	244.65	299.44	356.18	402.83	549.47
		第一产业比例/%	X_7	30.10	21.70	19.40	18.30	18.10	17.10	19.60	23.80
		第二产业增加值/亿元	X_8	107.29	255.90	399.45	623.84	792.87	939.48	830.75	506.40
		第二产业比例/%	X_9	30.00	41.30	45.20	46.70	47.80	45.30	31.10	21.90
		第三产业增加值/亿元	X_{10}	142.90	229.14	312.06	467.58	565.59	780.23	948.97	1 255.19
		第三产业比例/%	X_{11}	39.90	37.00	35.40	35.00	34.10	37.60	49.30	54.30
		工业总产值/亿元	X_{12}	275.16	617.75	1 067.94	1 607.36	2 068.11	2 649.23	2 864.29	3 021.6
	居民收入消费	城镇居民人均可支配人收入/元	X_{13}	7 851	10 713	14 636	19 882	24 552	30 124	34 649	40 739
		农村居民人均可支配人收入/元	X_{14}	2 195	3 391	4 465	6 325	8 361	12 176	14 626	18 993
政策		土地利用、生态保护、城乡规划、产业发展、民俗活动等									
文化		非物质文化遗产、税收政策等									
技术		农业技术、环境工程技术、信息技术、人文与社会科学技术等									

资料来源：桂林市统计局公开数据。

表 6-3　人文因素相关变量相关矩阵

因子	X_1	X_2	X_3	X_4	X_5	X_6	X_7	X_8	X_9	X_{10}	X_{11}	X_{12}	X_{13}	X_{14}
X_1	1.000													
X_2	0.556	1.000												
X_3	0.548	0.999	1.000											
X_4	0.546	0.972	0.974	1.000										
X_5	0.522	0.953	0.956	0.997	1.000									
X_6	0.408	0.904	0.912	0.952	0.961	1.000								
X_7	-0.515	-0.558	-0.542	-0.492	-0.452	-0.263	1.000							
X_8	0.627	0.856	0.850	0.825	0.796	0.616	-0.794	1.000						
X_9	-0.044	-0.104	-0.116	-0.223	-0.271	-0.457	-0.681	0.306	1.000					
X_{10}	0.426	0.889	0.895	0.949	0.962	0.996	-0.250	0.606	-0.489	1.000				
X_{11}	0.237	0.455	0.462	0.572	0.612	0.746	0.323	0.056	-0.909	0.780	1.000			
X_{12}	0.556	0.970	0.973	0.999	0.997	0.954	-0.486	0.818	-0.235	0.953	0.584	1.000		
X_{13}	0.499	0.938	0.943	0.982	0.988	0.990	-0.354	0.706	-0.384	0.990	0.703	0.985	1.000	
X_{14}	0.428	0.878	0.885	0.947	0.963	0.992	-0.236	0.605	-0.501	0.999	0.789	0.951	0.989	1.000

表 6-4　旋转成分矩阵

因子	主成分 F_1	主成分 F_2	因子	主成分 F_1	主成分 F_2
X_1	0.586	-0.331	X_8	0.778	-0.581
X_2	0.964	-0.184	X_9	-0.296	-0.944
X_3	0.966	-0.169	X_{10}	0.968	0.228
X_4	0.955	0.070	X_{11}	0.637	0.740
X_5	0.994	-0.017	X_{12}	0.997	-0.059
X_6	0.968	0.202	X_{13}	0.993	0.104
X_7	-0.440	0.885	X_{14}	0.966	0.240

表 6-5　驱动因子变量与主成分 F_1 的载荷系数排序

序号	因子	系数	序号	因子	系数
1	X_{12}	0.997	8	X_2	0.964
2	X_5	0.994	9	X_4	0.955
3	X_{13}	0.993	10	X_8	0.778
4	X_6	0.968	11	X_{11}	0.637
5	X_{10}	0.968	12	X_1	0.568
6	X_3	0.966	13	X_9	-0.296
7	X_{14}	0.966	14	X_7	-0.440

表 6-6　驱动因子变量与主成分 F_2 的载荷系数排序

序号	因子	系数	序号	因子	系数
1	X_7	0.885	8	X_5	−0.017
2	X_{11}	0.740	9	X_{12}	−0.059
3	X_{14}	0.240	10	X_3	−0.169
4	X_{10}	0.228	11	X_2	−0.184
5	X_6	0.202	12	X_1	−0.331
6	X_{13}	0.104	13	X_8	−0.581
7	X_5	0.070	14	X_9	−0.944

根据主成分得分系数（表 6-7），可以获得 F_1 和 F_2 各自影响因子的相关系数的公式，构建 Logistic 线性回归模型，得到主成分表达式，具体如下：

$$F_1 = +0.064X_1 + 0.099X_2 + 0.099X_3 + 0.099X_4 + 0.097X_5 + 0.89X_6 - 0.066X_7 \\ + 0.092X_8 - 0.003X_9 + 0.088X_{10} + 0.042X_{11} + 0.099X_{12} + 0.094X_{13} + 0.087X_{14} \tag{6-1}$$

$$F_2 = -0.111X_1 - 0.057X_2 - 0.052X_3 - 0.017X_4 + 0.002X_5 + 0.078X_6 + 0.264X_7 \\ - 0.197X_8 - 0.333X_9 + 0.087X_{10} + 0.296X_{11} - 0.013X_{12} + 0.044X_{13} + 0.091X_{14} \tag{6-2}$$

式中，F_1 和 F_2 为提取主成分，由线性回归模型可知，14 个驱动因子对当地景观格局作用的方向不同。其中，第一主成分 F_1 的正向影响因素依次为 X_2、X_3、X_4、X_{12}、X_5、X_{13}、X_8、X_6、X_{10}、X_{14}、X_1、X_{11}，负向影响因素为 X_7 和 X_9，说明人口变化对 F_1 影响较大，随着当地旅游服务等第三产业的不断兴起，第一及第二产业对 F_1 的影响为负；第二主成分 F_2 的正向影响因素依次为 X_{11}、X_7、X_{14}、X_{10}、X_6、X_{13}，说明第三产业的结构占比对第二主成分 F_2 的影响较为显著。结果显示，14 个驱动因子可对 F_1、F_2 两大驱动力产生不同程度的正向或负向影响，其中人文驱动因子指标体系中属于社会因素的人口变化和属于经济因素中的产业结构是引起景观格局变化转变的主要人文驱动因子。

表 6-7　主成分得分系数

因子	F_1	F_2	因子	F_1	F_2
X_1	0.064	−0.111	X_8	0.092	−0.197
X_2	0.099	−0.057	X_9	−0.003	−0.333
X_3	0.099	−0.052	X_{10}	0.088	0.087
X_4	0.099	−0.017	X_{11}	0.042	0.296
X_5	0.097	0.002	X_{12}	0.099	−0.013
X_6	0.089	0.078	X_{13}	0.094	0.044
X_7	−0.066	0.264	X_{14}	0.087	0.091

结果表明，桂林景观格局变化是各种因素综合影响的结果。其中，人口变化是作用较为显著的社会因子，产业结构是影响较大的经济因子，两者对区域景观格局的演变起到了重要作用。该结果与驱动力机制分析和桂林区域特征相符，即人口发展呈现平稳上升状态，影响了桂林的资源利用形式和城镇格局；经济产业结构体现为总体发展趋势向第三产业倾斜，注重旅游产业发展。

6.3.2　问卷调查数据分析

6.3.2.1　样本情况

为更加广泛且有针对性地了解桂林景观格局变化及人文因素驱动机制和影响，本研究运用问卷调查方法，面向景观资源可持续利用利益相关群体定向发出调查问卷，共收集有效问卷622份，其中92.77%（577份）来自为桂林市辖区居民（1市9县6区），覆盖信度系数（Cronbach's α值）为0.966，量表信度高，符合分析要求。

调查样本的人口统计学特征信息具有真实性和代表性。如表6-8所示，性别方面，在接受问卷调查的居民中，男性占比38.26%，女性占比61.74%。年龄分布方面，18岁及以下受访者占0.64%；18~35（含）岁受访者占21.06%；35~65（含）岁受访者占78.14%，为问卷调查受访者主体年龄人群；65岁以上受访者占0.16%。职业背景方面，政府和事业单位工作人员、公司职员和个体经营者比例较高，分别为31.20%、14.79%和14.63%。受教育程度方面，调研居民中，20.42%的受访者来自高中或职业技术学校，48.87%的人具有大学本科或专科学历，硕士及以上学历人群占比16.72%。总体看来，各群体在问卷指标中的各类别均有覆盖，数据符合分析要求。

表6-8　问卷调查样本基本情况（n=622）　　　（单位:%）

类型	选项	比例
常住人口	是	92.77
	否	7.23
性别	男	38.26
	女	61.74
年龄分布	≤18岁	0.64
	18~35（含）岁	21.06
	35~65（含）岁	78.14
	>65岁	0.16
受教育程度	小学及以下	1.93
	初中	12.06
	高中或职业技术学校	20.42
	大学本科或专科	48.87
	硕士及以上学历	16.72

续表

类型	选项	比例
职业背景	本地农业（农林业）劳动者	2.89
	进城务工人员	6.91
	产业从业人员	2.41
	政府和事业单位工作人员	31.20
	个体经营者	14.63
	公司职员	14.79
	全日制学生	10.45
	无业人员	4.50
	其他	12.22

6.3.2.2 景观资源利用及人文因素的认知分析

不同利益相关方对当地景观资源利用和人文因素的认知主要反映在问卷调查对象对调研区整体景观环境现状和变化程度的评价、影响因素及其作用程度等问题的主观选择方面。

整体景观环境现状认知方面，问卷调查结果显示，在全部接受问卷调查的对象中，约半数（50.97%）认为所在地整体景观环境的现状为"一般"、"不满意"或"很不满意"[图 6-3（a）]。其中，常住人口（全年在桂林居住 6 个月以上）对当地整体景观环境满意度略高，"满意"和"很满意"的认知度为 49.22%，非常住人口为 46.67%［图 6-3（b）]。问卷调查对象认为整体景观环境现状一般、不满意或很不满意的最主要原因是认为当地城镇和村庄发展不协调，规划无序（选择人数为 174，占全部调查对象的 54.89%），其中常住人口对比的认同比例最高，为 54.61%；其次，认为当地的优势景观资源没有得到良好开发和利用（选择人数为 165，占全部调查对象的 52.05%），其中非常住人口的认同比例达到 75.00%（图 6-4）。

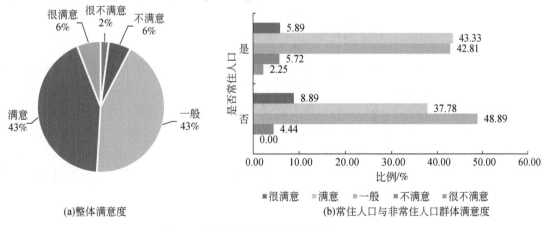

(a)整体满意度　　　　　　　　　　　　　　(b)常住人口与非常住人口群体满意度

图 6-3　整体景观环境现状满意度（n=622）

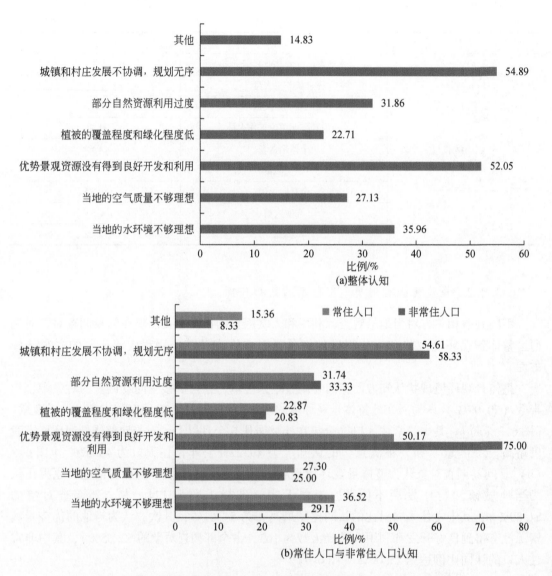

图 6-4　问卷调查对象对景观环境现状满意度影响因素的认知（n=317）
此题目为多选题，选项比例相加可能超过100%

　　景观环境演变方面，问卷调查结果显示，89.08%的常住人口样本认为近10年当地环境存在显著变化，主要体现在道路交通（90.27%）、居住情况（75.49%）、自然植被（66.15%）和水环境质量（64.40%）等方面（图6-5）。其中，道路交通被认为是变化最为显著的领域，有超过3/4的本地居民认为"变化很大"或"变化较大"；具体来说，居民对道路翻新、新修道路、居住区周围的绿化面积的增加更为关注（图6-6）。相较其他景观类型，问卷调查结果显示，农田景观变化被感知度并不显著，半数以上调研对象认为农田景观"没有变化"、"变化较小"或"变化一般"（图6-7）。

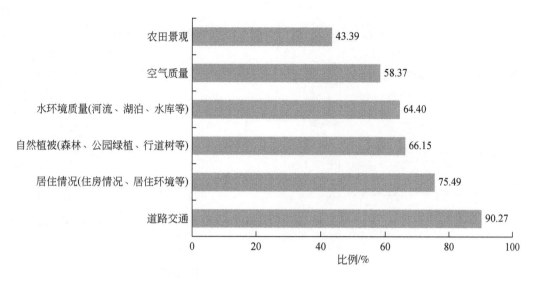

图 6-5　常住人口对景观环境显著变化领域的认知（$n=514$）

此题目为多选题，选项比例相加可能超过 100%

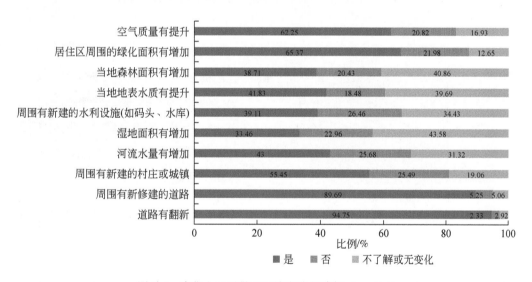

图 6-6　常住人口对景观环境变化的感知（$n=514$）

　　从这一结果可以看出，相较自然环境，城市和居住区的人工景观和环境变化更容易被居住者感知。同时，对景观环境现状的满意度调查结果反映了问卷调查对象对规划作用的共识，揭示了亟须通过城乡规划手段达成资源有效开发、协调当地持续发展的重要性。此外，超过一半的问卷调查对象认为"优势景观资源没有得到良好开发和利用"这一结果也从侧面反映了问卷调查对象对当地拥有"优势景观资源"的广泛认同。具体来说，问卷调查对象共同认为相较其他旅游目的地，当地在江河景观（69.61%）、地貌景观（68.17%）和独特民族文化资源（52.57%）方面具有显著优势（图 6-8）；此外，"水域风光类景区"也是关注度最高的潜在开发、利用景观资源类型（图 6-9）。

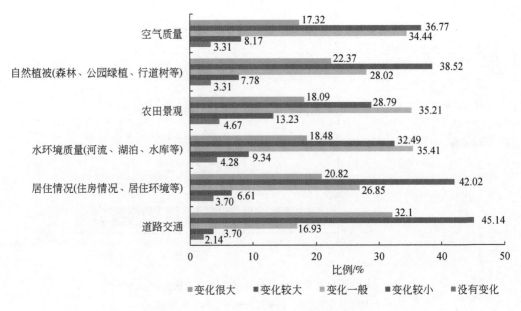

图 6-7　常住人口对不同景观环境变化程度的认知（$n=514$）

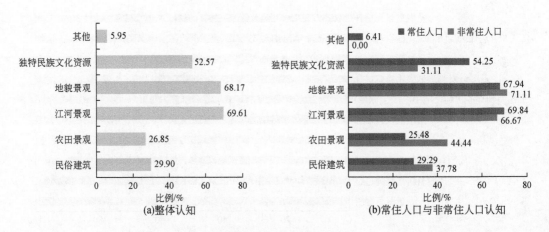

图 6-8　问卷调查对象对优势景观资源的认知（$n=622$）

　　那么，当地景观环境的变化受到哪些人文因素的影响？这些因素对哪些景观类型的影响更为显著？对于不同利益攸关方来说，当地的产业模式更适合如何发展？各群体期望以何种方式参与本地建设发展？

　　调研结果显示，在人文因素方面，参与问卷调查的常住人口认为"国家政策和政府规划"是对当地景观环境演变最有影响力的驱动因子，认同比例达到79.90%；其次为"基础设施建设活动（新建道路、桥梁、水利等）"（73.83%）和"工厂企业活动"（44.89%）等生产性行为（图6-10）。在具体作用方面，问卷调查对象认为政策决定对道路通达性、居住环境、水环境质量、农田景观、自然植被、空气质量均有较为显著的影响，其次为"基础设施建设活动"和"经济发展"（表6-9）。

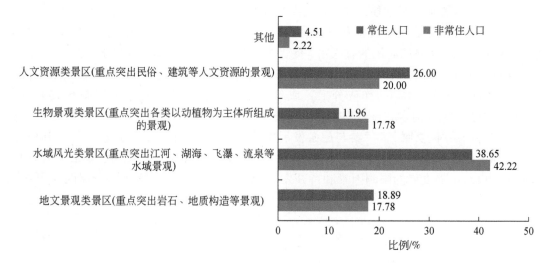

图 6-9　问卷调查对象对潜在开发、利用景观资源类型的认知（$n=622$）

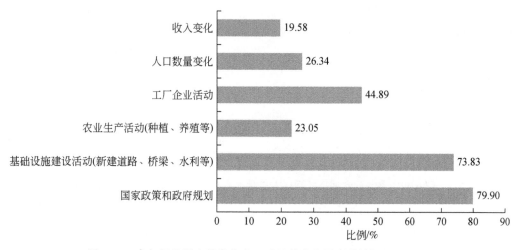

图 6-10　参与问卷调查的常住人口对显著人文因素的认知（$n=577$）

表 6-9　调研常住人口对人文因素作用领域和影响程度的认知（$n=577$）

影响因子	道路通达性	居住环境	水环境质量	农田景观	自然植被	空气质量
矩阵评分均值	3.41	3.49	3.58	3.48	3.51	3.53
人口数量的变化	3.44	3.50	3.53	3.27	3.44	3.47
基础设施建设活动	3.57	3.61	3.72	3.55	3.68	3.74
工厂企业活动	3.34	3.57	3.77	3.54	3.60	3.80
农业生产活动	2.70	2.90	3.24	3.27	3.31	3.11
经济发展	3.59	3.65	3.61	3.58	3.55	3.57
国家政策和政府规划	3.77	3.72	3.73	3.72	3.66	3.67
居民需求	3.49	3.51	3.47	3.45	3.37	3.35

＊灰色背景表格表明该影响因子评分高于均值。

　　在产业发展方面，对常住人口的调研结果显示，"优势产业融合发展"和"发展旅游业"被认为是更利于当地的发展方向（图6-11），可以达到"促进本地经济的发展""创造更多就业机会""增加居民的收入""促进本地对自然资源和生态环境的保护"等多重目的（图6-12）。在对当地景观资源的开发和经营管理方面，问卷调查对象更期望通过混合开发/经营管理（多主体协作或分工）或政府开发/经营管理进行推进（图6-13）。同时，问卷调查对象均对参与该过程表现出了较高的积极性，以"享受旅游收益分红""自主经营旅游产品/提供服务""参与旅游发展决策""劳动就业"等形式参与开发利用过程都受到了较高程度的关注和认同（图6-14）。此外，问卷调查结果显示，常住人口和非常住人口对本地发展的限制因素和待开发景观类型的认知具有较高的一致性（图6-9和图6-15）。

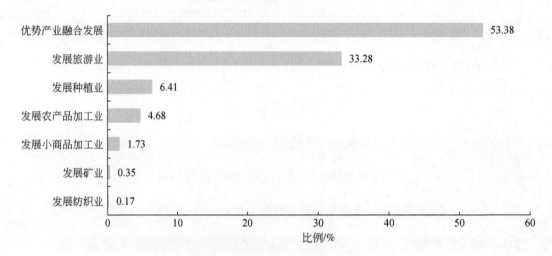

图6-11　参与问卷调查的常住人口对本地产业发展的认知（$n=577$）

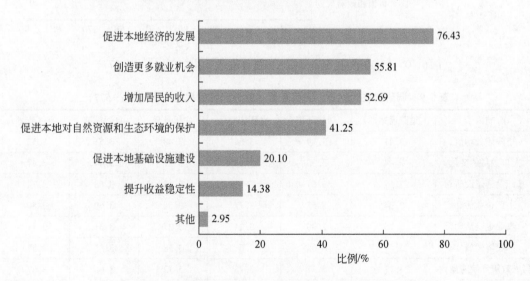

图6-12　参与问卷调查的常住人口对本地发展效益的认知（$n=577$）

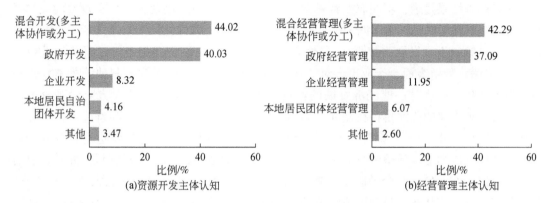

(a)资源开发主体认知 (b)经营管理主体认知

图 6-13 参与问卷调查的常住人口对资源开发、经营管理主体的认知（$n = 577$）

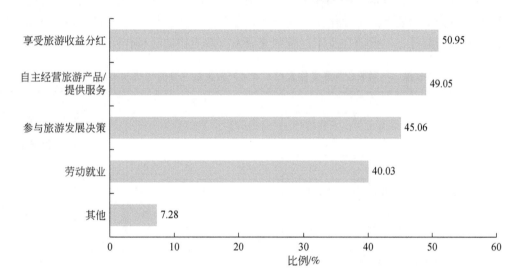

图 6-14 参与问卷调查的常住人口对本地旅游业发展参与方式的意愿程度（$n = 577$）

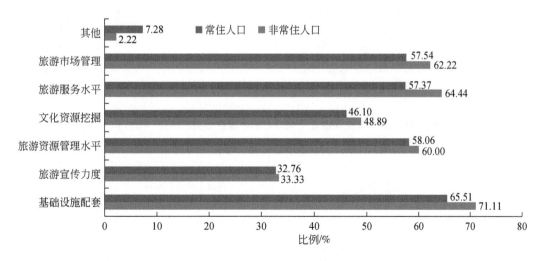

图 6-15 问卷调查对象对制约因素的认知（$n = 622$）

　　问卷调查结果显示，不同职业背景常住人口对适宜当地产业发展定位和效益的认知具有一定的差异性。如表6-10和表6-11所示，对于产业发展定位，个体经营者、产业工人和无业人员倾向于"发展旅游业"，其他职业背景常住人口则更期望进行"优势产业融合发展"；在带动效益方面，产业工人对"增加居民的收入"更为关注，其他背景常住人口则更为关注相关产业对本地经济发展的促进作用。此外，不同利益攸关方对景观资源开发、经营管理主体的关注也存在差异。如表6-12和表6-13所示，政府和事业单位工作人员倾向于以混合开发/经营管理（多主体协作或分工）的方式对优势资源进行开发和经营管理，其他群体则更多期望由政府主导开发、政府经营管理或混合经营管理。此外，政府和事业单位工作人员以及全日制学生更注重"参与旅游发展决策"，本地农业（农林业）劳动者和其他产业从业人员则更关注劳动就业和享受旅游收益分红问题（表6-14）。从问卷调查结果可以看出，本地居民和相关产业从业人员对政府期望较大，希望政府在开发、经营和管理流程中均能起到主导作用；政府和事业单位工作人员则更倾向于共同开发、共同经营和管理的路径，以便能在决策过程中充分发挥政府协调管理作用。

表6-10　不同职业背景常住人口对本地产业发展定位的认知（$n=577$）　（单位:%）

职业背景	产业发展						
	发展种植业	发展农产品加工业	发展小商品加工业	发展纺织业	发展矿业	发展旅游业	优势产业融合发展
无业人员	7.69	3.85	3.85	3.85	0.00	42.30	38.46
本地农业(农林业)劳动者	11.11	11.11	5.56	0.00	0.00	33.33	38.89
进城务工人员	19.05	7.14	0.00	0.00	0.00	33.33	40.48
产业从业人员	7.14	14.29	7.14	0.00	0.00	50.00	21.43
政府和事业单位工作人员	4.87	3.24	1.62	0.00	0.00	23.78	66.49
个体经营者	4.44	8.89	2.22	0.00	1.11	45.56	37.78
全日制学生	11.91	2.38	0.00	0.00	0.00	28.57	57.14
公司职员	4.60	1.15	1.15	0.00	0.00	39.08	54.02
其他	2.74	4.11	1.37	0.00	1.37	31.51	58.90

*灰色背景单元格表示相应职业背景接受调研群体的最高比例选项。

表6-11　不同职业背景常住人口对本地发展效益的认知（$n=577$）　（单位:%）

职业背景	发展效益						
	促进本地经济的发展	创造更多就业机会	增加居民的收入	提升收益稳定性	促进本地基础设施建设	促进本地对自然资源和生态环境的保护	其他
无业人员	69.23	42.31	65.38	15.38	11.54	19.23	11.54
本地农业(农林业)劳动者	83.33	44.44	44.44	11.11	16.67	27.78	11.11

续表

职业背景	发展效益						
	促进本地经济的发展	创造更多就业机会	增加居民的收入	提升收益稳定性	促进本地基础设施建设	促进本地对自然资源和生态环境的保护	其他
进城务工人员	69.05	54.76	45.24	23.81	11.90	50	4.76
产业从业人员	50	64.29	71.43	7.14	7.14	42.86	14.29
政府和事业单位工作人员	77.84	54.59	51.35	14.05	27.57	50.81	0.54
个体经营者	77.78	57.78	54.44	17.78	8.89	31.11	1.11
全日制学生	83.33	64.29	50.00	19.05	23.81	40.48	4.76
公司职员	74.71	54.02	52.87	13.79	22.99	42.53	1.15
其他	79.45	60.27	53.42	5.48	20.55	34.25	4.11

* 灰色背景单元格表示相应职业背景接受调研群体的最高比例选项。

表 6-12　不同职业背景常住人口对本地资源开发主体的认知（$n=577$）　（单位：%）

职业背景	开发主体				
	政府开发	企业开发	本地居民自治团体开发	混合开发(多个主体协作或分工)	其他
无业人员	46.16	7.69	7.69	30.77	7.69
本地农业(农林业)劳动者	55.55	5.56	11.11	22.22	5.56
进城务工人员	47.62	2.38	0	35.71	14.29
产业从业人员	50.00	0.00	7.14	35.72	7.14
政府和事业单位工作人员	32.43	11.35	1.62	54.06	0.54
个体经营者	43.33	10.00	5.56	38.89	2.22
全日制学生	38.10	7.14	4.76	47.62	2.38
公司职员	42.53	10.34	2.3	44.83	0.00
其他	41.09	2.74	9.59	38.36	8.22

* 灰色背景单元格表示相应职业背景接受调研群体的最高比例选项。

表 6-13　不同职业背景常住人口对本地资源经营管理主体的认知（$n=577$）（单位：%）

职业背景	经营管理主体				
	政府经营管理	企业经营管理	本地居民团体经营管理	混合经营管理(多个主体协作或分工)	其他
无业人员	30.77	30.77	3.85	26.92	7.69
本地农业(农林业)劳动者	44.44	11.11	11.11	27.78	5.56

职业背景	经营管理主体				
	政府经营管理	企业经营管理	本地居民团体经营管理	混合经营管理(多个主体协作或分工)	其他
进城务工人员	54.76	7.15	4.76	23.81	9.52
产业从业人员	42.86	0.00	0.00	50.00	7.14
政府和事业单位工作人员	33.51	14.60	3.78	48.11	0.00
个体经营者	42.22	8.89	7.78	38.89	2.22
全日制学生	30.95	9.53	7.14	50.00	2.38
公司职员	37.93	14.94	4.60	42.53	0.00
其他	31.50	5.48	12.33	45.21	5.48

* 灰色背景单元格表示相应职业背景接受调研群体的最高比例选项。

表 6-14　不同职业背景常住人口对本地旅游业发展参与方式的意愿程度($n=577$)

（单位:%）

职业背景	参与方式				
	参与旅游发展决策	享受旅游收益分红	劳动就业	自主经营旅游产品/提供服务	其他
无业人员	34.62	34.62	50.0	50.0	11.54
本地农业(农林业)劳动者	33.33	44.44	44.44	22.22	16.67
进城务工人员	30.95	42.86	57.14	59.52	19.05
产业从业人员	21.43	57.14	42.86	21.43	14.29
政府和事业单位工作人员	58.38	56.76	30.27	45.95	4.86
个体经营者	36.67	44.44	41.11	64.44	3.33
全日制学生	61.90	61.90	35.71	47.62	0.00
公司职员	39.08	51.72	41.38	51.72	2.30
其他	38.36	47.95	49.32	41.1	16.44

* 灰色背景单元格表示相应职业背景接受调研群体的最高比例选项,本题为多选题,各项相加比例可能超过100%。

综合问卷调查结果和数据分析,接受问卷调查的常住人口和非常住人口对景观环境现状和影响因素有较为清晰的主观认知。结果表明:第一,调研群体对政策维度的认知情况与前期驱动力维度的定性分析相符,即政策因素是对景观格局演变具有显著影响的人文因素,其次为经济因素;第二,建成区的景观变化和环境提升更容易被感知,是居住者对当地景观环境现状满意度的判断基础,表明有效的城乡规划手段和决策支持对景观资源保育、开发、利用具有重要意义;第三,问卷调查对象对当地优势景观资源的认同和进行保育、开发、利用的意愿较为统一,有利于政府探索相关产业模式并开展协同开发和管理工作。

6.3.3　半结构式访谈结果

　　本研究针对典型案例地实际情况，以面对面深度访谈的形式与会仙湿地、恭城县和灵川县景观资源利用的关键利益攸关方进行了交流。数据收集过程中，根据现场调研的实际情况，针对访谈者个人背景、景观格局现状、景观资源利用的典型经验、可持续发展模式及其他相关问题进行深入了解，引导访谈者关注景观演变过程中的人文因素并鼓励访谈者对政策、文化、经济、社会、技术五个影响景观资源可持续利用的人文因素发表开放式观点。

　　为保证研究的客观性，分析结果对访谈对象具体信息、访谈地点及组织进行匿名处理，引用表述以案例地首字母大写加序号的方式表示受访者，如 HX1 ~ HX8 表示会仙湿地案例中半结构式访谈对象，GC1 ~ GC8 表示恭城县案例中半结构式访谈对象，LC1 ~ LC10 表示灵川县案例中半结构式访谈对象（表 6-15）。

表 6-15　漓江流域景观演变的人文驱动机制研究半结构访谈信息

访谈对象编码	访谈对象分类	访谈方式
HX1	技术研发人员	一对一访谈（线上）
HX2	政府或事业单位工作人员	一对一访谈（线上）
HX3	技术研发人员	一对一访谈（线上）
HX4	技术研发人员	一对一访谈（线上）
HX5	技术研发人员	一对一访谈（线上）
HX6	本地居民	一对一访谈（线上）
HX7	本地居民	一对一访谈（线上）
HX8	技术研发人员	一对一访谈（线上）
GC1	政府或事业单位工作人员	
GC2	政府或事业单位工作人员	集体座谈
GC3	政府或事业单位工作人员	
GC4	政府或事业单位工作人员	一对一访谈
GC5	政府或事业单位工作人员	一对一访谈
GC6	技术研发人员	一对一访谈（线上）
GC7	技术研发人员	邮件咨询
GC8	本地居民	一对一访谈（线上）
LC1	技术研发人员	一对一访谈
LC2	技术研发人员	一对一访谈
LC3	产业从业人员	集体座谈
LC4	政府或事业单位工作人员	

访谈对象编码	访谈对象分类	访谈方式
LC5	政府或事业单位工作人员	集体座谈
LC6	产业从业人员	一对一访谈
LC7	政府或事业单位工作人员	一对一访谈
LC8	政府或事业单位工作人员	一对一访谈
LC9	产业从业人员	一对一访谈
LC10	政府或事业单位工作人员	一对一访谈

访谈共涉及不同利益攸关方 26 人，其中政府或事业单位工作人员 11 人，景观资源保育和开发相关技术研发人员 9 人，生态农业、旅游服务业相关产业从业人员 3 人，本地居民 3 人。

其中，会仙湿地案例中的访谈对象均在本地有 30 年以上定居时间，在各自领域有多年从业经验，对会仙湿地自然生态、社会变迁、产业发展情况有丰富本土知识和深入的了解认知。访谈针对湿地锐减、水质污染等问题，探讨喀斯特湿地景观资源演变及人文因素影响机制。通过对访谈数据进行整理，共获得 8 份访谈文本，访谈时长共计约 6.5h，整理访谈记录 8 万字。恭城县案例的访谈围绕生态循环农业建设、瑶族文化资源等问题针对景观格局演变及其影响因素开展，共获得 5 份访谈文本，1 份邮件咨询文本，访谈时长共计约 5.5h，整理访谈记录 6 万字。灵川县案例的访谈围绕景观资源有效利用和生态经济建设开展，共获得 9 份访谈文本，访谈时长共计约 6h，整理访谈记录 9.5 万字。

相关访谈结果及对驱动机制的分析详见 6.4 节。

6.4　漓江流域景观演变人文因素驱动机制分析

6.4.1　漓江流域景观演变的人文因素驱动系统

漓江流域的景观格局演变是多个人文因素及其因子综合作用的结果，不同因素及因子之间相互依存、共同影响，组成了影响景观格局演变的有机整体，需要应用系统论方法综合分析各维度的结构、功能及整体作用。

分析表明，政府决策是驱动力系统的主导因素，在不同行政尺度上对近年来漓江流域的景观格局演变和经济社会发展起到了重要作用。2000 年以后，随着我国工业化进程的快速推进，农业生产在国民经济中的作用和地位发生转变，经济社会发展活力得到释放，农业农村建设进入新阶段。农业税取消、退耕还林、粮食直补、农资综合直补等支农惠农政策的实施，有效提高了农民生产积极性，扩大了农业生产范围，农田面积有所增加。与此同时，生态保护和建设工作向以自然恢复为主进行转变，水土保持、天然林保护、退耕还林还草、重点生态功能区、生态环境敏感区和脆弱区等生态保护修复工程全面启动。尤其是 2012 年后，生态环境保护机制逐步完善，生态文明建设逐步深入，深刻影响了各地土地利用结构、产业经济格局、生产生活需求和人口迁徙规模等方面，直接表现为景观空间构型的改变。桂林是国家历史文化名城、全国文明城市、国家首批健康旅游示范基地，是最早接待入境游客的 5 个城市（北京、西安、上海、桂林、广州）之一，承担着建设国家可持续发展议程创新示范区和国家生态文明先行示范区，以及打造世界级旅游城市等战略重任。漓江作为国家重点保护的 13 条江河之一，生态环境保护对区域生态安全格局、各区县经济结构、产业布局和居民生活影响深远。

经济因素与政策因素表现出较强的协同性。随着生态环境保护机制的逐步完善，桂林经济发展不断加速，同期产业结构出现调整。数据显示，2021 年桂林市地方生产总值由 2001 年的 357.68 亿元提升到 2311.06 亿元，增长幅度显著。在此期间，第二产业增加值和工业总产值的递增也反映了城镇化、工业化进程的加速。城市用地不断扩大，城市人口规模日益增加，同时也加快了房地产业的开发和城市基础服务设施的建设。此外，旅游业及相关服务业的投入逐步加大，三次产业结构占比不断提升。2021 年，第三产业增加值占地区生产总值的比例为 54.3%，相较 2001 年增长了近 9 倍，现代服务业逐步成为桂林经济增长主引擎[①]。近年来，按照"保护漓江、发展临桂、再造一个新桂林"的战略部署，桂林城市建设主要向西发展，中心城区形成了"两带、双核、八组团"的城市空间结构，对城乡空间结构具有强制性的现实影响。可见，政策和经济驱动力在强度和维度上的共同作用，是引起桂林景观格局变化的根本因素。

社会和经济因素的协同作用与社会因素表现出较强的互馈关系。以社会因素中表征性较强的人口变化因子为例，经济结构调整与城镇化水平密切相关，伴生城乡人口结构的改变。2001～2021 年，桂林城镇化水平从 14.17% 增长到 52.67%；城镇常住人口占比 52.58%，相较 2010 年第六次全国人口普查，城镇人口比例增长 13.82 个百分点[②]。随着城镇化进程和城乡人口结构的改变，为了更好地满足城乡居民多元化生活和食物消费需求，道路交通等基础设施投入不断加大，人工硬质面积同步增长；粮食需求量也出现提升，2001～2021 年，大量自然湿地转化为耕地（唐月等，2019）。同时，产业结构出现调整，第三产业投入逐年增加，用地类型和地表景观格局随之改变。因此，人口驱动力也是影响桂林景观格局变化的关键因素。

技术因素是政策实施和经济社会发展的重要支撑，虽然直接作用于地表景观格局的影响有限，但是驱动力系统的重要辅助因素。以农业景观为例，在乡村振兴等"三农"政策指导下，技术因素不断发挥作用，通过推动农业现代化、产业化发展，驱动了农业景观和产业用地的演变。桂林是传统农业城市，漓江流域水果产业和特色农产品资源丰富。通过应用优秀种质选育、果树栽培、土壤修复、储藏保鲜等农业技术，以及大数据、区块链等信息化技术手段，传统农业生产、经营和交易逐渐向数字化转型，进而提升了种植经济收益与农业种植稳定性，使油茶、柑橘等经济作物种植面积大幅扩张，从而影响了农业景观

① 桂林市统计局. 2021 年桂林市国民经济和社会发展统计公报. https://www.guilin.gov.cn/glsj/sjfb/tjgb/202204/t20220429_2263301.shtml(2022-04-25)[2022-09-06].

② 桂林市统计局，桂林市第七次全国人口普查领导小组办公室. 桂林市第七次全国人口普查主要数据公报. http://tjj.guilin.gov.cn/tjsj/pcgb/202209/t20220910_2370069.html(2021-05-29)[2022-09-27].

格局。

文化因素为经济、社会发展提供了丰厚基质，可有效反馈于相关政策决定，对景观格局的直接活动影响有限，但是景观格局人文因素驱动系统中重要的基础和保障性因素。以旅游业为例，漓江流域民族众多，一方面各民族在历史演进过程中形成了独特的建筑风格、生产方式、生活习惯及心理认知，民族文化各具特色，呈现出多元化和异质性的特征，并不同程度地映射于土地利用形式和居住环境建设中。同时，经过长期社会发展，文化认同和聚合效应逐渐显现，流域的文化资源为旅游业发展提供了重要基础，丰富了旅游业态，从而助推了旅游业增速发展。

此外，景观格局变化也正向反馈于政策、经济和社会因素的复合影响。以旅游业为例，随着产业比例调整，桂林第三产业投资额大幅增加，对产业经济的综合促进作用明显，带动了本地居民和相关从业人员的致富增收。调研问卷和半结构式访谈结果显示，村民、政府工作人员、旅游从业者等不同背景的受访者均对发展旅游产业展现出了强烈意愿，对景观保护利用的意识也逐渐发生转变，并通过环境整治、设施建设、民宿经营、建筑样式等方式影响了当地风貌和地表景观格局。

本节以漓江流域会仙湿地、恭城县和灵川县为例，结合半结构式访谈数据探讨自然、人文、复合型旅游目的地建设发展过程中的景观资源演变及其人文因素驱动机制。

6.4.2 自然旅游目的地景观演变的人文因素驱动机制——以会仙湿地为例

会仙湿地位于桂林临桂区会仙镇境内，总面积为 586.75hm²，湿地率为 84.12%，包括睦洞河、睦洞湖、分水塘、桂柳运河以及湿地周边的龙头山、狮子岩等岩溶山地，连接漓江与柳江，跨会仙镇睦洞、新民、山尾、四益、文全 5 个行政村①。会仙湿地以喀斯特湿地为主要特征，是漓江流域最大的喀斯特原生态湿地，是广西热带、亚热带喀斯特峰林地貌中最大、最有研究价值的典型湿地，也是全球极为少见的中低山喀斯特湿地（钟学思和王连明，2015）。

会仙湿地景观时空格局历史演变显著。资料显示，宋代以前，会仙湿地地区无明显人类活动，湿地面积约为 65km²；20 世纪 50 年代，湿地面积逐渐萎缩，区域内尚有 20 个湖塘，面积约为 25km²；近半个世纪以来，随着全球气候变暖、人类活动的加剧，原有湿地面积不断遭到破坏，绝大部分湖塘被围垦成为鱼塘、果园、农田或荒弃，喀斯特湿地整体性退化、萎缩，现存湿地常年有水面积已不足 6km²（吴应科等，2006）。湿地景观和水生态系统保护与修复任务艰巨，湿地公园建设和旅游开发逐渐成为破解湿地系统修复和资源有效利用的重要形式。基于研究分析，结合半结构式访谈结果，总结会仙湿地景观格局演变的人文因素驱动机制，如图 6-16 所示。

政策因素在湿地景观演变方面作用显著，对湿地景观修复和人居环境提升起到了直

---

① 广西桂林市临桂区人民政府. 会仙喀斯特国家湿地公园. http://www.lingui.gov.cn/zjlg/lgdd/lgmj/201905/t20190528_1159810.html（2022-03-03）[2022-09-30].

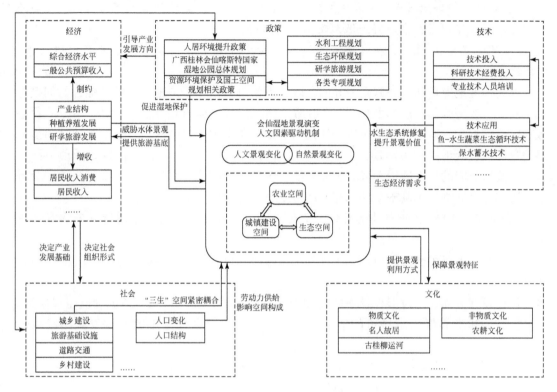

图 6-16　会仙湿地景观演变的人文因素驱动机制示意

接、积极的影响。为加强会仙湿地保护、修复和可持续发展，2011 年桂林市拟定《广西桂林会仙喀斯特国家湿地公园总体规划》。2012 年会仙湿地被列入国家湿地公园试点建设。随后，桂林市人民政府启动了会仙湿地治理工程，通过开展退塘（耕）还湿、有害生物防治及清理、环境综合整治工程、农村生活污水处理设施建设等项目，累计退塘（耕）还湿地面积约 155hm²，植被恢复面积约 50hm²，水葫芦（学名为凤眼蓝）清理面积约 100hm²①。2017 年会仙湿地通过试点验收，命名为"广西桂林会仙喀斯特国家湿地公园"，同年临桂区人民政府发布《广西桂林会仙喀斯特国家湿地公园管理办法》。2022 年 11 月桂林市制定的《桂林市会仙喀斯特国家湿地公园保护管理规定》获自治区第十三届人民代表大会常务委员会第三十四次会议批准通过，相关立法工作有序推进。

国家湿地公园的创建工作和相关政策体系的建立对湿地生态环境修复起到了现实作用，促使当地居民改变农业生产习惯，有效改善了湿地水环境质量，实现了一定程度的湿地景观修复。例如，受访者表示：

"特别是 12 年 13 年（2012~2013 年）建了会仙国家湿地公园之后，湿地采取了一些保护措施"（HX5），

① 储玮玮. 广西投入两千多万整治桂林会仙湿地"漓江之肾"重现水清景美. https://www.chinanews.com.cn/sh/2020/10-16/9314419.shtml(2020-10-16)[2022-09-30].

"当地政府定期地叫周边的农民去清理（水葫芦）……湿地周边的泥沙淤积，（当地的政府）清淤了以后，水质得到很大改善"（HX4），

"变化还是蛮大的，现在（湿地里）大部分都不耕作了，响应国家号召退耕还湿"（HX2）。

以会仙湿地保护和生态修复为导向，政策因素直接指导了湿地公园的功能，并间接作用于社会、经济因素。《广西桂林会仙喀斯特国家湿地公园管理办法》明确指出，"保护保育区内除保护、监测以外禁止进行任何与湿地公园保护无关的活动，恢复重建区只能开展培育和恢复湿地的相关活动，宣教展示区内可以开展生态展示、科普教育活动……"。为发挥湿地公园的生态展示和科教观光功能，湿地公园配套了木栈道、码头等设施，为湿地旅游产业发展提供了基础条件，配套相应基础设施建设，资料显示：

"会仙湿地1000m² 的科普宣教馆，（利于）学生可以近距离观察湿地资源和相关环境"（HX2）。

多数受访者还提到公园内观光游览基础设施得到显著提升（HX2、HX3、HX6、HX7、HX8）。

经济发展方面，通过湿地景观修复和国家公园建设，湿地景观的经济价值得以实现。结合桂林创建世界级旅游城市的战略定位，受访者均对会仙湿地的旅游发展路径表示认同：

"放到桂林大背景来说，现在国家提世界级旅游城市……到会仙肯定是离不开这个大的背景……旅游是个富民工程"（HX1）。

同时，湿地旅游助推了当地居民的收入提升。从空间上来看，社区产业收入的变化集中在核心区，受访者表示：

"核心区现在是靠旅游收入，比以前好过多了"（HX5）。

湿地旅游产业的发展对会仙建设风貌产生了积极影响，社区居民建房比例增高并从事农家乐：

"里面建了很多房子都可以住的"（HX5），

"大部分的人都有（修新房），差不多90%的人"（HX7）。

半结构式访谈结果显示，政策因素在会仙湿地景观演变中造成了决定性的现实影响。《国务院关于促进旅游业改革发展的若干意见》明确指出，"稳步推进建立国家公园体制，实现对国家自然和文化遗产地更有效的保护和利用"。会仙湿地凭借特有的自然景观，以国家公园建设为载体，有效将湿地资源转化为旅游资源，充分发挥了湿地景观的生态、经济和社会价值。

6.4.3 人文旅游目的地景观演变的人文因素驱动机制——以恭城县为例

恭城县位于广西东北部、桂林东南部，东与富川县及湖南江永县交界，南与钟山县、平乐县毗邻，西接阳朔县、灵川县，北临灌阳县，总面积为2149km²，辖5镇4乡117个行政村，总人口30万人，其中瑶族人口约占60%。恭城县境内地形以山地、丘陵为主，

河流沿岸有较为平坦的小冲积平地，全县东、西、北三面为中低山环抱，中间为一条南北走向的河谷走廊；属中亚热带季风气候，有夏湿冬干、夏长冬短、四季分明，光热充足，雨量充沛等特点。

改革开放以来，恭城县景观格局发生了显著变化。作为区位优势不显著的少数民族山区县，恭城县受资源禀赋条件约束性较强。20 世纪 80 年代，随着人口数量大幅增加，本地居民对燃料的需求相应增加，在传统的单一耕作模式影响下，大量森林作为主要燃料遭到砍伐，石漠化和水土流失现象加剧，恭城县生态环境迅速恶化。为此，恭城县以沼气建设为突破口，逐渐形成了以养殖为基础、沼气为纽带、种植为重点的"三位一体"生态农业模式，在改善生态环境、发展生态农业、提升农民收入等方面起到了积极影响，以"猪-沼-果"生态模式及配套技术为核心的"恭城模式"入选为中国农业十大典型生态农业模式，闻名全国。进入 21 世纪，部分山地景观资源由于长期种植单一经济作物出现退化，如何发挥特色文化资源优势，实现农业现代化转型，促进三次产业融合发展成为迫切需求。基于研究分析，结合半结构式访谈结果，总结恭城县景观演变的人文因素驱动机制，如图 6-17 所示。

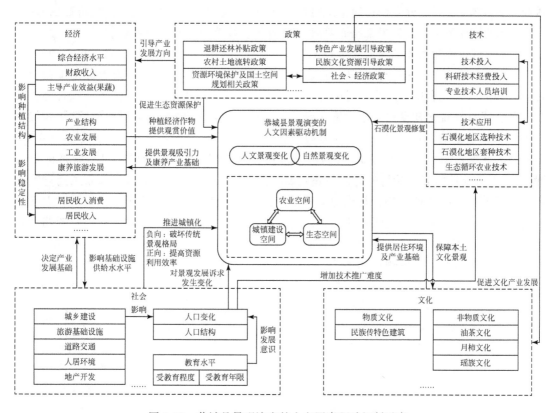

图 6-17　恭城县景观演变的人文因素驱动机制示意

恭城县的景观演变表明，人为活动可对自然景观产生直观、快速的显著影响。在可持续发展理念不断深入、乡村振兴战略和生态高质量农业领域发展迅速的背景下，持续推进生态循环农业发展，构建现代化产业体系的目标奠定了恭城县发展方向，也对其景观演变起到了决定性作用。

首先，生态保护区划定、耕地保护等国土空间规划政策对恭城县景观资源保护起到了显著且积极的作用。例如，受访者表示：

"基本上在海洋在保护区范围内，植被保护是很好的"（GC4），

"土地确权了以后，耕地红线、生态公益林保护区越来越严，所以自然景观就变化不大"（GC5）。

在自然资源禀赋和限制性开发的约束性条件下，恭城县逐步深化循环农业体系，延长农业产业链条，将农田生态、森林生态、草地生态和水域生态有机结合，逐渐向全域生态旅游、康养旅游方向发展，并将"创建中国康养示范县"确定为"十四五"时期经济社会发展目标之一。

规划目标的确立与恭城县丰富的文化和旅游资源密切相关。恭城县历史悠久，具备独特的瑶汉民族特色，为恭城县经济社会发展提供了良好的文化基础。例如，恭城县在月柿和油茶产业发展和文化推广方面积累了大量经验。恭城县被称为"中国月柿之乡"，"恭城月柿栽培系统"被农业农村部认定为第四批中国重要农业文化遗产（恭城瑶族自治县人民政府，2022）。大部分受访者对本地月柿产业发展经验较为认同。例如，受访者表示：

"恭城的柿子是在全国乃至全世界种植的面积应该是最大的"（GC3），

"柿子树的管护基本已模式化"（GC5）。

经过长期发展，月柿产业成熟，在农产品生产之外，恭城县逐步开发产品附加值，通过对月柿的景观化利用，形成了月柿种植、加工、观赏三产融合的产业链条，以月柿为观赏资源，通过景观化开发对基础设施建设、人居环境改善和乡村旅游发展均起到了积极的促进作用，如受访者GC5表示，"红岩的村容村貌（有很大提升）……做了马拉松线路"（GC5）。数据显示，2003年以来，恭城县开始利用月柿的田园美景举办"恭城月柿节"，2019年"恭城月柿节"接待外地游客超过50万人次。此外，恭城油茶、瑶族医药等文化资源也是恭城县的特色优势，并成为恭城县特色农业产业布局的重要组成，受访者对恭城县特色经济发展有着较为清晰的认知，认为在乡村振兴和中医药产业发展的国家战略背景下，恭城油茶和瑶族医药产业"颇有前景"（GC3）。

恭城县经济社会发展规划和独特的文化及农业景观资源奠定了当地旅游发展的基础。绝大部分受访者对康养旅游发展定位表示认同，认为恭城县在区位和资源方面优势显著。例如，受访者认为恭城县康养旅游产业具备良好的自然和文化基础；受访者表示：

"发展康养旅游我们是粤港澳大湾区的后花园，到广州两个小时动车"（GC3），

"（高铁）恭城站面临着提速，阳朔站和前后几个站的客源都没有我们多"（GC5）。

同时，受访者也对恭城县的制约条件有着清晰的认知，在旅游接待设施上，受访者表示存在着对标康养旅游产业的发展短板，进而制约了旅游资源的利用效率"康养配套基础还比较薄弱……我们在推介会上反响很好，但团队一多我们就接不下了"（GC5）。

分析结果显示，人类生产活动在短时间内对恭城县山地景观造成了直接、较为强烈的影响；在政策因素的主导下，景观格局和自然生态得到恢复，并促进了当地经济、社会的转型发展；自然资源禀赋和文化因素共同提供了恭城县生态循环农业和康养旅游产业的基础，为当地景观格局良性演进提供了保障。

6.4.4 复合型旅游目的地景观演变的人文因素驱动机制——以灵川县为例

灵川县位于广西东北部，东、南、西三面环抱桂林，与兴安县、灌阳县、恭城县、龙胜县、阳朔县交界。灵川县下辖 7 个镇和 5 个乡，行政区域面积为 2302km²，2021 年末常住人口为 42.45 万人，其中农村人口为 29.88 万人，境内聚居着汉族、壮族、瑶族、侗族、回族等民族，共有少数民族 3.59 万人。灵川县境内地形地貌复杂，东片、北片为群山或丘陵，中片为地势平坦的小平原。灵川县是漓江流域中上游区域，属于漓江源与桂林市区的过渡地带，整体生态环境较为敏感，对漓江流域生态格局具有重要作用①。

20 世纪 80 年代以来，随着城镇化进程的加速和经济水平提升，灵川县景观格局受人类活动影响发生变化，各景观类型出现不同程度转移（潘锦涛等，2021）。研究表明，林地作为灵川县首位度最高的景观，绝对面积仍在持续增加；农田面积明显减少，建设用地面积增加迅速，两类景观面积变化远高于其他景观类型；水体、草地、裸地面积虽略有增加，但在整体景观变化中不明显。从景观格局角度来看，林地逐渐趋向集中连片分布，连接度增加、破碎化程度降低；建设用地聚集度增加、连通性变强；农田的破碎化程度增加且斑块边缘趋向规则化；水体以集中分布为主，但连通性呈变弱趋势；草地破碎化程度先增后减、斑块复杂性增加，裸地趋向集中分布。综合来看，受林果种植面积增加，退耕还林、封山育林等政策落实，石漠化治理成效开始显现，以及城乡开发建设强度不断加大等因素驱动，灵川县各景观主要向林地、农田、建设用地转移，这与灵川县复合型旅游目的地建设推动城镇化程度高度相关。基于研究分析，结合半结构式访谈结果，总结灵川县景观演变的人文因素驱动机制，如图 6-18 所示。

灵川县景观格局的演变表明产业结构调整等经济、社会因素可在较短周期内改变地表景观，其中经济因素的作用最为显著。近年来，灵川县大力发展特色经济，以三次产业融合发展为主线，推动产业经济转型升级，增加产业附加值。尤其是，经济发展与当地特色景观资源的有效利用形成了良好的互馈机制，加速推动了当地高品质农旅产业协调发展。以海洋乡银杏资源利用为例，受访者 LC7 表示：

"我们的旅游发展业态更成熟，银杏资源不光是观赏，它（还可以）做提取和人工合成黄酮素，为产业提供原料，它的观赏作用和（作为）产业原料是并行的"。

此外，灵川县充分利用本地丰富的文化资源，通过活态利用传统建筑和非物质文化遗产，形成了东漓古村等具有代表性的旅游地标，依托古村落和民间传统工艺，拓展研学教育、文化演绎等业态。受访者 LC6 表示：

"（东漓古村）在原有建筑遗迹的基础上整体开发，员工 80% 都是周边村的农户，请了 16 位非遗（传承人），……我们是自治区级研学实践教育基地，目前也想打造夜景集市、文化演绎等"。

---

① 灵川县人民政府. 灵川县自然资源情况. http://www.lcxzf.gov.cn/zmlc/zjlc/zrdl/202105/t20210512_2055664.html（2022-06-28）[2022-09-30].

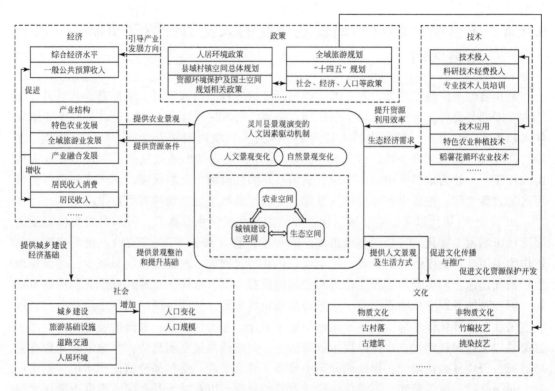

图 6-18　灵川县景观演变的人文因素驱动机制示意

景观资源的有效利用在丰富农旅产业业态、提升旅游产品竞争力的同时，为相关产业政策的推动提供了坚实基础。灵川县委、县政府结合创建国家全域旅游示范区的发展目标，确定了"旅游+文化+农业"的发展方向纵深推进乡村振兴战略，针对县域内各乡镇的禀赋条件，开展了差异化打造，各地区农文旅产业融合成效显著。以海洋乡为例，海洋乡依托银杏资源及古建筑文化大力发展旅游产业，形成了农文旅产业融合的发展模式。受访者 LC7 表示：

"海洋乡作为传统的农文旅结合的乡镇，一年四季，春赏桃花，夏摘果，秋冠银杏，冬赏雪，每一个季节都不重样"。

公平乡开发立体种植，在农业基础上发展花海经济促进农旅融合，受访者 LC9 表示：

"除了食用菌和蔬菜水果，我们还有林下种植中药材……另外就是搞三产花海经济，我们今年三月份紫云英花海，一天人多的时候可能有一万人"。

灵川县近年来三次产业的聚合效应逐步显现，2021 年，灵川县地区生产总值增长7.3%，是桂林市下辖 17 个县（市、区）中唯一连续两年保持正增长的单位；接待游客843.4 万人次、总消费达 94.2 亿元，连续四年入选中国县域旅游竞争力百强县①。

灵川县的人文因素驱动机制分析显示，经济因素，尤其是产业结构调整，对景观资源

---

① 灵川县人民政府．政府工作报告，http://www.lcxzf.gov.cn/lcsj/gzdt/202202/t20220228_2229636.html（2022-02-28）[2022-09-30].

利用和景观演变有着较强影响。一方面,产业结构调整可以驱动土地利用类型的变化,使不同景观类型之间出现转移。与之对应,景观资源生态产品的价值实现可有效推动当地经济水平提升,而产业政策因素在其中发挥着重要的引导和支撑作用。

6.5　本章小结

　　漓江流域拥有以喀斯特景观为主体的地貌及丰富的人文景观资源,生态系统较为脆弱,生态功能保护意义重大。在景观演化进程中,自然因素和人文因素的影响在不同时空尺度上存在差异性。人文因素更为关注人类活动影响,在较短的时间尺度上驱动作用显著。为系统辨识人类活动对景观资源演进过程的影响,本章构建政策、经济、社会、文化和技术五个关键人文因素的分类体系,基于问卷调查结果和实证分析,对照桂林发展定位和漓江流域景观资源保护和开发利用的相关目标要求与任务,对景观资源的利用和人文因素驱动机制进行探讨。

　　研究显示,人文因素是引起漓江流域景观格局变化的直接动力,其中政策因素和经济因素协同作用显著,经济增长和生态环境保护政策是流域景观变化和保育开发的主要原因;定量分析显示,人口变化是影响土地利用变化的最主要的社会因素,人口变化是作用最为显著的社会因子,产业结构是影响较大的经济因子,二者是多元消费需求改变以及社会经济发展,进而导致流域系列景观变化的重要因子,也是具有统计基础的最具有活力的驱动因子;调研结果显示,本地居民对当地优势景观资源的认同和进行可持续利用的意愿较为统一,通过城乡规划手段可有效支持地方提升景观环境,开展多方协同治理;人文因素相互关联,各因素包含因子众多,各因子之间存在复杂耦合关系,需要通过系统论的方法进行整体分析;此外,在不同类型城镇,人文因素具有不同性质和功能,通过开展实证研究对驱动因素进行挖掘分析,有助于深入理解人地关系特征,为景观资源可持续利用及科学规划提供依据。

　　研究表明,景观在传承文化、协调风貌、产业发展中均发挥着重要的作用,漓江流域旅游产业发达,山水特色明显,漓江流域景观资源是长期以来当地居民与自然相互影响、和谐演进的具体体现,独特的土地利用模式、喀斯特景观和农业景观展现了漓江流域生态系统的多样性和适应性,同时为服务业和特色农业发展提供了基础,提高了优势特色产业附加值。构建符合漓江流域特色的人文因素指标体系并开展实证研究探究人文因素驱动机制,可为探索特色景观资源高效且可持续利用提供实证支持。

参 考 文 献

鲍梓婷. 2016. 景观作为存在的表征及管理可持续发展的新工具. 广州:华南理工大学.

陈百明. 1997. 试论中国土地利用和土地覆被变化及其人类驱动力研究. 自然资源,(2):31-36.

费小冬. 2008. 扎根理论研究方法论:要素、研究程序和评判标准. 公共行政评论,(3):23-43,197.

风笑天. 2018. 社会研究方法. 5 版. 北京:中国人民大学出版社.

傅伯杰,赵文武,陈利顶. 2006. 地理-生态过程研究的进展与展望. 地理学报,(11):1123-1131.

戈大专,龙花楼,杨忍. 2018. 中国耕地利用转型格局及驱动因素研究—基于人均耕地面积视角. 资源科学,40(2):273-283.

恭城瑶族自治县人民政府 . 2022. 恭城概况 . http://www. gongcheng. gov. cn/zjgc/gcgk/201610/t20161013_1209456. html [2022-09-30].

郭丽英, 刘彦随, 任志远 . 2005. 生态脆弱区土地利用格局变化及其驱动机制分析——以陕西榆林市为例 . 资源科学, (2): 128-133.

何春阳, 史培军, 李景刚, 等 . 2004. 中国北方未来土地利用变化情景模拟 . 地理学报, (4): 599-607.

胡乔利, 齐永青, 胡引翠, 等 . 2011. 京津冀地区土地利用/覆被与景观格局变化及驱动力分析 . 中国生态农业学报, 19 (5): 1182-1189.

胡巍巍, 王根绪, 邓伟 . 2008. 景观格局与生态过程相互关系研究进展 . 地理科学进展, (1): 18-24.

孔祥斌, 张凤荣, 李玉兰, 等 . 2005. 区域土地利用与产业结构变化互动关系研究 . 资源科学, (2): 59-64.

李平, 李秀彬, 刘学军 . 2001. 我国现阶段土地利用变化驱动力的宏观分析 . 地理研究, (2): 129-138.

刘纪远, 张增祥, 徐新良, 等 . 2009. 21 世纪初中国土地利用变化的空间格局与驱动力分析 . 地理学报, 64 (12): 1411-1420.

潘锦涛, 罗楠, 胡金龙 . 2021. 1986~2014 年灵川县景观格局动态变化分析 . 湖北林业科技, 50 (6): 30-34, 40.

邵洪伟 . 2008. 深圳市景观格局演变及驱动力研究 . 天津: 天津师范大学 .

邵景安, 李阳兵, 魏朝富, 等 . 2007. 区域土地利用变化驱动力研究前景展望 . 地球科学进展, (8): 798-809.

孙晓娥 . 2011. 扎根理论在深度访谈研究中的实例探析 . 西安交通大学学报 (社会科学版), 31 (6): 87-92.

唐月, 李宇婷, 陈治秀, 等 . 2019. 桂林市会仙岩溶湿地生态系统服务功能价值动态评估 . 环境生态学, 1 (5): 57-63.

万将军, 邓伟, 张继飞, 等 . 2018. 中国西南喀斯特山区国土空间利用变化的人文驱动框架构建 . 中国岩溶, 37 (6): 859-865.

王成, 魏朝富, 袁敏, 等 . 2007. 不同地貌类型下景观格局对土地利用方式的响应 . 农业工程学报, (9): 64-71, 293.

邬建国 . 2000. 景观生态学—概念与理论 . 生态学杂志, (1): 42-52.

吴健生, 王政, 张理卿, 等 . 2012. 景观格局变化驱动力研究进展 . 地理科学进展, 31 (12): 1739-1746.

吴应科, 莫源富, 邹胜章 . 2006. 桂林会仙岩溶湿地的生态问题及其保护对策 . 中国岩溶, (1): 85-88.

阳文锐 . 2015. 北京城市景观格局时空变化及驱动力 . 生态学报, 35 (13): 4357-4366.

杨东, 郑凤娟, 窦慧亮, 等 . 2010. 干旱内陆河流域土地利用变化的人文驱动因素探究——以甘肃省酒泉市为例 . 水土保持研究, 17 (2): 218-222.

杨梅, 张广录, 侯永平 . 2011. 区域土地利用变化驱动力研究进展与展望 . 地理与地理信息科学, 27 (1): 95-100.

虞晓芬, 傅玳 . 2004. 多指标综合评价方法综述 . 统计与决策, (11): 119-121.

张继权, 伊坤朋, Hiroshi Tani, 等 . 2011. 基于 DPSIR 的吉林省白山市生态安全评价 . 应用生态学报, 22 (1): 189-195.

张明, 朱会义, 何书金 . 2001. 典型相关分析在土地利用结构研究中的应用——以环渤海地区为例 . 地理研究, (6): 761-767.

张秋菊, 傅伯杰, 陈利顶 . 2003. 关于景观格局演变研究的几个问题 . 地理科学, (3): 264-270.

赵翔, 贺桂珍 . 2021. 基于 CiteSpace 的驱动力-压力-状态-影响-响应分析框架研究进展 . 生态学报, 41

（16）：6692-6705.

钟学思，王连明. 2015. 桂林会仙湿地生态旅游可持续发展模式探索. 产业与科技论坛，14（7）：22-23.

Clifford N J，French S，Valentine G. 2010. Key Methods in Geography. 2nd ed. Thousand Oaks，CA：Sage Publications.

Hersperger A M，Bürgi M. 2008. Going beyond landscape change description：Quantifying the importance of driving forces of landscape change in a Central Europe case study. Land Use Policy，26（3）：640-648.

Holdren J P，Ehrlich P R. 1972. One-dimensional ecology revisited a rejoinder. Bulletin of the Atomic Scientists，28（6）：42-45.

Wood R，Handley J. 2001. Landscape dynamics and the management of change. Landscape Research，26（1）：45-54.

第7章 ┃ 漓江流域乡村景观评价与生态设计

7.1 乡村生态景观建设方法

7.1.1 乡村生态景观建设的背景

乡村生态景观是人类在大自然中通过不断演变的生产生活方式而形成的自然生态景观、农业生产景观和农村生活景观融合而成的复杂景观。因此，乡村生态景观区别于城市景观，不仅具有农业塑造的土地利用景观而且具有特有田园文化特征和田园生活方式。乡村生态景观建设则是在生态学相关理论、方法指导下，在现有设施基础上对景观进行规划、设计以提升乡村生态景观的服务功能，从而创造出健康、可持续的生产、生活、生态相融合的乡村空间。

长期以来，我国在农村建设和农业集约化生产等过程中积累了许多生态与环境问题。例如，畜禽集约化养殖等产业的不合理发展导致环境污染；化肥农药过量使用导致面源污染；土地整治过程中出现破坏小树林等半自然生境、填埋水塘、拉直河流、过度硬化沟渠路等行为，不仅破坏了乡村景观原本的风貌，导致田园景观均质化和"千村一面"现象，还导致景观异质性降低、生物多样性丧失，甚至威胁到区域生态安全。从长远看，不利于乡村的可持续发展。2012年党的十八大报告提出"把生态文明建设放在突出地位，融入经济建设、政治建设、文化建设、社会建设各方面和全过程，努力建设美丽中国，实现中华民族永续发展"，这为乡村发展和生态建设提供了良好的政策和社会环境。国内学者和决策者也越来越意识到在乡村建设中融入生态理念、开展乡村生态景观建设的重要性。然而，目前国内对乡村生态景观建设相关方法、技术以及制度等的研究还相对滞后。

欧美发达国家和地区一直以来都十分重视乡村景观和生态环境的保护与建设。2000年欧盟通过了《欧洲景观公约》（又称《佛罗伦萨公约》），该公约强调景观在塑造地方文化、自然和文化遗产方面以及对人类福祉的重要性，鼓励各国制定国家景观政策，以保护国家的特殊景观和日常景观。1962年起欧盟开始实施共同农业政策（Common Agricultural Policy）来统领乡村和农业发展，初期主要支持农业生产，后逐渐关注农业环境修复和生态保护。近年来，共同农业政策越来越重视和加强农业/农村发展的多功能性、农业生态环境保护、乡村景观特征提升、绿色基础设施建设等。总之，在欧盟共同农业政策框架下，各国通过政府资金补贴，已建立了以农户为主体的农村生态环境和景观建设与管护制度和技术体系。美国自20世纪30年代起一直将土壤侵蚀、水土保持、耕地保护作为农业资源政策的重点。1994年，美国专门成立了自然资源保护局，其重要职能就包含保护健康并具生产功能的景观，还就此建立了翔实的以农户为主体的自然、农业资源和保护工程技术体系与技术规程。在国家层次工程技术规程指导下，每个州县又制定了各具地域特色的、更为详细的工程技术措施。

进入 21 世纪后，我国先后开展推进了生态农业、循环农业、测土配方施肥、农药减量化和无害化技术、面源污染综合防治、土地整治、农村工业污染控制、新农村人居环境建设等重大战略，并通过相关重大和重点项目科技支撑计划，研发了一系列技术，取得了一批研究和示范成果，在改善农业/农村生态环境方面发挥了积极作用。但是我国乡村生态景观建设和管护方面仍存在不少问题。第一，对乡村生态景观的多功能性认识和研究有待提高。例如，生态农业和循环农业的研究和实践主要强调生产性功能，如生产模式和循环体系，对乡村生物多样性保护、具有地域特征的乡村景观保护、农田生态服务功能恢复、乡土历史遗产保护等非生产性功能关注不够。第二，乡村基础设施建设中生态景观化工程技术的融入有待提升，如未来的沟路林渠建设应充分考虑对面源污染的控制作用和对生物多样性的保护等。受部门条块分割限制，总体上也还没有形成一个完整的能够涵盖水利、土地整治、生态环境保护、生态系统修复、景观建设、生物多样性保护等的系统全面的工程技术体系和标准，难以适应未来以农户为主体的生态环境管护制度实施。第三，乡村生态景观管护制度有待完善。在我国，农田基本建设、土地整治、河道整治等与乡村生态景观建设有关的项目是以政府为主体来实施工程招标，大多数情况下由第三方进行规划设计和施工。这种"自上而下"的模式在短期内具有效率高、见效快的优势，但农户这样的直接利益相关者缺少对项目的参与，从长期看缺乏对当地生物、生态和乡土知识的研究以及后期管护，不利于生态环境整治工程技术措施后续效果的发挥。

7.1.2 我国乡村生态景观建设的主要方法

7.1.2.1 乡村生态景观的规划设计

长期以来我国乡村地区普遍缺乏针对村庄的系统规划。随着经济和社会发展，乡村规划越来越受到重视。但传统的景观规划设计注重中小尺度的空间和建筑单体的配置，主要考虑景观的风景、美学和文化功能。目前乡村地区规划的对象也集中在观光农业、农家乐等乡村旅游业发展。乡村生态景观规划则更加重视发挥乡村景观的多功能性，维持和提升地域生态景观特征，挖掘乡村景观美学和文化价值，提高乡村景观生态服务功能。在实践上，开展集乡村景观特征提升、历史遗产保护、生物多样性保护、水土安全和游憩于一体的城乡一体化绿色基础设施规划。绿色基础设施是一个区域的生命支撑系统，是自然环境和位于城镇和乡村内外的绿色空间（森林、公园绿地等）和蓝色空间（湖泊、河流、喷泉和海滩等）所构成的网络，它提供了多种社会、经济和环境效益。就像交通基础设施是由公路、铁路和机场等构成的网络一样，绿色基础设施是由公园、河流、行道树、农田、森林、湿地等构成的网络，能够调节空气、水和土壤质量，为经济发展提供原材料和良好的投资环境，促进人们身心健康的发展。

7.1.2.2 乡村生态景观特征的识别、评价

在促进城乡一体化发展中，要注意保留村庄原始风貌，尽可能在原有村庄形态上改善居民生活条件。保留村庄原始风貌重要的任务应该是开展乡村生态景观分类和规划，提升乡村生态景观特征，防止"千村一面"和"田园景观均质化"。就像每个人有不同的外在特征一样，乡村景观也具有明显区别于其他景观的特征。乡村景观是地域自然要素与当地居民改造自然形成的外在综合体，其特征可从土地类型、土地利用的方式、土壤和植物状况、人居类型以及给人的感知等方面辨识。乡村生态景观规划过程中，认识和确定地域景观特征，开展景观特征分类和制图，提出不同景观类型特征保护、恢复、提升和重建的措施。

7.1.2.3 乡村生态景观建设工程技术体系研发与实施

乡村生态景观建设工程包括农村居民点生态景观、生物生境修复和生物多样性保护、裸露农田治理和休耕覆盖、控制面源污染和病虫害防治面源缓冲带建设、保护性耕作和覆盖、生态景观化防护林、农场林地建设、河流生态修复、湿地修复、生态景观化道路、生态景观化沟渠建设、历史文化遗产保护与开发等。在乡村生态景观建设工程评价和验收中，应增加对土地利用、空间格局、生物多样性、生态环境质量、美学、游憩的评价。在各类区域专题规划的基础上，通过每年的建设项目落地，如水土保持项目、土地整治项目、水利项目、农业基础设施建设项目、面源污染控制项目、农村环境整治项目等，来实施生态景观建设措施，从而推进"差异化"、"个性化"、"特征化"和"生态景观化"乡村生态景观综合整治和管护。

7.1.2.4 乡村生态景观的管护

乡村生态景观建设不仅需要乡村生态景观总体上的规划设计，以及在乡村景观特征识别基础上的生态景观工程技术的实施，还不能忽略对乡村生态景观进行管护，这决定了乡村生态景观建设的后续效果。我国乡村生态景观的管护需要加强农户或村集体的参与性，并通过政府投入资金对农户的管护行为予以资金补贴。

7.2 漓江流域太平村景观评价

7.2.1 研究区概况

太平村（图7-1）是广西桂林临桂区四塘镇的一个行政村，包括太平圩、塘北村、鱼陂畲村、神山东新村、神山东老村5个自然村，总人口4107人。村域面积约13 700亩，其中以水稻和柑橘为主的农用地面积约6500亩；村内有G65包茂高速及相思江穿过。研究区所在的临桂区地处南岭南缘，东西窄、南北长，呈火炬状。北部群山巍峨高耸，南端峻岭连绵。东部略低于西部，由西北向东南倾斜，形成东西向分水岭。研究区地处丘陵平原，地势较为平坦，总体地势西北高东南低，海拔145～179m，坡度在15°～30°。研究区

属红壤土带，以红壤为主。

该区域地处低纬度地区，受中亚热带季风气候影响。全年无霜期较长，达302d，年平均气温为19.1℃，7～8月最热，平均气温为28℃，1～2月最冷，平均气温为9℃，最低气温为-2℃。年平均降水量为1889mm，峰雨季集中在4～8月，降水量占全年的70%～85%。研究区最重要的水体为相思江和大马塘，相思江呈现东北—西南走向，大马塘位于鱼陂畲村境内。区域内沟渠有排水渠和灌溉渠分布。

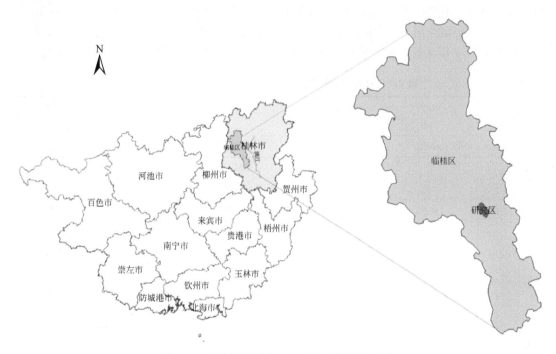

图 7-1　桂林临桂区四塘镇太平村位置示意图

7.2.2　景观调查和数据库建立

以 Google Earth 遥感影像数据为主要信息源，数据来源是91卫图20级 Google Earth 遥感影像，分辨率在0.6m左右，影像拍摄时间是2019年9月4日。首先，在91卫图上下载略大于包含太平村范围的影像，将其作为野外数据调查底图，整个研究区的遥感图比例尺为1∶20 000。然后，将研究区按照实际情况划分为1∶2000的小块详细调查，调查时根据调查表对每个农业景观要素进行记录、拍照并编号等。研究区影像图采用"西安1980"平面坐标系统和"1985国家高程基准"高程系统。

农业景观要素实地调查时间点是2020年8月5日和2020年11月28日。在室内熟悉调查表和注意事项后进行野外调查。调查表格涉及的景观数据主要是道路，数据包括位置、现场照片、宽度、材质、现状质量、植被情况、景观效果主观评价等，道路还涉及使用频率。除此之外，由村民带领确定研究区的边界，记录边界明显的地标物和坐标点以便后期绘图。道路记录其编号、位置和特点，包括沟渠在内的其他要素不进行编号，仅记录其位置及特点。

结合野外调查数据在 ArcGIS 10.4 软件平台上对研究区影像进行人工目视解译，根据数字化结果构建该研究区农业景观要素信息数据库。本研究的解译侧重于景观要素的生态功能。数据库的建立有利于数据分析及设计工作的开展。本研究共建立了两个数据库，一级土地利用现状数据库和二级土地利用现状数据库。参考《土地利用现状分类》（GB/T 21010—2017）以及研究实际情况进行分类，其中一级为 9 类，二级为 26 类（表 7-1），得到研究区 2019 年土地利用一级和二级分类现状图（图 7-2 和图 7-3）。将太平村一级景观矢量化数据转为栅格，导入 Fragstats 4.2 软件中计算景观指数（表 7-2）。

表 7-1　桂林临桂区四塘镇太平村景观分类及面积统计

一级类型	一级面积/亩	一级所占比例/%	二级类型	二级面积/亩	二级所占比例/%
农田	5 666.1	41.28	农田	5 666.1	41.28
园地	882.7	6.43	橘园	876.1	6.38
			其他园地	6.6	0.05
林地	2 451.8	17.86	灌木林	157.6	1.15
			林地	2 018.9	14.71
			桉树林	29.0	0.21
			桂树林	171.5	1.25
			其他林地	74.8	0.54
草地	1 297.4	9.45	草地	1 207.4	8.80
			弃耕地	69.9	0.51
			田埂	20.1	0.15
河塘	2 015.7	14.69	河流	190.3	1.39
			荷塘	172.3	1.26
			水塘	1 295.4	9.44
			水塘（水葫芦）	357.7	2.61
沟渠	89.2	0.65	硬化沟渠	15.2	0.11
			非硬化沟渠	60.9	0.44
			半硬化沟渠	13.2	0.10
道路	423.7	3.09	水泥路	138.3	1.01
			砂石路	123.3	0.90
			铁路	45.7	0.33
			高速公路	116.4	1.25
建设用地	830.3	6.05	居民点	610.7	4.45
			设施养殖地	219.5	1.60

续表

一级类型	一级面积/亩	一级所占比例/%	二级类型	二级面积/亩	二级所占比例/%
其他	68.8	0.50	裸地	68.8	0.50
合计	13 725.7	100.00		13 725.7	100.00

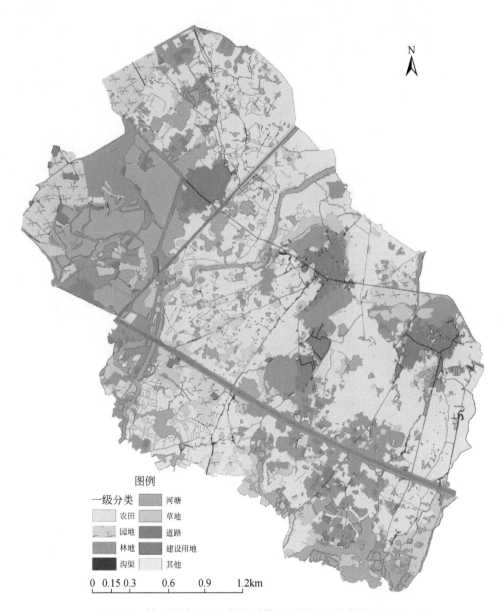

图例

一级分类

农田 河塘
园地 草地
林地 道路
沟渠 建设用地
　 其他

0 0.15 0.3 0.6 0.9 1.2km

图 7-2 桂林临桂区四塘镇太平村土地利用一级分类现状图

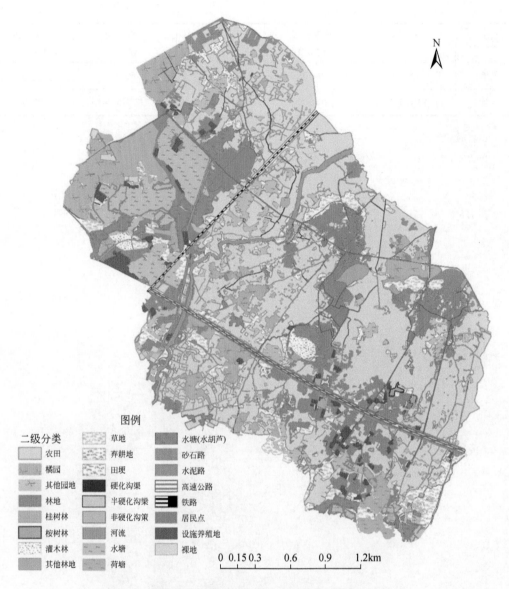

图例

二级分类
农田
橘园
其他园地
林地
桂树林
桉树林
灌木林
其他林地

草地
弃耕地
田埂
硬化沟渠
半硬化沟梁
非硬化沟策
河流
水塘
荷塘

水塘(水葫芦)
砂石路
水泥路
高速公路
铁路
居民点
设施养殖地
裸地

0 0.15 0.3   0.6   0.9   1.2km

图 7-3　桂林临桂区四塘镇太平村土地利用二级分类现状图

表 7-2　本研究选取的景观指数及其生态意义

序号	景观指数	取值范围	生态意义
1	斑块类型总面积	(0，+∞)	景观中某种景观要素斑块面积的总和，反映该类景观要素斑块规模的整体水平
2	斑块所占景观面积的比例	(0，100]	指某一斑块类型占景观面积的相对比例，可帮助确定景观中基质或优势景观元素
3	斑块数	[1，+∞)	与景观的破碎化程度有正相关性，影响景观中各种干扰的蔓延程度

序号	景观指数	取值范围	生态意义
4	平均斑块面积	$(0, +\infty)$	代表一种平均状况。在斑块级别上，一个具有较小斑块的类型比一个具有较大斑块的类型更破碎，是反映景观异质性的关键
5	斑块密度	$(0, +\infty)$	指景观中某类景观要素单位面积斑块数，反映景观的完整性和破碎化程度
6	斑块面积标准差	$(0, +\infty)$	指景观中某类景观要素斑块面积的统计标准差和变动系数，反映该类景观要素斑块规模的变异程度
7	斑块分维数	$[1, 2]$	描述斑块形状的复杂程度，值越趋近1，斑块的自相似性越强，斑块形状越规律，几何形状也越简单，景观异质性越低
8	面积加权的平均形状指数	$[1, +\infty)$	是度量景观空间格局复杂性的重要指标之一，指数越大，形状越规则，边缘效应越明显

7.2.3 研究区景观格局评价

斑块是景观的基本空间单元，是指与周围背景在外观或性质上存在差异，但内部相对均质的空间部分。它反映了系统内部和系统间的相似性或相异性。其各种组合是简单的景观空间格局，是景观功能、格局和过程随时间发生变化的主要决定因素。斑块的大小、形状、边界、位置、数目、动态过程以及内部均质程度对于生物多样性的保护都有特定的生态学意义。

在研究太平村整体景观格局特征时选取了斑块类型总面积、斑块所占景观面积的比例、斑块数、平均斑块面积、斑块密度、斑块面积标准差、斑块分维数、面积加权的平均形状指数8个景观指数。其中，斑块分维数：$D = 2\ln\left(\dfrac{P}{k}\right)/\ln A$，其中 P 为斑块的周长，$P = kA^{D/2}$；A 为斑块的面积；D 为分维数；k 为常数。对于栅格景观而言，$k=4$。面积加权的平均形状指数 $\mathrm{AWMSI} = 0.25P/\sqrt{A}$，其中 P 为斑块的周长；A 为斑块的面积；系数 0.25 是由栅格的基本形状为正方形的定义确定的。斑块的形状越复杂或越扁长，AWMSI 就越大。各个景观指数的取值范围及生态意义见表 7-2。

7.2.4 评价结果

7.2.4.1 研究区景观类型概况评价

从表 7-3 可发现研究区斑块总数为 2504 个，各景观类型面积依次为农田>林地>河塘>草地>建设用地>园地>道路>沟渠>其他。农田在其中占绝对优势，总面积为 373.06hm²，占研究区总面积的 40.77%，说明研究区是以农业景观为主要景观的区域。农田的平均斑块面积为 1.3615hm²，种植粮食作物和蔬菜两类，粮食作物以水稻为主。林地总面积为 163.45hm²，占研究区总面积的 17.86%，是研究区内的主要自然、半自然景观。林地包括自然林和人工林，自然林树种以马尾松和樟树为主，位于研究区的山坡，人工林树种主要为马尾松、桂树、桉树、樟树，主要分布于弃耕地及水塘周围。

表 7-3 景观类型特征分析指标

景观类型	斑块类型总面积/hm²	景观类型比例/%	斑块数/个	平均斑块面积/hm²	斑块密度个/100hm²	斑块面积标准差	斑块分维数	面积加权的平均形状指数
农田	377.74	40.77	274	1.3615	29.9460	3.7633	1.1456	4.3361
林地	163.45	17.86	542	0.3016	59.2363	1.0976	1.1903	4.0754
河塘	134.38	14.67	552	0.2431	60.3293	1.0219	1.1364	2.6506
草地	86.49	9.45	557	0.1553	60.8757	0.4339	1.2467	3.5868
建设用地	55.35	6.56	244	0.2461	26.6673	0.8101	1.1276	2.4665
园地	58.85	6.43	86	0.6843	9.3991	1.3669	1.1206	2.1233
道路	28.25	3.08	22	1.2817	1.3457	5.3577	1.5123	52.0057
沟渠	5.95	0.66	131	0.0464	14.3173	0.0886	1.4966	7.867
其他	4.59	0.50	96	0.0478	10.4920	0.0665	1.1747	1.9002
合计	915.05	100.00	2504					

如果将研究区的林地，河塘中的水塘、河流，草地，园地，以及沟渠中的非硬化沟渠、半硬化沟渠视为自然与半自然生境，则其面积共为6191.7亩，占研究区总面积的45.1%。自然与半自然生境是研究区动植物存在的主要区域，因此在规划设计时需要着重考虑自然与半自然生境在生物多样性保护中的作用。草地、河塘、林地的斑块数都较多，分别为557个、552个、542个。草地和林地的分割程度较大，景观破碎化程度较高，而许多物种需要大面积的自然生境才能保证生存。研究区农田由田埂、道路、林地分割成274个斑块，从整体上看斑块数并不高，这主要是由当地规模化的生产方式决定的，但这种方式对生物多样性保护是不利的，如对一些蔓延性的干扰抵抗力低，如大规模的虫害、火灾等。道路斑块数最少，仅为22个，但平均斑块面积较大，说明道路连通性良好。

从斑块平均面积的分布来看，农田的平均面积最大，为1.3615hm²，除高速公路影响的道路外，农田斑块面积标准差最大，斑块面积差异最大，造成这个结果的原因是其总体面积大。研究区农田集约化程度较高，种植方式单一，这些都会导致生物多样性的降低。林地斑块平均面积为0.3016hm²，且斑块面积标准差较小，说明研究区内林地斑块大小相似度较高，单从面积角度考虑，林地斑块所能容纳的生物多样性差异不大。河塘斑块面积标准差异较小，可容纳的生物多样性较多。草地斑块面积标准差为0.4339，草地大小相似度非常高，差异小。园地斑块平均面积为0.6843hm²，斑块面积标准差为1.3669，表明果园斑块大小存在差异。

从面积加权的平均形状指数来看，道路、沟渠、农田、林地的形状比较复杂。这是由于道路多为条带状结构，沟渠沿道路分布，呈网状结构，形状不规则。而农田的面积加权的平均形状指数高是由于农田中零散分布着许多水塘，造成了农田形状的复杂多变，这有利于促进农田与其他景观要素间生物多样性的交换，对动物的迁移和觅食活动都有影响。林地的面积加权的平均形状指数为 4.0754，原因是林地主要分布于山坡、河道两侧和村庄周围，形状受到河道和村庄形状的影响。果园属于半自然生境，在建设时受人为因素影响，通常形状比较规则，对生物养分能量的储存有利，但不利于物质和能量的交换。

从研究区整体来看，各景观类型分维数都在 1 左右，这是因为农田是人工开发的，应当最具有规则性，但是农田斑块不是按田间地块划分的，所以其分维数的偏高体现了其整体较低的自相似性，以及形状的不规则。这表明农田景观具有一定的异质性和稳定性，这对农田生物多样性的保护有积极作用。

通过实地调研，从生物多样性保护的角度来看：农田以种植水稻为主，种植单一，密集利用程度高，人工干扰大，景观外观单一；果园以种植橘子为主，由于只种植单一树种，且无地被植物，方式过于单一，果园在密集农业景观中重要栖息地的作用未能发挥；由于人为干扰，缺少护岸植物，果园可为野生动植物提供的生境较少。

7.2.4.2 农业道路景观现状评价

由于本研究针对太平村农业景观生态设计，因此不将铁路、高速公路工程设计纳入研究范围（图 7-4）。研究区道路面积占研究区总面积的 3.09%，占地共 423.7 亩。其中，水泥路面积占道路总面积的 32.64%，砂石路面积占道路总面积的 29.10%，铁路面积占道路总面积的 10.79%，高速公路面积占道路总面积的 27.47%。研究区水泥路和砂石路面积占比相当。水泥路包括公路和田间路公路宽 4.5m 左右，田间路宽 4m 左右。

研究区水泥材质的水泥路质量好且耐用，然而路侧景观质量相比砂石材质的砂石路要差（图 7-5）。基于实际情况和环保需求，不宜对现有水泥路段进行翻新设计，只需在景观效果不佳的水泥路两边增设植物带，来提高道路周边的生态环境质量，提升美感，维持生物多样性和水土保持功能。

研究区砂石路材质主要为粒径 1~4cm 的砂石，基底是素土。根据调研和数据分析，利用率低的砂石路中央（无车轮碾压）会有杂草生长，路两侧植被覆盖度高，生物多样性较高，周边生态环境良好。但是由于砂石的粒径较大，缺乏黏性，碾压后因容易松散而遭到破坏，而且路面高低不平，导致来往农机车辆因路面十分颠簸行驶，速度缓慢，尤其是在橘园附近农忙时节，农作效率低，极为不便。砂石路的路面质量不理想，中差水平的居多，尤其是橘园间的路段（SS26、SS30）路面颠簸、凹凸不平，影响正常农作活动。但因人为干扰较公路小，砂石路两边植被生长比较茂盛，在使用频率低的道路中央甚至长出杂草，景观效果和生态效益较好。因此，针对砂石路现状存在的问题，应着重对砂石路路面进行修整，如进行生态化的道路工程建设，在道路两侧或辅以搭配乡土植物来提高生物多样性。

综上，砂石路路面质量差，影响农作活动车辆行驶，需要进行路面修复。质量差的砂石路主要分布在鱼陂畲村西北部的橘园间，以及与包茂高速平行的砂石路路段。水泥路景观效果差，需要进行植物景观设计。水泥路两侧缺乏多样化的植物，入侵杂草以白花鬼针草居多，生物多样性低。水泥路两侧缺少吸附尘土和有害气体的植物，水泥路缺少固坡护土植物。道路总体生态效益低，景观效果差。

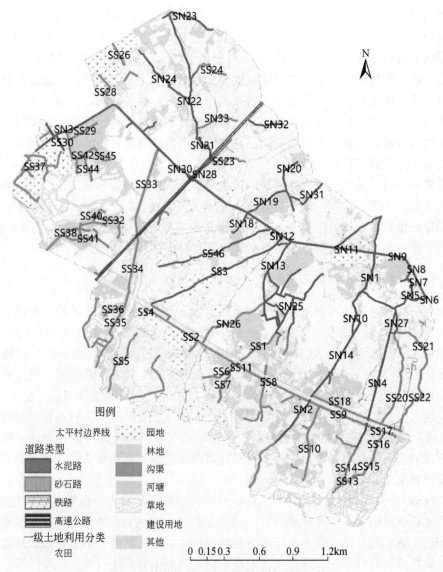

图 7-4 桂林临桂区四塘镇太平村道路分布图

7.2.4.3 沟渠景观现状评价

研究区沟渠按应用功能可分为灌溉渠和排水渠，按材质分为硬化沟渠（水泥混凝土）、半硬化沟渠（石块和土）和非硬化沟渠（素土）。硬化沟渠多为灌溉渠，少量也作为排水渠。半硬化沟渠和非硬化沟渠为排水渠。虽然沟渠占研究区总面积的比例不足1%，但其贯穿及分布于整个研究区农业景观中，是研究区重要的廊道。研究区硬化沟渠占沟渠总面积的17.02%，半硬化沟渠占沟渠总面积的14.78%，非硬化沟渠面积最大，占沟渠总面积的68.20%，沟渠分布图如图7-6所示。

(a)研究区水泥路现状图   (b)研究区砂石路现状图

图 7-5　研究区农业道路现状图

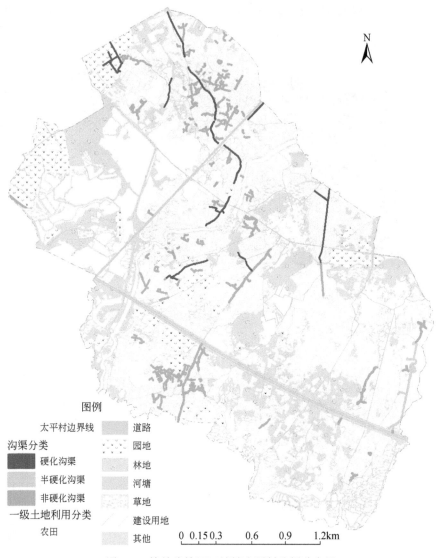

图 7-6　桂林临桂区四塘镇太平村沟渠分布图

　　研究区的硬化沟渠［图7-7（a）和图7-7（b）］渠底及侧壁均由水泥混凝土构成，呈U形，宽度在0.5m左右。硬化沟渠内部由于水泥全覆盖，无法生草，可能会存在加大面源污染的情况，但是硬化沟渠整体质量完好，能较好地发挥排灌水的功能且材质不易渗水，不会造成两岸水土流失。考虑到沟渠生态工程施工会对环境造成一定破坏，而且目前的硬化沟渠能发挥灌溉渠最重要的运输水的功能，因此不需要对硬化沟渠进行重新翻新设计，只需在沟渠岸边种植一些喜湿、净化水质、耐践踏的乡土植物，这可在一定程度上减缓来自农田的地表径流，减轻面源污染。

　　研究区的半硬化沟渠［图7-7（c）和图7-7（d）］侧壁由石块和土堆积而成，主要分布在塘北村以南，宽度在2m左右。半硬化沟渠常年有水或湿润，作排水渠使用。渠道没有明显堵塞，沟渠内部、侧壁长有少量喜湿植物，沟渠岸边植物生长茂密，生物多样性高，颇为美观。半硬化沟渠兼具优良的排水性能及生态功能，是一种优良的生态渠道。因此，半硬化沟渠只需继续保持原貌，或栽培可净化水质、护坡固堤、喜湿的草本或小灌木。

(a)硬化沟渠1　　　　(b)硬化沟渠2

(c)半硬化沟渠1　　　　(d)半硬化沟渠2

(e)非硬化沟渠1   (f)非硬化沟渠2

图 7-7　研究区农业沟渠现状图

非硬化沟渠［图 7-7（e）和图 7-7（f）］即土质沟渠，素土加上湿润的环境，使得沟渠内部及边界生长较多的草本植物，植被覆盖度在 80% 以上。虽然植被覆盖度很高，景观效果较好，但是沟内若布满杂草则会堵塞渠道，严重影响雨季沟渠的排水性能，并且其因高透水性，输水效率也低下。同时，非硬化沟渠也很容易被水葫芦入侵，在研究区部分沟渠中也可以看到水葫芦的分布。因此，在沟渠生态化设计时需要对非硬化沟渠进行疏通，保留部分杂草，适当进行硬化，这样既能发挥草本植物过滤水质、延缓地表径流的作用，又不影响正常排水。

综上，非硬化沟渠渠道存在堵塞现象，影响基本排水功能，需要疏通及适当硬化，并且雨水冲刷会使素土材质的沟渠的土壤流失更加严重。硬化沟渠岸边缺少固土护坡、减轻面源污染的植物缓冲带，需要增设相应的湿生植物进行配置。

7.2.4.4　农田景观现状评价

农田为研究区内占绝对优势的土地利用类型。水稻种植面积占研究区的 80%～90%，靠近居民点的农田种植一些青菜、荔浦芋头、葱、油菜等。稻田集中连片，病虫害防治依靠农药，土壤肥力依靠化肥。尽管近年来由于大量农民进城务工，部分农田出现弃耕现象，农田边界的干扰程度下降，边界和田埂有杂草覆盖，少部分农田边界甚至出现灌木，但总体上半自然生境较为匮乏，农田景观异质性较低（图 7-8）。

太平村农业景观中农田面积占比最大。但是，农田边界和田埂缺少害虫天敌栖息地，植被覆盖度低于 50%。农田除了农作物，基本没有其他植物覆盖。缺少害虫天敌的植物庇护所和栖息地，不利于害虫天敌的繁衍生存。一旦发生病虫害，只能依靠农药治理，久之会加剧面源污染和害虫的抗药性，使农田本身的生态系统更加脆弱。因此，需要增设植物缓冲带，提高害虫天敌数量，维持农田生态系统健康与平衡。

7.2.4.5　居民点景观现状评价

研究区居民点面积共 610.7 亩，占研究区总面积的 4.45%（图 7-9）。研究区村落一

图 7-8　桂林临桂区四塘镇太平村农田现状图

般沿喀斯特孤峰而建，村庄周围有自然（生长于孤峰）或半自然林地分布。村庄道路四通八达，交通便捷。

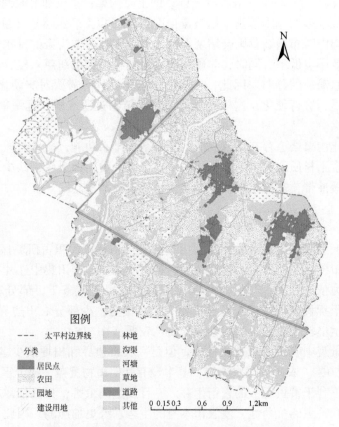

图 7-9　桂林临桂区四塘镇太平村居民点分布图

广西雨季降水量大，为方便生产生活，村庄居民点道路、庭院等场所全部用水泥铺装硬化，导致地面透水性较差，阻碍雨水下渗，长期会影响村落地下水的补给。村庄内部分庭院或门口有大型乔木，有些乔木年龄古老，但总体上植被覆盖度极低。村庄灰色水泥硬化加上植被缺乏，不仅使村落缺少美感，还会影响村落夏季散热（图7-10）。

(a)   (b)

图 7-10　桂林临桂区四塘镇太平村居民点现状图

太平村居民点存在较为严重的硬化过度问题。居住区域道路、庭院、活动场所全部由水泥铺装硬化。雨水难以下渗到土壤层，不能够有效补充地下水。这也导致居住区小气候循环较差。在夏季高温时节，硬化的墙面和道路会使居住区温度更高，空气无法流通和净化，炎热的环境不宜居民休闲活动。此外，一律灰白的墙面和道路会使人压抑并产生不适感，景观效果差。

7.3　漓江流域太平村生态景观设计

7.3.1　整体设计目标和原则

7.3.1.1　整体设计目标

设计目标主要针对现在的农业景观类型单一化导致的景观功能衰退，强调生态和景观理论在工程设计中的应用，并进一步通过道路、沟渠的工程措施保护和恢复乡村植物建设的重要景观功能空间。通过加强农田周边和庭院自然景观的维护与恢复，提高漓江流域中游区域乡村的生态景观价值。

7.3.1.2　整体设计原则

农业景观设计在保障农产品生产的同时，还需维持和保护生态环境的平衡，保护生物多样性，综合防治与治理病虫害，且农业景观作为农民赖以生存的活动空间也要满足美学等功能。乡村景观中农田、园地、河塘等在发挥各自本职功能的同时，也为生物提供栖息地，增添农业景观多样性，具有乡村野趣的美感享受和休闲功能。

农业景观设计需遵循的主要原则如下。

（1）可持续生产原则。过度依赖外界化学投入的生产模式不仅从资源的角度来说是不可持续的，而且从环境的角度来说过量有毒有害物质的施用也是不可持续的。可持续的生产应尽可能地减少系统的投入，改善土壤的养分资源状况，减少系统对外界的污染物输出（弓成等，2020）。

（2）尊重乡村地域特色原则。充分认识景观特征及其变化是景观文化的主要表现形式，保护和传承沟路林渠田形成的乡土景观格局和特征，维系具有年代美的农业景观要素，保护和恢复原生生物群落和生态系统，构建顺应地势的土地利用类型（郧文聚和宇振荣，2011）。桂林临桂区四塘镇太平村属于亚热带季风气候，雨热同期，雨量较大，拥有适宜植物生长的自然条件，且由于位于喀斯特地区，该区也存在水土流失问题。因此，在建设时应结合太平村的自然条件，工程设计选择牢固稳定不易被雨水冲击的材质，植物优先选择乡土树种，以耐水淹、护土树种为主。

（3）修复为主、新建为辅原则。太平村生态环境较为脆弱，不宜大面积整改规划，应尊重现状，依形就势，维持并保护现有的沟路渠基础设施和自然现状。本研究的设计以修复改造为主、新建扩建为辅，在原基础上对农业景观进行优化。

（4）生产为主、美化为辅原则。太平村是桂林农粮主产区，其农业景观不同于其他的观赏类景观，主要功能是生产和实用功能，其次才是美学功能。因此，在设计时既要考虑肌理的美感，更要重视农业活动的生产功能；灵活运用植物的乔灌草复合配置方式，对生态景观进行提升和美化（宇振荣和方放，2014）。

（5）生物多样性原则。绿色农田建设应提升生态连通性，保护生物多样性。生物多样性是实现农业可持续发展的必要基础，也是评价生态环境质量、人与自然和谐的最重要指标（孙玉芳等，2017）。我们不仅要"记得住乡愁"，更要"听得见鸟鸣"，而非"寂静的春天"（贾文涛和宇振荣，2019）。农业景观生物多样性为农业可持续发展提供了必需的遗传资源、花粉传播、有害昆虫控制、土壤肥力保持、水土涵养、文化和休闲等生态服务，是实现农业可持续发展的必要基础。

（6）多功能原则。每项生态景观工程设计都包括生态服务、景观美化、污染控制等多样化的功能（宇振荣和李波，2017）。同时，研究区生态理念和技术的应用，也能够展示研究区作为漓江流域乡村生态土地整治建设模板的作用，有助于其更好地发挥示范功能。

（7）整体和谐发展的原则。研究区的生态建设和发展不仅要考虑人与自然的和谐发展，采取可持续的生产管理方式，平衡人类需求和自然保护的关系，也要考虑当地农民的土地情结、生产生活需要和生态环境保护的协同，构建和谐的生产生活空间。

研究区植物景观设计需要遵循以桂林乡土植物为主、不具入侵性；适应能力强；生态效益多样，如护坡固土、滞尘、吸引害虫天敌、净化水质、观赏性强等原则。

7.3.1.3　研究区功能分区

研究区太平村沟路林渠建设，以生产型景观为主导，在提升研究区生态系统服务功能的基础上，提升美感。根据景观评价结果，将研究区划分为四大功能区：核心保护区、景观整治区、景观维护区、景观休闲区（图 7-11）。从结构上，以交通要道为景观轴线，建立了"一线四点五面"的景观优化格局。

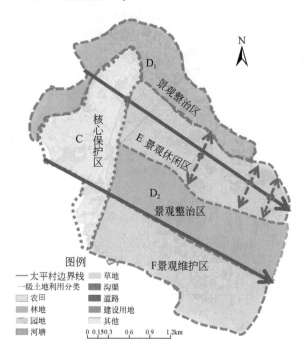

图 7-11 桂林临桂区四塘镇太平村功能分区图

"一线"指以镇与村庄联系的纽带（四塘—岩口公路）为主轴，向外扩散建立道路景观提升空间。"四点"指公路与田间路相交的四个节点，打造植物景观两点。"五面"分别为太平村的核心保护区（C），划分区域为大马塘和相思江周边范围，重点保护区域水体生态环境，加强治理水葫芦入侵；太平村农业景观整治区（D₁、D₂），对范围内残损路沟渠进行修复改造，增加区域内植物多样性，是本研究设计的重点区域；景观维护区（F），保持其高植被覆盖度和水域健康；村庄景观休闲区（E），对居民区景观进行美化，提升居民生活舒适度。

7.3.2 太平村不同景观生态化设计策略

7.3.2.1 太平村农业道路景观生态化设计策略

1）道路生态工程设计策略

研究区太平村属于漓江流域喀斯特地貌，雨季降水量大，土壤易被侵蚀，位于橘园间和神山东村南部的砂石路需要路面修复工程设计，具体修复路段空间位置如表 7-4 所示。破损严重的路段属于农业活动强度较高的路段，路基宽 4m 左右，若不对此进行修复、平整，则会严重影响农民前往农田和果园进行耕作劳动。

表 7-4　桂林临桂区四塘镇太平村农业道路景观生态化设计策略

空间位置	具体路段	问题分析	植物景观设计策略
四塘—岩口公路邻–田路段	SN11	道路两边植物景观效果差	①通透,体现桂林山水田园风光;②种植观赏性强、抗污能力强、生命力强的乔灌木草
四塘—岩口公路邻–园路段	SN3	缺少滞尘、吸附有害气体的植物	①不影响果园采光,应选择低矮植物;②选择抗大气污染、滞尘植物,保护果树
四塘—岩口公路邻–山路段	SN12、SN7、SN8、SN9	生物多样性低,山体裸露,景观不佳	①选择喜阴、抗污、可净化空气的植物,减轻道路建设对山体环境的破坏;②乔灌木草搭配,提高山体自然景观的生物多样性
景观节点	SN11 路段	景观杂乱	选择观赏性强、低矮、可净化空气植物
桂花树下	SN14、SN4	树下生物多样性低,缺少地被植物	选择适宜桂花树下生长的地被植物
包茂高速与砂石路之间的斜坡,距离此坡 5m 是果园	包茂高速与SS2、SS8、SS9、SS17之间的路段	缺少护坡、吸收污染气体、滞尘的植物	应选择护坡固土、滞尘、净化空气的植物
农田与砂石路之间的边坡处	SS3、SS46	地表裸露,缺少护坡植物	应选择保持水土、耐践踏、可作害虫天敌栖息地的灌木或草本植物

　　根据农业道路景观现状分析,本研究在道路生态工程建设模式选择时,应该摒弃易造成水土流失、泥泞不堪的土质道路。同时,砂石在太平村虽然取材方便,但原砂石路因高利用频率而受损严重,因此为避免材料的浪费,不提倡继续单独采用砂石材质进行路面设计。

　　考虑到研究区实际情况、生态效应和调研过程中农民的诉求,路面材质选择应满足以下五个条件:①牢固稳定耐用;②满足农业道路基本通行和机械作业要求;③适合研究区受损砂石路路基宽度;④具有一定渗水性,最好路中可生草,有一定生态效益;⑤工程量较小,对环境影响小。而采用生态化的混凝土材质的水泥混凝土轮迹道路和生态混凝土道路,正符合研究区农业道路设计的所有要求,因此这两种类型道路路面都可应用于本研究区农业道路的路面修复。

2）道路植物景观设计策略

　　研究区太平村属于亚热带季风气候,雨热同期,有非常适宜植物生长的气候条件,植物选择范围较广,但是需要注意选择广西漓江流域的乡土植物,搭配少量适宜研究区的非入侵植物。研究区道路周围植物种类较为单一,乔木主要为桂花,灌木为构树,草本为千里光,入侵植物为鬼针草、藿香蓟、牛筋草等,部分道路边坡裸露严重,存在生物多样性较低、缺乏美感的问题。

7.3.2.2　太平村沟渠景观生态化设计策略

1）沟渠生态工程设计策略

　　农业排水沟的生态护坡设计是在满足基本排水功能的基础上,采取生态化的渠道材质,设计时会考虑渠道土壤质地、渠道宽度、当地水文情况、经济条件,形式包括空心砖结合植草护坡、笼石挡墙护坡、网笼垫块护坡、植被+泥质沟渠、生态混凝土护坡沟渠、干砌石护坡沟渠等形式。其中，生态混凝土护坡沟渠工程量较大，成本高；笼石挡墙护坡和网笼垫块护坡形式适合边坡宽度大于1m的大型渠道；植被+泥质沟渠生态性最强，工期短，成本低，但是湿润的土壤条件使草本生长茂密，会堵塞渠道，影响正常排水功能；同时由鹅卵石或块石堆积而成的干砌石护坡沟渠，结构不稳定，渠道边坡要求较宽，不适用于较窄的农业排水渠。而空心砖结合植草护坡对渠道宽度没有严格要求，结构稳定，渠道内可生草，该形式兼具排水和生态效益。

本研究沟渠生态工程设计只针对排水渠中的土质沟渠。土质沟渠中水流较慢，沉积物和石块易堆积，加上天然植物入侵，能拥有较佳的生态条件。但是，草本过多会堵塞渠道，影响沟渠正常排水功能。研究区排水渠沿农田边界和道路分布，渠道边坡较窄，渠底宽度在0.5~1m，因雨季需排水量较大，故需要排水功能较好且生态效益高的沟渠设计模式。

结合研究区实际情况，研究区排水渠的选择应满足以下几个条件：①满足研究区基本排水功能，及时排除农田积水、降雨径流，不产生淤积；②安全持久耐用；③环境友好，尽量减少工程对原自然环境的破坏；④材料选用以原生、自然、生态化、成本低为原则；⑤留有适当土壤空隙，增加透水性，生草，净化水质、涵养水土；⑥适当硬化，防止杂草丛生而堵塞渠道；⑦与周围自然环境契合。由前文生态沟渠进展分析得知，空心砖结合植草护坡十分契合太平村排水渠的设计要求，本研究将使用此模式对沟渠进行具体设计。

2）植物景观设计策略

研究区沟渠植物景观设计主要针对岸边植物匮乏的硬化沟渠，选择在硬化沟渠有土壤的岸边栽培一些喜湿、净化水质、耐践踏的乡土植物，一定程度上可减缓来自农田的地表径流，减轻面源污染。对非硬化沟渠进行一定的工程设计之后，和半硬化沟渠一样，在原基础上适当栽培可净化水质、护坡固堤、喜水湿的草本或小灌木，设计策略如表7-5所示。

表7-5 桂林临桂区四塘镇太平村沟渠景观生态化设计策略

沟渠类型	问题分析	植物景观设计策略
非硬化沟渠	材质为素土。①草本生长过多会堵塞渠道，影响排水；②过于裸露的渠道会因流水冲蚀土壤，造成水土流失	渠道材质改造。对泥质沟渠适当硬化，使其兼具排水与生态效益
硬化沟渠	硬化程度过高，渠道无法生草，带有污染物的水体易随水流扩散到别处，加剧面源污染	渠道岸边植物景观设计。在岸上种植植物带，选择密集生长的地被植物，拦截来自农田的污染物进入渠道
半硬化沟渠	无明显问题	维持半硬化沟渠现状的同时，可在沟渠内部增植一些净水、护岸固堤的植物，以提升水质，保持堤岸稳定

注：待非硬化沟渠材质改造后，植物设计策略与半硬化沟渠相同。

7.3.2.3 太平村农田景观生态化设计策略

该区域农业景观中农田生境处于绝对优势，对生物多样性保护也具有重要意义，但现实是农田植物均质化，边界和田埂缺乏供害虫天敌栖息的植物场所，因此希望在农田中构建植物缓冲区，增加农田景观异质性。农田边界和田埂两者虽然所处位置不同，但在植物选择上基本没有太大差异。结合农田问题及植物景观进展得出设计策略（表7-6）。

表7-6　桂林临桂区四塘镇太平村农田景观生态化设计策略

空间位置	问题分析	植物景观设计策略
农田边界和田埂	①生物多样性低；②缺乏害虫天敌栖息地、庇护所，不能起到农田害虫自我防治的功能	①种植吸引害虫天敌的植物作害虫天敌栖息地、庇护所、能量供给站，增加天敌数量；②种植可诱杀害虫的植物，生物防控病虫害；③选择病虫害少的植物；④避免选择恶性杂草以及病虫害与农田作物重合的植物

7.3.2.4　太平村居民点景观生态化设计策略研究

该区域建筑物、道路、活动场所全部硬化，生态效益低。居民点景观生态化设计的策略即在有限的环境，如墙面、公共活动广场，种植一些攀援植物，给单调乏味的居住区带来些许生机和乐趣，设计策略如表7-7所示。

表7-7　桂林临桂区四塘镇太平村居民点景观生态化设计策略

空间位置	问题分析	植物景观设计策略
墙面	①墙面裸露，单调，不美观；②小气候环境差，缺乏生机	可种植攀援植物对单调的墙面进行绿化，改善居住区微生态环境
活动场所	硬化过度，植物多样性低，景观效果差	搭建花架、廊架，种植一些观赏性强的乡土植物

7.3.3　太平村生态景观具体设计

7.3.3.1　太平村农业道路具体设计

1）太平村道路生态工程具体设计

研究区道路路面改造可在水泥混凝土轮迹道路和生态混凝土道路两种路面形式中选择。水泥混凝土轮迹道路更具生态性，生态混凝土道路操作更加方便，其他性能方便两者没有明显的优劣之分。需要道路工程设计的路段为SS26、SS29、SS30、SS43、SS44、SS45、SS2、SS8、SS11。

（1）道路工程选择模式一：水泥混凝土轮迹道路。研究区砂石路属等外路，交通量小，功能单一，路基宽度为4m，具备单车车道轮迹通行条件，但是存在破损严重、不利于农业机械通行的问题，因此需要对其进行路面修复。相较于普通混凝土路面，水泥轮迹混凝土路面具有投资成本低、维修便捷等优点。图7-12为结合研究区路面条件设计的水泥混凝土轮迹道路剖面设计图。整个道路路基宽度范围内包含三部分：①轮迹带，为车辆行车区域，一般采用水泥混凝土，即水泥混凝土轮迹路面；②中间带，即两个轮迹带之间部分；③路肩带，即轮迹带外侧部分，硬化处理部分称为硬化路肩，最外侧为土路肩。

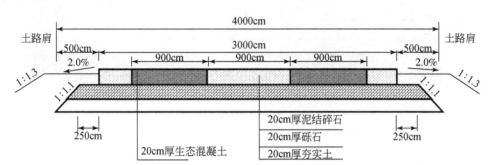

图 7-12　水泥混凝土轮迹道路剖面设计图

横断面设计采用中间带+两条轮迹带+路肩带的形式。一个车道两条混凝土轮迹轨道板，一条轨道板的宽度为 90cm，中间带的宽度 90cm，土路肩宽 50cm。混凝土轮迹轨道板采用水泥混凝土，厚度为 16～20cm，路面板的长度为 2～3m。为使轨道板更加稳定，轨道板边需设 2cm×2cm 的斜角。路堤和路基结构的最小压实度均要求大于 95%，基层、地基就地取材，采用泥结碎石，厚 10～15cm。路肩使用厚泥结碎石铺装。同时，要注意做好中间带的排水及防水处理，可采用水稳性较好的路面材料，如泥结碎石路面、天然砂砾路面等。轮迹带之间、两侧路肩带可以生长杂草。在混凝土轮迹道路与水泥路或沥青路的平交路口，宜采用全断面水泥混凝土路面同时加铺转角，方便车辆上下混凝土轮迹道路。其他要求如基层、路拱坡度、平纵曲线等可按现行有关规范进行设计。

（2）道路工程选择模式二：生态混凝土道路。生态混凝土也称为透水性生态混凝土，是由水泥、添加剂、粗骨料、细骨料和水调配而形成不同孔隙率的成品，是一种新型建筑材料。生态混凝土道路在道路应用上还处于起步阶段，国内对它的研究还不成熟，但其透水功能突出，吸音降噪能力较好，因此值得研究与应用推广。生态混凝土与普通混凝土相比虽具良好的生态功能，但因其高透水性牺牲了其抗压强度，故载重能力受到限制，难以直接应用在普通车辆通行道路上。然而研究区太平村道路交通压力较小，主要行驶小型农作机械，对路面强度的要求相对较低，生态混凝土在经过改良提高强度性能后，能够达到路面强度要求。

生态混凝土与普通混凝土有相似的路面铺设方式，但为确保道路整体结构层有足够的抗压性和透水性，表面层下需要有透水基底层和保水性良好的垫层。因此，在素土层夯实层上，配用的基层材料既要有适当的强度，也要有较好的透水性，采用级配碎石或级配砂砾等材料；垫层一般采用天然碎石（图 7-13）。

2）太平村道路植物景观具体设计

本研究区中，农业道路类型按材质可分为水泥路和砂石路。水泥路按道路等级又可分为公路和田间路。研究区道路周围植物较为单一，乔木主要为桂花，灌木为构树，草本为千里光，入侵植物为鬼针草、藿香蓟等，部分道路边坡裸露严重，存在生物多样性较低、缺乏美感的问题。针对研究区的公路，可种植行道树防风抑尘、净化空气。种植在道路两侧的行道树，树冠会受到空气中的尘土和有害气体的伤害，根部又会受到路面和周边建筑

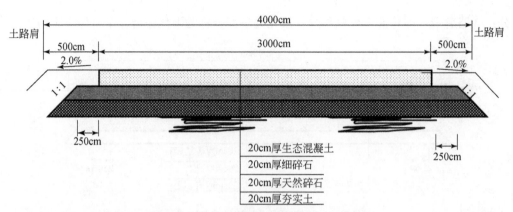

图 7-13　生态混凝土道路剖面设计图

物的限制，无法自由生长。因此，要选用根系发达、生长旺盛、固土能力强、能提高土壤的保水保肥能力、有较强的适应性、具有较高经济价值的乡土树种，同时考虑景观效果，栽种时应沿道路两侧进行对称布置，因需种植适宜树种。结合实地情况，将重点打造三个区域的道路景观设计：一是四塘—岩口公路段；二是塘北村向南至农田的水泥路段（简称塘北村南路段）；三是道路两侧的边坡路段。道路植物配置表见表 7-8。

表 7-8　桂林临桂区四塘镇太平村道路植物配置表

配置	乔木	灌木	草本	作用	种植地点
1	红花羊蹄甲（Bauhinia blakeana）	长芒杜英（Elaeocarpus apiculatus）、扁桃（Amygdalus communis）、桃金娘（Rhodomyrtus tomentosa）	假俭草（Eremochloa ophiuroides）、打破碗花花（Anemone hupehensis）、美人蕉（Canna indica）、络石（Trachelospermum jasminoides）	色彩丰富、净化空气、吸附粉尘	邻-田
2	猫尾木（Dolichandrone cauda-felina）、白蜡树（Fraxinus chinensis）	黄槿（Hibiscus tiliaceus）、白背算盘子（Glochidion wrightii）	委陵菜（Potentilla chinensis）、聚花过路黄（Lysimachia congestiflora）	色彩丰富、净化空气、耐践踏	邻-田
3	红花羊蹄甲（Bauhinia blakeana）、山乌桕（Sapium discolor）	秋茄树（Kandelia candel）、黄槿（Hibiscus tiliaceus）、长芒杜英（Elaeocarpus apiculatus）、扁桃（Amygdalus communis）、凤尾兰（Yucca gloriosa）	假俭草（Eremochloa ophiuroides）、美人蕉（Canna indica）、聚花过路黄（Lysimachia congestiflora）、红花酢浆草（Oxalis corymbosa）	净化空气、吸引益鸟	邻-园
4	高山榕（Ficus altissima）、银桦（Grevillea robusta）、大叶樟（Cinnamomum austrosinense）、女贞（Ligustrum lucidum）、秋枫（Bischofia javanica）、白蜡树（Fraxinus chinensis）	野牡丹（Paeonia delavayi）、毛稔（Melastoma sanguineum）、长芒杜英（Elaeocarpus apiculatus）	薄荷（Mentha haplocalyx）、打破碗花花（Anemone hupehensis）、扬子毛茛（Ranunculus sieboldii）、林荫千里光（Senecio nemorensis）	净化空气、耐阴植物、吸引鸟类、美观	邻-山

续表

配置	乔木	灌木	草本	作用	种植地点
5	朴树（*Celtis sinensis*）、山杜英（*Elaeocarpus sylvestris*）、马占相思（*Acacia mangium*）、大花紫薇（*Lagerstroemia speciosa*）	秀丽野海棠（*Bredia amoena*）、凤尾兰（*Yucca gloriosa*）	吉祥草（*Reineckia carnea*）、石蒜（*Lycoris radiata*）、葱莲（*Zephyranthes candida*）、石菖蒲（*Acorus tatarinowii*）	美观、吸收有害气体、涵养水土	邻-山
6	—	多花野牡丹（*Melastoma affine*）、长芒杜英（*Elaeocarpus apiculatus*）、扁桃（*Amygdalus communis*）、凤尾兰（*Yucca gloriosa*）	薄荷（*Mentha haplocalyx*）、假俭草（*Eremochloa ophiuroides*）、委陵菜（*Potentilla chinensis*）、聚花过路黄（*Lysimachia congestiflora*）	视野开阔、美观、防尘、吸收有害气体	景观节点
7	—	多花野牡丹（*Melastoma affine*）	红花酢浆草（*Oxalis corymbosa*）、白车轴草（*Trifolium repens*）、打破碗花花（*Anemone hupehensis*）	美观、吸引蜜蜂、保持水土	桂花树下
8	—	凤尾兰（*Yucca gloriosa*）	聚花过路黄（*Lysimachia congestiflora*）、薄荷（*Mentha haplocalyx*）、吉祥草（*Reineckia carnea*）	耐渍、清香、美观	桂花树下
9	—	桃金娘（*Rhodomyrtus tomentosa*）	委陵菜（*Potentilla chinensis*）、假俭草（*Eremochloa ophiuroides*）、吉祥草（*Reineckia carnea*）	抗逆性强、耐践踏	桂花树下
10	猫尾木（*Dolichandrone cauda-felina*）、猴樟（*Cinnamomum bodinieri*）、菩提榕（*Ficus religiosa*）、榕树（*Ficus microcarpa*）	女贞（*Ligustrum lucidum*）、秀丽野海棠（*Bredia amoena*）、凤尾兰（*Yucca gloriosa*）	假俭草（*Eremochloa ophiuroides*）、委陵菜（*Potentilla chinensis*）、吉祥草（*Reineckia carnea*）	滞尘、抗污染、耐践踏	高速路边坡
11	山杜英（*Elaeocarpus sylvestris*）、马占相思（*Acacia mangium*）、白蜡树（*Fraxinus chinensis*）	桃金娘（*Rhodomyrtus tomentosa*）、秀丽野海棠（*Bredia amoena*）	杂交狼尾草（*Pennisetum americanum × Pennisetum purpureum* cv. 23A×N51）、香根草（*Vetiveria zizanioides*）、藿香蓟（*Ageratum conyzoides*）、白车轴草（*Trifolium repens*）	水土保持、防火、涵养水源、吸引鸟类、耐践踏	高速路边坡
12	—	秀丽野海棠（*Bredia amoena*）	吉祥草（*Reineckia carnea*）、杂交狼尾草（*Pennisetum americanum × Pennisetum purpureum* cv. 23A×N51）、香根草（*Vetiveria zizanioides*）、大豆（*Glycine max*）	水土保持、护坡、固氮、耐渍、抗旱及耐踩踏性	农田与水泥路之间的边坡

配置	乔木	灌木	草本	作用	种植地点
13	—	桃金娘（*Rhodomyrtus tomentosa*）	打破碗花花（*Anemone hupehensis*）、聚花过路黄（*Lysimachia congestiflora*）、白车轴草（*Trifolium repens*）、油菜（*Brassica napus*）、美人蕉（*Canna indica*）	耐踩踏、护坡、吸引蜜蜂和鸟类、美观	农田与水泥路之间的边坡

—该地点植物配置不适合此类植物。

A. 区域一：四塘—岩口公路段

乡村公路两侧栽培行道树或花灌木草，主要是美化道路景观，可开敞可封闭，要视绿道周边环境而定。道路两边景观不同，植物搭配也要做出相应变化，需要通过制定合理的配置模式以最大化发挥植物的生态效应。四塘—岩口公路穿过太平村的路段沿途有水稻田、橘园、水塘、居民点建筑、山体，本节道路景观设计只讨论邻-田、邻-园、邻-山路段和道路节点，邻-水路段将在水体设计章节展开，邻-居路段在居民点设计章节展开。

区位分析：通过实地调查，四塘—岩口公路段太平村部分长约 3.6km，路宽 4~5m，路肩宽 0.5~1m。此路肩宽度不宜种植高大的乔木，可以选择小型乔木、灌木及草本列植搭配，形成开敞和半开敞植物空间，扩大视野，起到分隔作用，以欣赏乡村中的大地景观艺术为主要目的。

植物选择：该路段是四塘镇连接太平村、岩口村的主要路段，车流量较大，会存在汽车尾气污染和噪声，故在植物选择时，基本要求如下：①满足绿化设计功能的要求；②抗污染能力强、吸收有害气体、防尘消噪；③适应能力强，抗病虫害能力强；④景观效果良好，能与附近的景观和植被搭配协调。例如，小乔木选择山乌桕、红花羊蹄甲等，灌木选择秋茄树、黄槿、长芒杜英、扁桃等，草本选择假俭草、聚花过路黄、美人蕉等。

配置方式：规则式列植，通透式种植。乡村公路植物景观的设计主要服务于驾驶汽车的人员，侧重于动态景观的营建。植物景观的细节在高速运动状态下是注意不到的，而且自然式配置过多会使驾驶员产生眩晕的感觉，因此宜规则式列植行道树，进行通透式种植，观赏公路外侧的自然环境，形成动态的观赏序列。

模式一：适用于邻-田路段。为展现桂林独特的山水田园风光，此路段植物配置要求视野开阔、通透。规则式列植乔灌木（图 7-14）。乔木间距 8m 左右，灌木间距 3m 左右。设计思路是在此路段增加观赏性植物，观赏性乔灌木选红花羊蹄甲（紫花）、长芒杜英、扁桃等抗污能力强、净化空气、观赏效果好的植物，观赏草选假俭草、打破碗花花、美人蕉等可净化空气、耐践踏、生命力强的地被植物，目的是打造开放型农田空间，增添活力，丰富视觉体验。

模式二：适用于邻-园路段。广西柑橘是远近闻名的农产品，柑橘树四季常绿，秋冬时节金黄的硕果挂满枝头，景观效果极佳。邻-园路段如邻-田路段一般，需视野通透、开阔，并且不宜栽植较高的乔木，以免遮挡果树采光（图 7-15）。设计思路是选取低矮的黄槿、长芒杜英、扁桃等抗风、抗大气污染、防尘的植物，目的是保护果园不受有害气体污

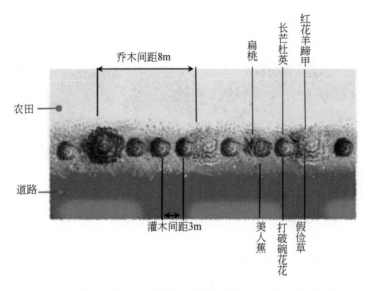

图 7-14 桂林临桂区四塘镇太平村公路邻–田路段植物设计图

染，并且通透性强，不影响果树采光。地被植物可搭配耐践踏的假俭草、小而美观的红花
酢浆草等。

图 7-15 桂林临桂区四塘镇太平村公路邻–园路段植物设计图

　　模式三：适用于邻–山路段。邻–山路段在塘北村内，山坡下植物多样性较低，略微杂
乱，有部分裸露山体，景观不佳，应乔灌木草搭配，自然式配置（图 7-16）。紧挨此路段
7m 左右南北方向各有一处山坡，设计思路是上层种植大叶樟、女贞、秋枫等喜阴或耐阴
并且抗污染能力强的乔木以及吸引鸟类的大叶榕，靠近山坡间距 5m 种植较美观的大花紫
薇，中层搭配观赏性强的野牡丹、毛稔、长芒杜英等耐阴灌木，下层种植林荫千里光、吉
祥草、石蒜、葱莲、石菖蒲、凤尾兰等喜阴地被植物，同时列植山杜英搭配马占相思作防
火林带。目的是净化空气、减少道路建设对山体环境的破坏，恢复山林生机，提高山林生
物多样性。

　　模式四：适用于景观节点。四塘–岩口公路整体为东西向，贯穿整个太平村，与南北
向多条水泥路交会。设计思路是在道路交会处即景观节点处，植物景观要求不要遮挡司机

图 7-16　桂林临桂区四塘镇太平村公路邻–山路段植物设计图

视线，采用通透式植物配置方式（图 7-17），植被高度保持在 0.7m 以内，所以选择低矮灌木长芒杜英、扁桃、多花野牡丹等可防尘、净化空气、抗性较强且具美感的灌木，搭配假俭草、薄荷等生存能力强的地被草本。目的是提高观赏性、净化空气、便于通行。

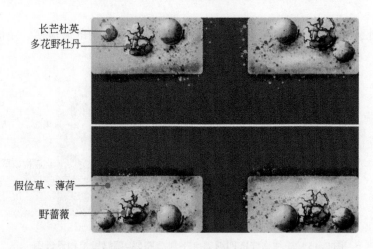

图 7-17　桂林临桂区四塘镇太平村公路景观节点植物设计图

B. 区域二：塘北村南路段

此路段长约 10km，路宽 3.5m，路肩宽 0.5m 左右。有较为整齐列植于道路两侧的桂花树带，树下 80% 是入侵植物白花鬼针草，生物多样性较低。

模式五：适用于桂花树下。设计思路是在原有桂花树下搭配多样林下草本（图 7-18），如片植适宜在林下生长的凤尾兰、红花酢浆草、聚花过路黄等观赏性强的草本，穿插种植些清香的薄荷，注意色彩的和谐搭配。目的是增加观赏性和生物多样性。

C. 区域三：边坡路段

研究区边坡有两种类型：一种是高速公路边坡，主要特点是有少量的灌木覆盖，较为稀疏，感官杂乱；另一种是农田与水泥路之间的边坡，主要特点是基本无灌木生长，有少

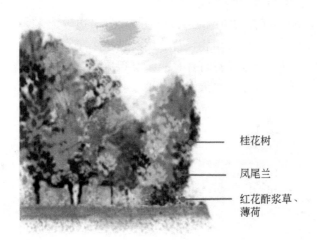

图 7-18　桂林临桂区四塘镇太平村塘北村南路段植物设计

量的草本覆盖。总而言之，研究区边坡的植被覆盖度较低，雨水冲刷会加速边坡的水土流失，减少道路的使用寿命；同时，缺少植被的阻碍，路面污染物会直接随雨水向两侧排到周边水体、林地农田、植被带，造成面源污染。因此，增加边坡的植被覆盖度，能够阻挡雨滴对边坡表层土地的冲击，并且可以有效延缓地表径流的速度，达到控制水土流失和控制面源污染的目的。

　　模式六：适用于高速公路边坡路段。研究区包茂高速贯穿神山东村南部，高速公路下方一两米处便是砂石路，毗邻农田或果园（图 7-19）。设计思路是补植具备滞尘、消噪、净化空气、水土保持等功能的小乔木、灌木和草本，乔木选择猫尾木、樟树、菩提榕、榕树等可滞尘、吸收有害气体的植物，搭配桃金娘、多花野牡丹等适于边坡生长的花灌木，覆盖耐践踏又可保持水土护坡的假俭草、委陵菜、吉祥草等。目的是净化空气、水土保持、护坡，并保护高速公路下方的农作物不受到污染侵害。

图 7-19　桂林临桂区四塘镇太平村高速公路边坡路段植物设计图

模式七：适用于农田与水泥路之间的边坡。研究区砂石路 SS3、SS46 路段景观效果不好，高出两侧农田 0.3m，存在约 40°的边坡（图 7-20）。边坡上多为裸露地表，植被覆盖度极低，极易造成水土流失。坡面植物设计思路是种植小灌木和草本地被，灌木选择保持水土、护坡的多花野牡丹，草本选择吉祥草、杂交狼尾草、香根草等蜜源观花植物。目的是护坡、提高生物多样性，或作害虫天敌栖息地。

图 7-20　桂林临桂区四塘镇太平村农田与水泥路之间的边坡路段植物设计

7.3.3.2　太平村沟渠具体设计

本研究沟渠生态工程设计只针对排水渠中的土质沟渠。土质沟渠中的水流较慢，沉积物和石块易堆积，加上天然植物入侵，能拥有较佳的生态条件。但是，草本过多会堵塞渠道，影响沟渠正常排水功能。因此，保留部分草本维持生态功能，适当对土质沟渠进行硬化以维持排水功能。

1）太平村沟渠具体工程设计

根据太平村沟渠生态工程设计策略研究，太平村泥质沟渠需要适当硬化，采用兼具排水功能和生态效益的空心砖结合植草护坡模式（图 7-21）。

空心砖结合植草护坡模式结构采用梯形断面，预制四方块生态衬砌，预留生态孔。边坡采用 8cm 厚马蹄形卡扣式生态护坡砖进行护砌，衬砌至设计水位，设计水位以上 0.1m 采用自然生长的草丛护坡，坡比为 1∶0.5，顶部设置现浇砼压顶，沟道底部进行淤泥清理，沟底部进行硬化处理。空心砖内填充土壤并种植植物以增大边坡表面的粗糙程度，既可以有效排水、保护渠道、净化水质，又能够为生物提供栖息地和逃脱或迁移的通道。

这种护岸模式的透水、透气性较好，兼顾排水和生态功能，将草、灌植物播种至空隙内以形成近自然的生态护岸，自然生长的草本将使沟渠保留绿色生态廊道的作用，从而达到净化水质和保护堤岸不受侵蚀的目标。

2）太平村沟渠植物景观设计

根据沟渠生态工程设计策略研究，沟渠两边草本覆盖度较低，不利于水质净化，污染的水体易通过沟渠传输到其他水域或农田，造成面源污染。需要提升沟渠的净水能力和植物多样性，降低污染、减缓地表径流。硬化沟渠的渠道底部及两壁均被水泥硬化，植物在内部无法生长，因此只设计其岸上部分。虽然本研究对非硬化沟渠进行了生态化工程改

图 7-21　空心砖结合植草护坡模式生态沟渠效果图

造，但改造后的生态沟渠与半硬化沟渠一样，需在渠道内部及两岸栽培植物。尽管各渠道栽培地点有所不同，但两岸的植物选择基本一致，沟渠植物配置如表 7-9 所示。

表 7-9　桂林临桂区四塘镇太平村沟渠植物配置

配置	浅水处	岸边	岸边非水生草本	岸边非水生灌木
1	菖蒲 (*Acorus calamus*)、田葱 (*Philydrum lanuginosum*)、香蒲 (*Typha orientalis*)	千屈菜 (*Lythrum salicaria*)、菰 (*Zizania latifolia*)、畦畔莎草 (*Cyperus haspan*)	吉祥草 (*Reineckia carnea*)、杂交狼尾草 (*Pennisetum americanum × Pennisetum purpureum*)、香根草 (*Vetiveria zizanioides*)	多花野牡丹 (*Melastoma affine*)
2	水金英 (*Hydrocleys nymphoides*)、水车前 (*Ottelia alismoides*)、纸莎草 (*Cyperus papyrus*)、海寿花 (*Pontederia cordata*)、水葱 (*Scirpus validus*)、睡菜 (*Menyanthes trifoliata*)	香蒲 (*Typha orientalis*)、毛茛 (*Ranunculus japonicus*)、三白草 (*Saururus chinensis*)	假俭草 (*Eremochloa ophiuroides*)、美人蕉 (*Canna indica*)、林荫千里光 (*Senecio nemorensis*)	—

注：硬化沟渠仅于岸边栽培植物，半硬化沟渠和生态沟渠浅水、岸边都可栽培植物。

模式一：适用于硬化沟渠。设计思路是在岸边栽培草本植物（图 7-22）。岸边选择林荫千里光、假俭草、菰等耐湿草本。目的是提高植物多样性，拦截污水，净化水质。

模式二：适用于生态沟渠和半硬化沟渠。设计思路是在渠道内部及岸边栽培草本植物（图 7-23）。内部浅水处选择菖蒲、香蒲、水金英、水车前、海寿花等可净化水质的水生草本，岸边选择林荫千里光、假俭草、菰等耐湿草本。目的是提高植物多样性，拦截污水，净化水质。

吉祥草、香根草、杂交狼尾草

石蒜、葱兰

图 7-22 桂林临桂区四塘镇太平村硬化沟渠植物设计图

茭

假俭草

千屈菜

菖蒲、香蒲

海寿花

水金英

图 7-23 桂林临桂区四塘镇太平村生态沟渠和半硬化沟渠植物设计图

7.3.3.3 太平村农田景观生态化具体设计

农田缓冲带是指缓冲农作措施对环境影响的植被条带或廊道，它的主要功能包括拦截污染物或有害物质、减少土壤侵蚀、美化景观、保护生物多样性和控制病虫害（宇振荣和李波，2017）。缓冲带类型有：甲虫保护堤、鸟类栖息带、虫媒植物带、护岸植物缓冲带、面源污染控制缓冲带。现有农田沟路渠边坡和边角地大部分为裸露或是自然杂草，应利用农田边界地种植缓冲带提高害虫天敌等生物的多样性，提升病虫害综合防治能力，农田边界缓冲带宽度至少为 3m。本规划将在沟渠路边坡治理的基础上，利用沟渠路边坡和边角地种植不同类型农田缓冲带，提高农田生态系统服务功能。

目前，研究区农作物害虫的防治主要依赖于农药的施用，在耕作时还会利用化学农药除草剂将田间的杂草清除。研究区农田作物以水稻为主，稻田连片，边界植被覆盖度小于50%，内部的田埂上有少量的杂草生长。选择植物时要排除水稻田恶性杂草，稗、水莎草、碎米莎草、鸭舌草、矮慈姑、千金子等。研究区植物配置如表 7-10 所示。

表7-10 桂林临桂区四塘镇太平村农田植物配置

配置	草本	作用	种植地点
1	杂交狼尾草（*Pennisetum americanum* × *Pennisetum purpureum*）、香根草（*Vetiveria zizanioides*）、委陵菜（*Potentilla chinensis*）	吸引害虫天敌、防控恶性杂草；诱杀水稻螟虫、保育寄生蜂等天敌；吸引花蝽，可控制蜘蛛螨、蓟马、叶蝉、棉铃虫、小毛虫等害虫；耐践踏	稻田边界
2	莳萝（*Anethum graveolens*）、芝麻（*Sesamum indicum*）、油菜（*Brasscia napus*）、白车轴草（*Trifolium repens*）	作蜜源植物，吸引害虫天敌瓢虫、食蚜蝇、姬蜂、小花蝽等；提高稻螟赤眼蜂的寄生和扩散能力	稻田边界
3	芝麻（*Sesamum indicum*）、香根草（*Vetiveria zizanioides*）	诱杀水稻螟虫、保育寄生蜂等天敌；提高稻螟赤眼蜂的寄生和扩散能力	稻田埂

模式一：适用于稻田边界。如图7-24所示，设计思路是在稻田边界种植吸引害虫天敌的草本植物（如蜜源植物），作害虫天敌栖息地，延长天敌寿命和捕食能力，并且选择病虫害少、不具备入侵性的草本植物，起到抑制稻田病虫害的作用，使稻田生态系统达到健康、稳定状态。选择杂交狼尾草、委陵菜、莳萝等可防病虫害、吸引害虫天敌、防控恶性杂草的草本植物，其中委陵菜可吸引花蝽、控制蜘蛛螨、蓟马、叶蝉、棉铃虫、小毛虫等稻田害虫；种植芝麻、油菜、白车轴草等可作为蜜源的草本植物，吸引害虫天敌。

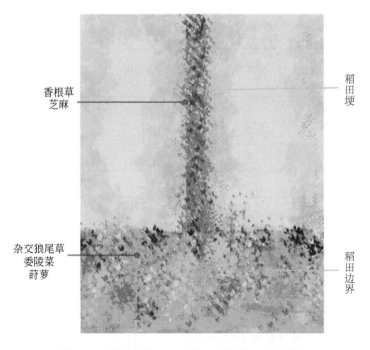

图7-24 桂林临桂区四塘镇太平村农田植物设计

模式二：适用于稻田埂。稻田埂作为稻田中重要的半自然生境，在一定程度上为害虫天敌提供栖息地。设计思路是在稻田埂种植防治病虫害、吸引害虫天敌、自身病虫害少、不会与水稻抢占生境的草本植物（图 7-24）。例如，种植可诱杀害虫水稻螟虫的香根草，以及可显著提高害虫天敌稻螟赤眼蜂寄生和扩散能力的芝麻。

7.3.3.4　太平村居民点景观生态化具体设计

研究区居民点建筑物、道路全部硬化，除一些由水泥和砖围起来的樟树外，没有其他的绿化植被，整体给人一种压抑感，美观程度与生态效益极低。结合实际情况，在不破坏水泥路和设施的前提下，本研究利用攀援植物对墙面以及公共活动场所进行绿化设计。目的是提升美感，净化空气，为冷清的村庄增添生机。选择的攀援植物全部独植，居民点植物配置如表 7-11 所示。

表 7-11　桂林临桂区四塘镇太平村居民点植物配置

配置	草本	作用	种植地点
1	络石（Trachelospermum jasminoides）	耐水淹，病虫害少，生长快。抗污染能力强。滞尘，净化空气	墙面绿化
2	常春藤（Hedera nepalensis）	常作垂直绿化使用；绿化、增氧、降温、减尘、减少噪声	墙面绿化
3	五叶地锦（Parthenocissus quinquefolia）	适应性较强。抗逆性强，病虫害少；占地面积小，抗氯气强	墙面绿化、村内活动小广场（花架）
4	野蔷薇（Rosa multiflora）	花色艳丽，观赏性强	墙面绿化、村内活动小广场（花架花柱）
5	凌霄（Campsis grandiflora）	生性强健，性喜温暖，喜阳光充足，较耐阴，观赏性强	墙面绿化、村内活动小广场（花架花柱）
6	紫藤（Wisteria sinensis）	美观	村内活动小广场（花架）
7	藤萝（Wisteria villosa）	对二氧化硫、氟化氢及铬有较强抗性	村内活动小广场（花架）

模式一：适用于墙面。设计思路是对裸露的墙面进行绿化，墙角半米左右栽培攀援植物，前提是墙体周边有裸露土壤（图 7-25）。攀援植物选择五叶地锦、常春藤、野蔷薇、络石等植物，其中野蔷薇花色鲜艳、景观效果极佳，常春藤和络石滞尘能力强、可净化空气、消噪。墙面绿化的目的是美化环境、净化空气。

模式二：适用于公共活动场所。各自然村均有 100～200m² 的小型活动场所，有零星的樟树用作绿化，其余空地全部被水泥铺盖。这些活动场所的一个共同点是一边靠山，有土壤裸露地带，可种植植物。因此，设计思路是近裸土地带设置花架，攀援植物根植于裸土中（图 7-26）。选择紫藤、野蔷薇、藤萝、凌霄等花色艳丽、吸引花鸟、极具观赏性的攀援花卉植物单独做花架，或搭配爬墙虎、常春藤做背景。目的是美化公共空间，提高居

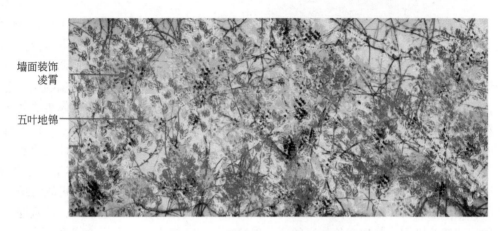

墙面装饰
凌霄

五叶地锦

图 7-25　桂林临桂区四塘镇太平村居民点墙面植物设计

民点生物多样性，增加乐趣。

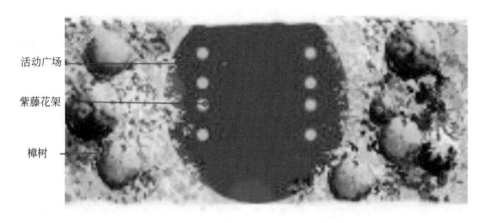

活动广场

紫藤花架

樟树

图 7-26　桂林临桂区四塘镇太平村居民点活动场所植物设计

7.4　本章小结

　　长期以来，我国在乡村发展和农业集约化生产等过程中积累了许多生态与环境问题，不仅破坏了乡村景观原本的风貌，还威胁到区域的生态安全，非常不利于乡村地区的可持续发展。因此，在新时期的乡村建设中迫切需要融入生态理念，开展乡村生态景观建设。尤其是，需要开展乡村景观（特别是绿色基础设施）的规划设计，从而提升乡村生态景观多功能性；而乡村地区的规划设计需要注意保留村庄原始风貌，尽可能在原有村庄形态上改善居民生活条件，防止"千村一面"和"田园景观均质化"，这就需要对乡村景观进行识别和评价；此外，乡村景观生态建设不仅需要规划设计，还需要具体的可操作的工程技术措施来实现生态功能。最后，农户是乡村生态景观建设的直接利益相关者，乡村生态景观的建设和后期管护都需要农户深度参与，需要结合我国的国情和地区实际情况，加大对不同层次生态管护能力的培育，建立"自上而下"和"自下而上"相结合的管护体系，从而保证乡村生态景观建设的效果。

本部分以地处漓江流域桂林临桂区四塘镇的太平村为例，首先结合实地调研、遥感影像解译、景观分析对研究区的乡村景观进行识别和评价；然后根据研究区出现的生态退化问题，提出针对整个研究区景观和不同景观类型的整体设计策略；接着在整体策略的指导下，对研究的生产性景观（即农田、农业道路、沟渠）和生活景观（即居民点）进行一系列的生态化设计，从而提升研究区域乡村景观的多功能性。上述生态化设计主要利用边角地带，没有占用耕地面积，不影响生产活动，工程成本也较低。但在具体实施过程中，需要注意后期管护，尤其将农户这一利益相关者纳入建设和维护中来，政府可以考虑提供合适的补贴。最后设计根据不同的景观需求做出了不同的植物景观配置模式，并且注重乡土物种的选择并搭配一些生态价值高的非入侵植物，旨在实现生物多样性提升，维持和保护生态系统平衡，发挥各要素生态功能的作用，但最优植物配置还需要在实践中检验并完善。

参 考 文 献

弓成，刘云慧，满吉勇，等. 2020. 基于生物多样性和生态系统服务的生态农场景观设计. 中国生态农业学报，28（10）：1499-1508.

贾文涛，宇振荣. 2019. 生态型土地整治指南. 北京：中国财政经济出版社.

李开然. 2009. 绿色基础设施：概念、理论与实践. 中国园林，10：88-90.

孙玉芳，李想，张宏斌，等. 2017. 农业景观生物多样性功能和保护对策. 中国生态农业学报，25（7）：993-1001.

邬建国. 2007. 景观生态学：格局、过程、尺度与等级. 北京，高等教育出版社.

宇振荣，方放. 2014. 美丽乡村建设方法和技术. 北京：中国环境出版社.

宇振荣，李波. 2017. 乡村生态景观建设理论和技术. 北京：中国环境科学出版社.

宇振荣，张茜，肖禾，等. 2012. 我国农业/农村生态景观管护对策探讨. 中国生态农业学报，20（7）：813-818.

宇振荣，郑渝，张晓彤. 2011. 乡村生态景观建设理论和方法. 北京：中国林业出版社.

郧文聚，宇振荣. 2011. 土地整治加强生态景观建设理论、方法和技术应用对策. 中国土地科学，25（6）：4-9.

张茜，刘文平，宇振荣. 2015. 乡村景观特征评价方法——以长沙市乔口镇为例. 应用生态学报，26（5）：1537-1547.

张茜. 2016. 村镇景观特征与质量评价方法及应用研究. 北京：中国农业大学.

赵桂慎，贾文涛，柳晓蕾. 2007. 土地整理过程中农田景观生态工程建设. 农业工程学报，23（11）：114-119.

Baylis K, Peplow S, Rausser G, et al. 2008. Agri-environmental policies in the EU and United States: A comparison. Ecological Economics, 65（4）：753-764.

Council of Europe. 2000. European Landscape Convention, Florence. European Treaty Series, No. 176. https://rm. coe. int/16807b6c7.

Swanwick C. 2002. Landscape Character Assessment: Guidance for England and Scotland. Edinburgh: Countryside Agency and Scottish Natural Heritage.

第8章 漓江流域喀斯特景观多维干扰评价

8.1 喀斯特干扰指数及其应用

8.1.1 喀斯特干扰指数的概念

喀斯特景观对人为干扰具有很高的敏感性，如采石/采矿、植被移除、沉积物、人工照明和工程建设等发生在地表和地下的人类活动，会导致地表坍塌、溶洞崩塌和地下含水层退化等问题，对喀斯特景观造成破坏（van Beynen and Bialkowska-Jelinska，2012）。正确理解和评价喀斯特景观干扰是对其进行保护的关键，研究中常用方法是以系统、整体的指数衡量各种影响（Breg et al.，2018）。van Beynen 和 Townsend（2005）提出了一种专门的喀斯特干扰指数（Karst Disturbance Index，KDI），用于识别喀斯特景观受到的干扰，有效评估喀斯特景观面临的威胁。喀斯特干扰指数体现了自然环境、生物群落和社会文化以及它们相互作用而造成的干扰，以标准化和分级的评价体系，将复杂的干扰系统分解为易于研究的指标，为管理者提供了一种系统的方法，可应用于喀斯特景观，收集相关数据并评估其受到干扰的等级。

喀斯特干扰指数是层次化、标准化的评价体系，包含地貌、空气、水文、生物群和文化五大类别，根据各大类别特征进一步细分为 12 个属性，这 12 个属性又包括 31 个具体指标（表 8-1）。地貌包括地表地貌、土壤和地下喀斯特；空气主要属性为空气质量；水文涉及地表水与地下水的质量和数量；生物群涉及植被干扰、洞穴生物群与地下水生物群；文化包括人类文物古迹、喀斯特地区管理、建筑与基础设施建设 3 个属性。具体指标表示对属性的功能或组成部分的度量，每个指标被赋予 0 ~ 3 分，评价得分为 0 表示没有人类活动或喀斯特景观未受到人为干扰。如果存在对喀斯特景观的干扰，则评估人员必须判断影响是灾难性的（得分为 3）、严重的和广泛的（得分为 2），还是局部性的和不严重的（得分为 1）。

8.1.2 喀斯特干扰指数的评价指标

8.1.2.1 地貌干扰指标

世界各地的喀斯特地貌都受到了一些大规模人类活动的干扰，而对喀斯特地表地貌最具破坏性的活动是采石/采矿，它从喀斯特景观中直接移除显著的喀斯特特征，如锥形喀

表 8-1 喀斯特干扰指数组成及评分标准

类别	属性	指标	评分标准			
			3分	2分	1分	0分
地貌	地表地貌	采石/采矿	大型露天采石/采矿场	小型采石/采矿场	小规模采矿点	无采石/采矿场地
		洪水（受人工构筑物间接影响而引起的洪水）	水电大坝引起河谷洪水泛滥	灌溉农田引起洪水泛滥	农业小型水库	自然降水诱发的洪水
		雨水排水（人为排入天坑的雨水占总降水量的比例）/%	≥66	34~66	1~34	无雨水排入天坑
		填充（被充填天坑和洞穴占总数的比例）/%	≥66	34~66	1~34	无被充填天坑和洞穴
		垃圾倾倒（受影响的天坑和洞穴占总数的比例）/%	≥66	34~66	1~34	无垃圾倒入
	土壤	人为造成土壤侵蚀	严重侵蚀	高度侵蚀	中度侵蚀	自然侵蚀
		牲畜或人类造成的压实	广泛并高水平的	广泛但低水平的	孤立的、少数的	无压实
	地下喀斯特	洪水（因人为地表改造而引起的洪水）	洞穴被洪水永久淹没	增加间歇洪水并造成大于50%的洪水填充	增加间歇性洪水并造成小于50%的洪水填充	只有高降水量导致的自然洪水
		移除、破坏天然装饰（石笋、钟乳石）	广泛的破坏	小于50%数量的移除	孤立的、少数的	原始状态
		矿物/沉积物移除	大部分矿物/沉积物被移除	小于50%的地面受影响	孤立的、少数的点受影响	原始状态
		洞穴地面的压实/破坏	大部分地面沉积物和装饰受到影响	小于50%的地面沉积物和装饰物受到影响	穿过洞穴的小径	几乎处于原始状态，大部分是岩石表面
空气	空气质量	干燥程度	广泛的、高水平的	局部的、低水平的	孤立并极低水平的	原始状态
		人为导致的凝结腐蚀	广泛的、高水平的	局部的、低水平的	孤立并极低水平的	原始状态
水文	水质量	农药和除草剂使用	浓缩化学物质渗入含水层	农药和除草剂大面积使用	少量化学物质的使用	未使用
		工业和石油泄漏或倾倒	20个及以上工业污染场地	10~19个工业污染场地	1~9个工业污染场地	无工业污染场地
		水华状况	长期的水华	偶尔或季节性的短期水华	水中营养物质浓度略高于本底水平	原始状态
	水量	地下水位的变化	水位下降多于35m	水位下降5~35m	水位下降少于5m	只有自然变化
		洞穴滴水的变化	滴水完全停止	存在非季节性长干旱期	轻微减少	无变化

类别	属性	指标	评分标准			
			3 分	2 分	1 分	0 分
生物群	植被干扰	植被移除率（被移除植被占总数的比例）/%	>66	34~66	1~33	未被移除
	洞穴生物群	物种丰富度（下降比例）/%	50~70	20~50	0~20	未下降
		种群密度（下降比例）/%	50~70	20~50	0~20	未下降
	地下水生物群	物种丰富度（下降比例）/%	50~70	20~50	0~20	未下降
		种群密度（下降比例）/%	50~70	20~50	0~20	未下降
文化	人类文物古迹	人类文物古迹被破坏程度（被破坏数量占总数的比例）/%	>50	20~50	0~20	未被破坏
	喀斯特地区管理	监管保护	未制定相关法规	制定了少量薄弱的法规	法规已制定，但仍有漏洞	地区保护监管较为全面
		法规执行	已造成大量的破坏，并且没有法规执行	已造成很少的破坏，并且没有法规执行	偶尔的法规执行	强有力的法规执行
		公众教育	无公众教育，公众具有敌意	无公众教育，公众漠不关心	通过非政府组织进行公众教育	政府组织充分的公众教育
	建筑与基础设施建设	道路建设	主要公路	具有两条车道的道路	乡村小道	小步道
		喀斯特地区的建筑建设	大城市建筑建设	乡镇建筑建设	农村小居民点建筑建设	无建筑建设
		洞穴内建设	重大施工建设	旅游设施建设	洞穴小径标记	无施工建设

斯特、塔形喀斯特、落水洞、天坑等。采石/采矿活动不但使喀斯特山体裸露，极大破坏喀斯特景观的美学价值，而且会导致泉水流量减少，地下水位下降，破坏洞穴，还通过改变水力梯度使表层岩溶的发育速度发生变化，如果尾矿库坍塌或渗漏，会将有毒化学物质引入水系统。在洪水过程中，暴发的水体快速渗入地下水层，剧烈改变喀斯特系统的水力状况，在极端情况下，洪水可以通过增加基岩内的水压来破坏斜坡的稳定进而对喀斯特景观造成干扰，而人工构筑物间接影响水文系统引起洪水。天坑是喀斯特含水层的表面窗口，可以快速排水，人们认识到这一特性并将天坑作为雨水的排水点，大部分雨水来自道路和停车场。在这种情况下，溢出的汽油及其他有害化学物质有时会流入天坑，从而污染含水层，水流的增加也会导致天坑的口径扩大（Keith et al.，1997）。在城市地区，由于城市扩张和工程建设，地表喀斯特经常被混凝土填充或覆盖，导致其与地表隔绝，天坑是遭受这种破坏最常见的喀斯特地貌类型之一，而且填充活动改变了喀斯特系统的自然排水，并经常导致地面洪水。如果填充活动没有正确完成，当填充物充满时天坑顶部结构可能会破裂，填充物会下沉到地表下不断扩大的裂缝中，灾难性坍塌也有概率发生。天坑和洞穴是处理垃圾的方便地点，天坑和洞穴的堵塞和污染，对喀斯特景观造成干扰。

喀斯特地区通常只有薄薄的一层土壤覆盖,因此,土壤保持对植被和喀斯特景观的良性演变非常重要。区分土壤侵蚀是自然还是人类活动导致的相对困难,不当的农、林业种植模式会加速土壤侵蚀,这有助于确定侵蚀是自然还是人类活动的结果。当土壤被牲畜踩踏或在人类活动中被挤压时,就会发生压实,被压实的土壤颗粒之间的孔隙减少使土壤板结阻隔水的渗透,这会减少地下含水层的补给,同时发生降水时会导致地面洪水。

地下喀斯特包括渗流区、半渗流区(渗流区和潜水区交替)以及洞穴,与地表洪水相比,地下洪水有不同的形成原因,喀斯特系统的独特之处在于,它们能够将水从地表快速传输到地下环境。在地表建造大坝、大坝放水及地表雨水排放进天坑会淹没喀斯特天然管道,从而改变喀斯特系统的水力状况,导致地表和地下洪水,喀斯特流域的人类活动会导致不同程度的洪水淹没,永久淹没是最极端的洪水形式。在喀斯特洞穴中,石笋和钟乳石有可能被打碎、移除,被观光者作为纪念品,或者观光者在洞壁上涂画,这些都影响了喀斯特特征的发育,破坏了喀斯特洞穴的美学价值。洞穴沉积物存在特殊的沉积物尤其是具有使用价值的沉积物,如蝙蝠的粪便含硝酸钠和硝酸钾,俗称为硝石,是制造火药的原料之一,肯塔基州的猛犸象洞穴栖息着大量的蝙蝠,后来洞穴被开采以制造火药。在洞穴中开采矿物或沉积物,以及在洞穴中扩大通道、压实或破坏洞穴地面将造成洞穴生物群栖息地和洞穴美学价值丧失。

8.1.2.2 空气干扰指标

人类对洞穴内部空气环境的改变会对喀斯特岩石或次生沉积物形成干扰,研究者发现游客数量的增加及洞穴滴水化学成分的变化会改变洞穴的空气环境(Baker and Genty,1998)。为了方便人们进出旅游洞穴,许多洞穴都有改造的或人工的洞穴入口,这些入口会导致空气湿度下降,进而促进洞穴岩石表面水分蒸发并变干,来自游客和洞穴灯光的热量也会增加洞穴内水分的蒸发,依赖高湿度生境的洞穴生物会受到影响。由于洞穴内表面通常覆盖着一层薄薄的水,当人类在洞穴中呼吸产生二氧化碳时,二氧化碳会与洞穴表面的水结合形成碳酸,导致洞穴表面的冷凝腐蚀。

8.1.2.3 水文干扰指标

喀斯特地区的泉水和含水层的水源用于人类的水供应,随着用水需求的增加和生态环境的破坏,这些水源的质量不断恶化,甚至出现水体气味腥臭、透明度降低问题,污水毒物积累,导致用水存在安全隐患。农业区和住宅区的特点是大量使用农药和除草剂,有毒化学物质污染土壤并向下渗透进入喀斯特地下水系统,造成水源污染。喀斯特地区的工业产生并排放的液态污染物,以及泄漏或倾倒的石油最终会进入喀斯特系统,当挥发性有毒化学物位于含水层饱和带时,其挥发会更加困难,对喀斯特造成更持久的污染(Loop and White,2001)。水华是淡水中的一种藻类大量繁殖的自然生态现象,含有大量氮、磷的废污水进入水体后会造成水体富营养化,造成藻类的大量繁殖和腐烂,使水体透明度下降,不断产生硫化氢等有毒气体,进而造成水生生物大量死亡,表现为黑臭水体。水华强烈干扰了喀斯特地区的居住环境,使喀斯特景观丧失美学品质,水生态环境严重恶化。由于过度抽水,许多喀斯特含水层水位正在快速下降,人口的增长及其对水的需求是含水层过度抽水的主要原因，采石/采矿作业及地表工程建设活动也使地下水位下降。地下水位降低会移除对洞穴上方岩石/沉积物覆盖层的浮力支撑，进而导致崩塌。

8.1.2.4 生物群干扰指标

在喀斯特环境中，生物群是喀斯特发育的重要组成部分。植物凋落物的腐烂有助于土壤的形成，土壤有助于为喀斯特岩石的溶解提供碳酸，从而促进喀斯特作用，植物还能防治土壤侵蚀，保持地下水的纯净。因此，植被的移除和破坏干扰了喀斯特的自然演化。雨水飞溅是造成地表土壤侵蚀的主要因素，森林拦截高达 80% 的降水，极大减弱了飞溅作用，砍伐树木会减少拦截，加剧土壤表面侵蚀。森林火灾不仅破坏植被本身，还破坏土壤有机质，间接地促进了土壤侵蚀，并且火灾产生的煤烟最终会流入渗滤水中，使洞穴沉积物变色。喀斯特地区的地表生物群与非喀斯特地区差别不大，因此本研究将排除地表物种的干扰。地下生物群包括生活在洞穴中的物种和存在于地下水中的物种，人工修建的洞穴入口、人类对原生物群落栖息地的侵扰、洞穴里的灯光、污水渗出引起的环境污染都会导致地下生物多样性的丧失，物种丰富度和种群密度的变化情况都显示了地下喀斯特受干扰的程度。

8.1.2.5 文化干扰指标

喀斯特洞穴中的石器、壁画、原始人类遗骸等文物古迹，显示了人类与喀斯特环境的独特互动，而文物古迹的破坏和移除使喀斯特景观的历史价值、科学价值及美学价值遭到破坏。喀斯特地区对喀斯特景观的认可和保护程度是衡量其管理能力的一个尺度，不同的喀斯特地区由于自然资源及社会经济条件存在差异，保护、管理和利用喀斯特景观资源的形式及强度是不同的。喀斯特地区最明显的管理和保护形式是规范土地开发利用与立法禁止干扰活动，所制定法规的执行力度将直接影响喀斯特受到的干扰程度，当地公众是否认识到他们的喀斯特景观是独特的、具有价值的，可以决定是否采取措施减少干扰，加强对喀斯特景观保护的公众教育及宣传，有利于减少喀斯特景观所受干扰。人口的快速增长正加剧城市扩张，从而影响喀斯特地区地表和地下特征。城市化使道路在城镇遍布，公路的建设作业及车辆的通行将形成地质作用，对喀斯特过程造成影响。城市的扩张需要占用更多土地，对原始状态的喀斯特地表进行改造，改变了地质构造，增强土壤压实并使地表不透水面面积增加。城市的规模越大，对喀斯特景观造成的干扰就越大。洞穴中最常见的建设是游客洞穴中的步道和照明灯，还有一些将洞穴用于储存或工业目的，这也对其造成了干扰。

根据资料数据，对表 8-1 中所有指标进行评分，对评分进行汇总。然后将这个总数除以可能的最高分（每个指标得分皆为 3），得到一个介于 0~1 的分值，数字越接近 1，干扰程度越大（表 8-2）。

表 8-2　喀斯特干扰程度评价等级

总分值	干扰程度
0.80~1.00	高度干扰

续表

总分值	干扰程度
0.60 ~ 0.79	中度干扰
0.40 ~ 0.59	干扰
0.20 ~ 0.39	轻度干扰
0 ~ 0.19	原始状态

8.1.3 喀斯特干扰指数的应用及发展

van Beynen 和 Townsend（2005）以喀斯特独特演化过程分析喀斯特景观受到的威胁，为评估喀斯特地貌受干扰程度，提出喀斯特干扰指数的概念和评价体系。此后，喀斯特干扰指数应用于意大利、美国、奥地利、新西兰、西班牙和墨西哥等具有喀斯特地貌特征的国家与地区（表8-3）。Calò 和 Parise（2006）在意大利南部阿普里利亚地区应用喀斯特干扰指数，得出评价结果为中度干扰，迫切需要对人为活动进行可持续管理。例如，采石/采矿活动是对阿普里利亚地区地表和地下喀斯特地貌最具危胁的活动，这些活动极大地改变了原始的喀斯特地貌，并导致自然洞穴的不可逆破坏。这项研究是对阿普里利亚喀斯特地区人类干扰的初步评估，但必须在区域其他地区进一步应用并加以整合，目的是更好地了解这种方法的功能性及其在不同喀斯特环境中的可行性。van Beynen 等（2006）在美国佛罗里达州希尔斯伯勒地区应用该指数，将定性和定量指标相结合的干扰指数整体方法应用于喀斯特景观，以评估人类干扰的程度。对希尔斯伯勒地区来说，城市的快速发展是造成重度干扰的主要原因。灌木地-农业牧场向城区的转变导致了植被移除、土壤压实，地质遗址考古活动以及建筑建设也破坏了喀斯特地貌。研究指出，国家和地方机构目前掌握的关于水质、生物群落、天坑位置及其状况的数据存在缺陷，使某些指标的应用变得复杂，因而需要修订、调整指标；使用遥感数据将是确定空间数据的最准确方法；指标得分的描述应该进一步完善，以包括更多可能的情况。North 等（2009）使用喀斯特干扰指数对美国西佛罗里达州和意大利阿普里利亚地区进行评价，对两个地区的评估结果皆为中度干扰，结果仅相差0.03分，但其干扰构成是完全不同的。该指数的功能性得到验证，并且可以进行其他重要信息的比较，如每个地区实施的喀斯特管理的差异以及人类干扰持续时间对每个喀斯特地区的影响。几千年来，人类强烈影响了意大利东南部的喀斯特地区，相比之下，佛罗里达州中西部受到人类影响的时间只有几十年。然而，佛罗里达州中西部较高的人口密度使该地区达到了与阿普里利亚地区相当的干扰水平。总的来说，意大利东南部喀斯特地区的主要干扰包括采石、清理石头和向洞穴倾倒垃圾，而佛罗里达州中西部则受天坑填充、土壤压实、地下水位变化和植被移除的影响较大。研究提出喀斯特干扰指数的应用可以建立一个干扰基准，并在以后重新审视，随着喀斯特干扰指数在该地区的反复应用，以确定一个区域人类影响的变化状态，以及喀斯特演化是否随着时间的推移而改善或恶化。

表 8-3　喀斯特干扰指数的应用

应用地区	主要研究内容	研究学者	年份
喀斯特地区	提出喀斯特干扰指数的概念，构建评价体系	van Beynen 和 Townsend	2005
意大利南部阿普里利亚	评估结果皆为中度干扰，迫切需要对人为活动进行可持续管理	Calò 和 Parise	2006
美国佛罗里达州希尔斯伯勒	评估结果为重度干扰，提出定性和定量指标相结合的喀斯特干扰指数整体方法	van Beynen 等	2006
美国西佛罗里达州和意大利阿普里利亚地区	两个地区评估结果皆为中度干扰，结果相近但干扰构成完全不同	North 等	2009
意大利撒丁岛地区	20 个样本区的评估结果均为轻度干扰，将干扰类型按贡献度排序，表明不同地区环境的异质性造成了干扰异质性	de Waele	2009
奥地利施蒂里亚地区	评估结果为中度干扰，分析历史原因的影响及每种类型的干扰之间的相互影响	Bauer 和 Kellerer-Pirklbauer	2010
牙买加科克皮特地区	评估了四种不同边界的干扰程度，核心区域为原始干扰状态，干扰程度随着空间范围增大而增强	Day 等	2011
新西兰怀托莫流域	评估结果为轻度干扰，在流域的自然边界内而不是在包含喀斯特和非喀斯特地形的行政边界内应用喀斯特干扰指数，使评估结果更为精确	van Beynen 和 Bialkowska-Jelinska	2012
西班牙北部地区	采用地区喀斯特显著性指数和地区喀斯特干扰指数两个标准化指标的整体性方法分析干扰程度及显著性，区分出具有不同优先级别的管理区域	Angulo 等	2013
墨西哥恰帕斯州奥尔特河流域自然保护区	评估结果均为轻度干扰，通过对地理信息系统模型和高分辨率遥感数据的应用，评价结果更为准确	Kovarik 和 van Beynen	2015
美国波多黎各岛屿	增加了关于岛屿特征的喀斯特指标，并对指标类型赋予权重	Porte 等	2016
巴西圣保罗州南部	通过喀斯特干扰指数与量化程度较高的喀斯特含水层脆弱性评价方法相结合的方法，评估更加充分有效	Lenhare 和 Filho	2019
博茨瓦纳东南部科博奎地区	首次将喀斯特干扰指数应用于非碳酸盐喀斯特地区，结合环境样本检测数据进行评估	Tlhapiso 和 Stephens	2020
中国广西桂林喀斯特遗产地	基于公众问卷调查和评价，应用经过调整的喀斯特干扰指数评估喀斯特遗产地所受干扰，评估结果为中度干扰	He 等	2021

　　de Waele（2009）应用喀斯特干扰指数评估了意大利撒丁岛地区 20 个样本区，评估结果均为轻度干扰，将整个区域主要干扰类型按贡献度排序（贡献度依次递减）：采矿和采石，毁林、农业和放牧，建筑建设（广泛的城镇化、孤立的住宅等）以及相关的基础设施建设（道路、下水道系统、垃圾场等），旅游活动，军事活动。de Waele（2009）在社会干扰类型中增加了旅游活动及军事活动。de Waele（2009）研究发现不同地区环境的异质性造成了干扰异质性，认为该指数不仅有助于管理者评估其管辖范围内环境质量的时间变化，而且能够记录高度干扰的指标进一步突出最需要补救的部分，使区域规划者能够以

更精细的方式分配资源。Bauer 和 Kellerer-Pirklbauer（2010）评估了奥地利施蒂里亚地区的喀斯特干扰，表明一系列不同类型的人类活动目前影响着并在过去影响了喀斯特干扰指数，如水管理干扰，包括供水和污水处理厂、喀斯特洞穴中开采磷酸盐、大规模开采石灰石、旅游开发与游客活动、军事活动。文章提出应考虑历史原因的影响及每种类型的干扰之间的相互影响，并考虑更多自然因素在干扰体系中。

Day 等（2011）通过土地利用数据和广泛的实地调查，在牙买加科克皮特地区进行了喀斯特干扰指数评估，由于该地区的边界具有争议性，研究计算了具体四种不同边界选择条件下的喀斯特干扰指数。四种不同边界分别为森林保护区边界、喀斯特地貌定义边界、由战争历史定义的"环路"边界、国家环境研究小组定义边界。其中，森林保护区为该地区的核心区域，边界包含面积范围最小，与喀斯特地貌定义边界、由战争历史定义的"环路"边界、国家环境研究小组定义边界在地图上显示出逐渐扩展的空间关系。评估结果显示，森林保护区内喀斯特干扰基本上是原始的，而喀斯特地貌定义边界、由战争历史定义的"环路"边界与国家环境研究小组定义边界随着空间范围增大，以及人类活动强度的增加，三种边界内干扰程度分别为轻度干扰、干扰与中度干扰，造成干扰的主要原因是采石采矿活动与农业种植活动对原始植被的破坏。研究提出，在喀斯特景观管理活动中，建立适当、科学的边界是对保护区进行高效管理的关键要素。

Van Beynen 和 Bialkowska-Jelinska（2012）各自对新西兰怀托莫流域进行喀斯特干扰指数评估，评估结果均为轻度干扰，在流域的自然边界内应用喀斯特干扰指数，而不是在包含喀斯特和非喀斯特地形的行政边界内应用喀斯特干扰指数，使评估结果精度更高。研究指出唯一重大的直接干扰是植被清除和土壤侵蚀；同时会导致对洞穴生物群落和水质的间接干扰，并加强流域水道的沉积作用。怀托莫流域资源管理人员利用该区域高精度的数据，提高了有效识别和管理人类对喀斯特地貌干扰的能力。Angulo 等（2013）提出了采用地区喀斯特显著性指数（Zonal Karst Significance Index，KSIZ）和地区喀斯特干扰指数（Zonal Karst Disturbance Index，KDIZ）两个标准化指标的整体性方法，分析了西班牙北部地区喀斯特干扰程度及显著性，地区喀斯特干扰指数沿用了原始喀斯特干扰指数，而地区喀斯特显著性指数则根据喀斯特景观的重要性、稀缺性与发展性评价其显著性。基于地区喀斯特干扰指数和地区喀斯特显著性指数，开发了优先管理指数（Priority Management Index，PMI），即地区喀斯特干扰指数和地区喀斯特显著性指数的乘积，三个指数相结合集成在地理信息平台，决定了不同地区的具有不同优先级的管理需求。

Kovarik 和 van Beynen（2015）在墨西哥恰帕斯州奥尔特河流域自然保护区分别使用原始喀斯特干扰指数与地理信息系统适应指数进行评估，最终的喀斯特干扰地理信息系统显示，位于保护区边界之外的区域干扰值最高，保护区内的区域干扰值最低。干扰的最高值出现在建筑、道路建设集中处与农业活动区，总体而言，城镇化造成的毁林、土壤压实及与农业活动有关的指标对最终的干扰地图影响最大。地理信息系统栅格模型及高分辨率遥感数据的应用，减弱了喀斯特干扰指数评估的主观性，使评估结果更为准确。基于地理信息系统的喀斯特干扰指数还为管理者创建了一个干扰指标地理数据库，以及一个用于比较过去和未来干扰的基准。

Porter 等（2016）评估美国波多黎各岛屿喀斯特干扰指数时，对喀斯特干扰指数进行了改进，增加了关于岛屿特征的喀斯特指标，并对指标类型加权评估。评估结果显示，最严重的干扰来自工业化和城镇化，包括采石/采矿、洪水、农药和除草剂使用、工业/石油泄漏/倾倒、地下储罐渗漏、地下水位变化、建筑和道路建设。这些干扰的影响可以通过更好的政策和更多地执行现有的法规来补救。此外，研究结果表明，农业和对洞穴造成的干扰，如干燥和冷凝腐蚀，在研究区还不严重或不值得关注。通过关注对一个地区造成最严重干扰的主要活动，可以采取措施尽量减少人类活动造成的损害。喀斯特环境受到的干扰是复杂的，不同指标的损害程度不同，因此对各指标按照损害程度等级进行加权评估，赋予权重过程中应更加具体细致、尊重客观，以产生更加准确科学的干扰指数。

Lenhare 和 Filho（2019）采用喀斯特含水层脆弱性评价法（EPIK）与喀斯特干扰指数相结合的方法，对巴西圣保罗州南部喀斯特地区进行了喀斯特干扰指数的评估。喀斯特含水层脆弱性评价法是一种以喀斯特供水汇水区脆弱性图为基础的多属性方法，它基于喀斯特水文系统的概念模型并考虑了喀斯特含水层特定的四种属性：表层岩溶、保护性覆盖层、入渗条件、喀斯特网络发育。每种属性又可根据实际情况分为多个等级，以此绘制汇水区的属性图，将各属性图进行叠加获得最终的喀斯特含水层脆弱性分区图。该方法定量化程度较高，喀斯特脆弱性与受到干扰程度相结合，使评估更加充分有效。对研究区域的评估结果显示，采矿区和农业区干扰程度为轻度干扰状态，其他区域均为原始状态。尽管喀斯特景观受到了来自人类活动的干扰压力，但当地环境管理机构及其积极的保护措施避免了更高程度的干扰。

Tlhapiso 和 Stephens（2020）首次在非碳酸盐喀斯特地区应用喀斯特干扰指数，这也是将喀斯特干扰指数第一次应用于非洲，评估了博茨瓦纳东南部科博奎地区洞穴及峡谷的喀斯特干扰指数，该地区喀斯特干扰指数得分为 0.29，被归类为轻度干扰程度。Tlhapiso 和 Stephens（2020）在现场实地观察评估的过程中，从现场环境采集土壤样、水样到实验室进行物理化学性质、硝酸盐及重金属参数检测。现场评估与样品检测表明，洞穴与峡谷中都有大量垃圾与碎石倾倒的现象，并存在采石采矿活动，地质遗迹的管理法规及保护措施较为不足；样品检测分析结果大部分是自然背景水平，洞穴底部土壤铅元素含量、水样中铁元素含量略高于自然背景水平，Tlhapiso 和 Stephens（2020）分析附近的工业企业和汽车排放了废气而使土壤重金属含量增多，水在土壤与岩石中的淋滤导致其金属元素含量上升。Tlhapiso 和 Stephens（2020）将土壤样、水样的检测数据作为一个基线环境数据集，用来与未来的变化作比较，并重点针对地质遗迹的管理法规的制定、保护措施的加强提出建议。He 等（2021）基于公众问卷调查和评价，应用经过调整的喀斯特干扰指数评估桂林喀斯特遗产地所受干扰，评估结果为中度干扰。严重和直接的干扰是采石/采矿、工业排污、旅游活动等，气候变化也加速了喀斯特景观的退化。

在过去十几年里，喀斯特干扰指数被应用于世界上具有喀斯特地貌特征的国家和地区，经过干扰理论的探究与评价体系的不断完善，以及遥感、地理信息系统等技术方法的改进，喀斯特干扰指数更具有科学性、功能性及可行性。

8.2 漓江流域喀斯特景观多维干扰评价

8.2.1 数据收集与统计分析方法

喀斯特干扰指数已在全球得到广泛应用及发展完善，然而，从居民的角度来看，关于人类干扰和气候变化对世界遗产中喀斯特景观的双重影响的实证研究却很少。本章以桂林世界遗产地为研究案例，通过问卷调查，了解桂林居民对自然景观变化的评价及其影响因素，收集喀斯特景观相关信息。

收集数据的主要方法是问卷调查。问卷调查法是国内外社会调查中较为广泛使用的一种方法，是指为统计和调查所用的、通过设计一系列结构化问题组成的表格来收集数据，用控制式测量对所研究的问题进行度量，从而搜集到可靠资料的方法。本研究采用送发式问卷法，使调查对象可控制和选择，优点是回复率高以及被调查者回答质量较好。根据本研究目标设计了一份问卷，明确了需要的信息。干扰指标的选择以 van Beynen 和 Townsend（2005）提出的评价体系为基础，适当修改后用于本研究，涉及五大类 40 个指标。大多数问题采用 Likert 五级评分法，让调查对象对干扰的严重程度进行评分。Likert 量表是评分加总式量表最常用的一种，是由美国社会心理学家 Likert 于 1932 年在原有的总加量表基础上改进而成的。该量表每一问题或陈述都有"非常同意""同意""不一定""不同意""非常不同意"五种回答，分别记为 5、4、3、2、1，每个调查对象的态度总分可说明其态度强弱或在这一量表上的不同状态。通常情况下，Likert 量表是衡量观点、感知、影响和行为的最可靠的方法之一，比同样长度的其他量表具有更高的信度，并且适用范围比其他量表要广，可以用来测量其他量表所不能测量的某些多维度的复杂概念或态度。

2020 年 6 月，通过对专家和当地居民的面对面采访，该问卷草案分两个阶段进行了预调查。最终的调查问卷包括三部分：①受访者信息，如年龄、性别和受教育程度；②受访者对漓江流域近年来喀斯特景观和气候变化的认识和感知；③受访者对气候变化和不同喀斯特景观干扰的态度。调查于 2020 年 7 月 5～30 日在线上问卷调查系统中进行。采用随机抽样的方法，抽取桂林 1200 位居民进行调查。他们居住在秀峰区、叠彩区、象山区、七星区、雁山区、临桂区和阳朔县七个县区。

调查结束后，在 Excel 文件中记录受访者的个人信息和问题得分。所有统计分析均使用 SPSS 22.0 进行。采用描述性统计、Mann-Whitney U 检验、Kruskal-Wallis 方差分析和单因素方差分析对调查数据进行分析。采用描述性分析方法分析样本之间的比例、平均值、标准差（SD）的差异。采用 Kruskal-Wallis 方差分析和单因素方差分析来确定三个或更多组的比较是否有统计学显著性差异。$p<0.05$（95% 置信区间）为有统计学意义水平。

调查共回收有效问卷 1006 份（有效回复率为 83.8%），相当于桂林市区及阳朔县成年人口的 0.09%。参与者的人口统计学特征显示，在这 1006 名受访者中，男性 569 人（占 56.6%），女性 437 人（占 43.4%）。受访者年龄皆在 18 岁及以上，21～30 岁年龄段的受访者最多，占受访者总数的 46%。桂林居民平均居住年数为 28.4 年。受访者中，初高中毕业生 243 人（占 24.1%），大学生 724 人（占 72.0%），研究生 39 人（占 3.9%）。受访者平均年收入为 69 500 元，64.1% 的人年收入在 3 万 ~ 10 万元，高于当地 2019 年的人均地区生产总值 41 294 元，这可能是因为大多数受访者的教育水平较高，收入更高。超过 48.1% 的受访者在工厂和公司工作，26.0% 是个体户，10.1% 是农民。其他受访者来自政府、研究所和大学等。此外，在受访者中，64 人为直接参与流域景观管理的政府、事业部门工作人员，81 人在可能直接影响流域环境的企业工作。

8.2.2 漓江流域喀斯特景观变化感知

通过 4 个问题来调查受访者对漓江流域喀斯特景观的了解程度、对景观变化的感知情况，这 4 个问题分别为①你是否知道漓江流域喀斯特景观类型主要包括哪些？②2000 ~ 2020 年，你发现漓江两岸喀斯特自然景观有哪些改变？③你认为导致这些自然景观改变的最主要原因是什么？④哪种人类活动对喀斯特景观的影响最大？

地表喀斯特和地下喀斯特具有显著的喀斯特特征，如锥形喀斯特（峰丛）、塔形喀斯特（峰林）、落水洞、地下河、天坑、盲谷、干谷等喀斯特地貌。调查结果显示，97.4% 的受访者对喀斯特景观（从可见的地表喀斯特到地下喀斯特）有一定的了解（图 8-1）。

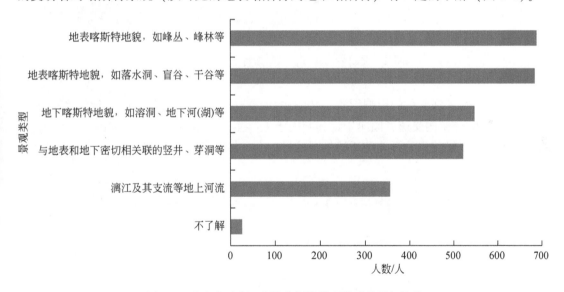

图 8-1　受访者对漓江流域喀斯特景观类型的了解情况

关于受访者在 2000 ~ 2020 年对喀斯特景观变化的感知，结果显示，67.10% 的受访者发现地表喀斯特地上部分，如石芽、石林、峰林、喀斯特丘陵等受到崩塌、侵蚀等破坏；63.82% 的受访者发现地表喀斯特下陷部分，如溶沟、落水洞、喀斯特洼地等受到侵蚀破坏；同时，超过 1/4 的受访者发现漓江流域近 20 年来水位上升，江边土地淹没；沿岸的林木砍伐、草地覆盖减少；沿岸山体滑坡或崩塌；以及沿岸土地被开发成农地或建设工厂等变化（图 8-2）。

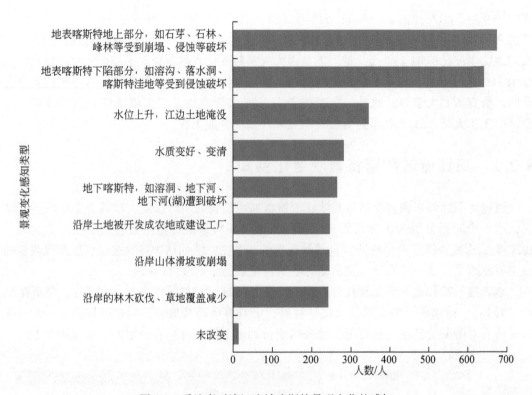

图 8-2　受访者对漓江流域喀斯特景观变化的感知

对于喀斯特景观变化的影响因素，40.85% 的受访者倾向于将其归因于地震和崩塌等自然因素，40.55% 的受访者倾向于将其归因于人类生产、生活活动等人为因素，17.69% 的受访者认为气候变化是影响喀斯特景观的另一个自然因素（图 8-3）。

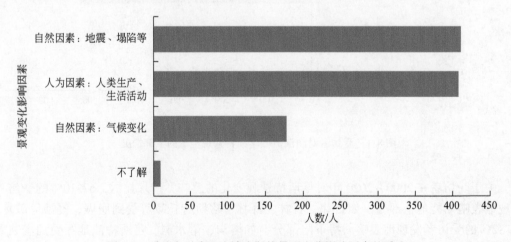

图 8-3　受访者对漓江流域喀斯特景观变化影响因素的看法

在影响喀斯特景观的人类活动影响因素中，受访者认为工业建设和生产是对喀斯特景观资源造成影响的主要原因（43.4%），其次是喀斯特景观资源开发利用（18.2%）与土地开发和空间占用（17.7%），农业生产经营和旅游服务业活动是导致干扰的其他原因（图8-4）。

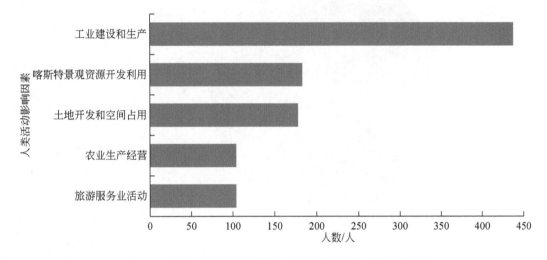

图8-4　受访者对漓江喀斯特景观的人类活动影响因素的看法

8.2.3　喀斯特景观多维干扰评价

随着土地利用方式的转变和过度的生产生活活动，部分喀斯特景观遭到破坏。将喀斯特景观干扰分为自然灾害及气候变化、地貌、水文、生物群落以及社会文化五大类40个指标。根据干扰程度，将40个指标分为1～5分：1表示无干扰或非常轻微的干扰，2表示局部和不严重的干扰，3表示中度干扰，4表示高度和广泛的干扰，5表示非常严重的干扰。通过将每个指标的得分乘以相应被选择次数来计算每个指标的总得分；通过将每个指标的总分除以可能的最高总分（将1006名受访者数量乘以5，即非常严重的干扰），从而得到一个介于0～1的值，即干扰总分，然后根据干扰程度进行分类，分别为0～0.20（无或极轻微干扰）、0.21～0.40（轻微干扰）、0.41～0.60（中度或显著干扰）、0.61～0.80（严重干扰）、0.81～1.00（不可逆干扰）。

在本次调查中，37.5%的受访者认为地貌是最主要的干扰类型，其次是生物群落（25.5%）、水文（20.5%）和自然灾害及气候变化（15.7%）。只有0.8%的受访者认为社会文化是重要的干扰类型（图8-5）。

在喀斯特景观的40项生态环境指标中（表8-4），感知到的干扰最大的是采石/采矿，总干扰得分为0.619，为严重干扰，虽然这可能与地貌景观类型受损时具有直观呈现的特殊性有关，但这一定程度上反映了当地居民对周围特殊喀斯特地貌类型的重视，同时也反映了当地在地貌保护方面的欠缺。其中，7.8%、22.9%、31.2%、28.2%和9.9%的受访者对采石/采矿分别进行了1（无干扰或非常轻微的干扰）～5（非常严重的干扰）分的评分，平均值为3.10，标准差为1.10。而感知到的干扰最小的是雷电、雷暴，总干扰得分

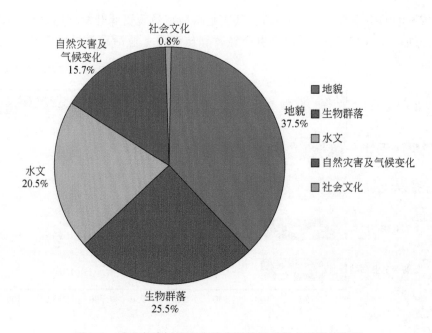

图 8-5　受访者感知漓江流域喀斯特景观的主要干扰类型

为 0.488（中度干扰）。分别有 13.3%、41.1%、35.3%、8.9% 和 1.4% 的受访者在 1～5 分的范围内评分，平均值为 2.44，标准差为 0.88。其余 38 项景观干扰指标均达到显著干扰程度，总干扰得分为 0.502～0.596。受访者中，选择 2（局部和不严重的干扰）和 3（中度干扰）的比例较大，分别为 25.0% 和 41.7%。受访者选择干扰程度为 5 分（非常严重干扰）的前三项干扰为采石/采矿、工业排放/石油泄漏或倾倒、人为垃圾堵塞洞穴，频数比例分别为 9.9%、8.0%、7.9%。采石/采矿、工业活动、旅游活动、人为引起的土壤侵蚀、向洞穴倾倒垃圾 5 项指标得为分 4（高度和广泛的干扰），频数比例分别为 28.2%、25.9% 和 24.5%。总体上，桂林喀斯特景观受到中度或显著干扰，具体分值见表 8-4。主要和直接的干扰是采石/采矿，工业排放/石油泄漏或倾倒，人工导致土壤侵蚀、水土流失，工业活动，人为垃圾堵塞洞穴和旅游活动。根据干扰总得分前五得出。此外，这些都对水体、洞穴生物群落造成了间接干扰，并加速了流域河道的沉积物堆积。

表 8-4　漓江流域喀斯特景观的干扰指标、干扰程度频数比例及总干扰得分

| 类别 | 属性 | 干扰指标 | 干扰程度频数比例/% | | | | | 平均值 | 标准差 | 总分 | 总干扰得分** |
			1*	2	3	4	5				
气候变化和其他自然灾害	气候变化	气温升高	8.3	30.0	37.2	22.4	2.1	2.80	0.95	2815	0.560
		暴雨、洪水	8.8	29.8	37.9	19.8	3.7	2.80	0.98	2813	0.559
		干旱	12.9	37.1	36.1	12.5	1.4	2.52	0.92	2539	0.505
		大风、气旋	10.2	38.7	37.5	11.7	1.9	2.56	0.89	2579	0.513
		雷电、雷暴	13.3	41.1	35.3	8.9	1.4	2.44	0.88	2455	0.488

续表

| 类别 | 属性 | 干扰指标 | 干扰程度频数比例/% | | | | | 平均值 | 标准差 | 总分 | 总干扰得分** |
			1*	2	3	4	5				
气候变化和其他自然灾害	空气污染	大气污染，如酸雨	10.10	31.5	32.0	21.7	4.7	2.79	1.04	2809	0.558
		空气过于干燥	11.3	39.2	37.8	10.6	1.1	2.51	0.87	2525	0.502
		空气冷凝侵蚀	12.0	41.1	32.1	12.9	1.9	2.52	0.93	2531	0.503
		其他自然灾害，如地震、塌陷	13.0	31.4	34.5	15.8	5.3	2.69	1.05	2705	0.538
地貌	地表地貌	采石/采矿	7.8	22.9	31.2	28.2	9.9	3.10	1.10	3116	0.619
		农业活动	10.1	38.4	37.0	12.6	1.9	2.58	0.90	2593	0.516
		工业活动	9.6	26.2	34.1	24.5	5.6	2.90	1.05	2918	0.580
		城市建设	10.2	31.4	39.7	16.1	2.6	2.69	0.95	2710	0.539
		旅游活动	5.9	22.6	41.7	24.2	5.6	2.94	0.93	2957	0.588
		人为导致的河道水流等水文变化	7.2	25.3	36.0	25.2	6.3	2.98	1.02	2999	0.596
		人为垃圾堵塞洞穴	9.9	26.4	31.3	24.5	7.9	2.94	1.10	2956	0.588
		人工填埋溶洞、洼地、干谷等	8.0	27.5	36.1	22.4	6.0	2.91	1.03	2928	0.582
	土壤	人工导致土壤侵蚀、水土流失	8.3	25.9	32.8	25.9	7.1	2.98	1.06	2994	0.595
	地下喀斯特	地下喀斯特水浸	11.3	37.6	33.5	15.0	2.6	2.60	0.96	2615	0.520
		地下溶洞装饰拆除/故意破坏	10.5	30.0	30.1	22.2	7.2	2.85	1.10	2871	0.571
		喀斯特洼地、溶洞等矿物或沉积物清除	11.5	35.5	36.5	14.4	2.1	2.60	0.94	2616	0.520
		喀斯特洼地、溶洞等底部沉积物压实	12.0	36.5	33.5	16.3	1.7	2.59	0.95	2607	0.518
水文	地表水质量	杀虫剂、除草剂等使用	11.6	31.1	30.9	22.1	4.3	2.76	1.05	2779	0.552
		工业排放/石油泄漏或倾倒	11.0	26.8	30.1	24.1	8.0	2.90	2.91	2928	0.582
	地下水质量	泉水中有害化学成分的浓度	13.5	31.8	33.8	18.1	2.8	2.65	1.01	2664	0.530
		地下石油储罐泄漏	15.3	32.4	29.5	17.4	5.4	2.65	1.10	2667	0.530
	水量	地下水位变化	9.9	33.2	37.0	18.0	1.9	2.69	0.94	2703	0.537
		洞穴滴水的变化	10.9	38.9	36.0	13.1	1.1	2.55	0.89	2561	0.509

类别	属性	干扰指标	干扰程度频数比例/%					平均值	标准差	总分	总干扰得分 **
			1 *	2	3	4	5				
生物群落	植被干扰	地表植被破坏和砍伐	9.1	29.0	33.0	22.4	6.5	2.88	1.06	2897	0.576
	洞穴生物群落	地下洞穴物种丰富度	11.6	36.1	37.6	12.5	2.2	2.58	0.93	2591	0.515
		洞穴生物种群密度	12.1	39.0	35.5	12.0	1.4	2.52	0.90	2531	0.503
	地下水生物群	地下水生物群物种丰富度	13.1	35.2	36.0	14.1	1.6	2.56	0.94	2574	0.512
		地下水生物种群密度	11.4	40.9	34.7	11.5	1.5	2.51	0.89	2523	0.502
社会文化	人类文物	文物古迹破坏/移除	11.4	28.5	33.8	19.7	6.6	2.90	1.08	2831	0.563
	喀斯特地区监管	景观资源的保护管理	13.7	31.7	39.1	12.7	2.8	2.59	0.97	2607	0.518
		法律法规的执行	12.7	35.5	36.9	12.9	2.0	2.56	0.94	2575	0.512
		公众教育、宣传	14.1	34.6	37.2	11.8	2.3	2.54	0.95	2551	0.507
	建筑与基础设施	修建道路	8.3	31.6	38.2	19.2	2.7	2.77	0.95	2783	0.553
		喀斯特景观上的建筑	9.3	32.7	36.7	17.9	3.4	2.73	0.97	2749	0.547
		溶洞和洞穴内施工	9.4	32.2	34.7	19.3	4.4	2.77	1.01	2786	0.554

* 数字表示干扰的程度：1-无干扰或非常轻微的干扰，2-局部和不严重的干扰，3-中度干扰，4-高度和广泛的干扰，5-非常严重的干扰。

** 总分分为 5 个干扰等级：0.00 ~ 0.20（无或极轻微干扰）、0.21 ~ 0.40（轻微干扰）、0.41 ~ 0.60（中度或显著干扰）、0.61 ~ 0.80（严重干扰）、0.81 ~ 1.00（不可逆干扰）。

分析喀斯特景观五大类 40 个干扰指标的 7 个人口统计指标之间的差异（表 8-5）。雷电、雷暴和空气过于干燥对 7 个人口统计指标的影响在不同组别间均无显著差异，不具有统计学意义，其他 38 项指标差异有统计学意义。总体而言，受访者受教育程度是影响公众环境指标得分的主要变量，18 个差异非常显著（$p < 0.001$），3 个差异显著（$p < 0.01$），3 个差异轻微显著（$p < 0.05$），16 个差异不显著。居住场所是影响公众环境指标得分的次要变量，5 个极显著差异（$p < 0.001$），10 个显著差异（$p < 0.01$），13 个差异轻微显著（$p < 0.05$），12 个无显著差异。景观保护与管理参与是另一个干扰指标，其中 1 个差异极显著（$p < 0.001$），10 个差异显著（$p < 0.01$），12 个差异轻微显著（$p < 0.05$），17 个差异不显著。这些干扰指标的程度因性别、年龄、年收入和工作的不同而有很大差别。

表 8-5　喀斯特景观干扰指标与人口统计指标的统计分析

指标	性别	年龄	受教育程度	收入	职业	居住场所	景观保护与管理参与
气温升高	0.321	0.199	0.000 ***	0.013 *	0.053	0.013 *	0.368
暴雨、洪水	0.271	0.031 *	0.000 ***	0.076	0.001 **	0.003 **	0.066
干旱	0.886	0.057	0.260	0.674	0.054	0.000 ***	0.102
大风、气旋	0.149	0.026 *	0.572	0.304	0.142	0.011 *	0.255
雷电、雷暴	0.140	0.347	0.147	0.247	0.075	0.113	0.143

续表

指标	性别	年龄	受教育程度	收入	职业	居住场所	景观保护与管理参与
大气污染，如酸雨	0.065	0.122	0.000***	0.037*	0.048*	0.001**	0.001**
空气过于干燥	0.386	0.166	0.163	0.636	0.278	0.106	0.144
空气冷凝侵蚀	0.183	0.162	0.000***	0.104	0.012*	0.003**	0.002**
其他自然灾害，如地震、塌陷	0.333	0.037*	0.000***	0.001**	0.018*	0.038*	0.019*
采石/采矿	0.040*	0.755	0.000***	0.006**	0.000***	0.016*	0.072
农业活动	0.978	0.052	0.105	0.117	0.600	0.002**	0.055
工业活动	0.005**	0.036*	0.000***	0.057	0.009**	0.217	0.040*
城市建设	0.090	0.241	0.008**	0.073	0.170	0.000***	0.003**
旅游活动	0.261	0.600	0.035*	0.007**	0.006**	0.009**	0.009**
人为导致的河道水流等水文变化	0.004**	0.022*	0.000***	0.026*	0.010*	0.191	0.032*
人为垃圾堵塞洞穴	0.106	0.266	0.461	0.701	0.138	0.436	0.038*
人工填埋溶洞、洼地、干谷等	0.195	0.728	0.293	0.124	0.018*	0.012*	0.004**
人工导致土壤侵蚀、水土流失	0.039*	0.316	0.000***	0.181	0.003**	0.375	0.008**
地下喀斯特水浸	0.166	0.047*	0.004**	0.561	0.006**	0.017*	0.205
地下溶洞装饰拆除/故意破坏	0.109	0.417	0.149	0.453	0.139	0.028*	0.084
喀斯特洼地、溶洞等矿物或沉积物清除	0.064	0.589	0.135	0.074	0.105	0.001**	0.216
喀斯特洼地、溶洞等底部沉积物压实	0.030*	0.147	0.505	0.029	0.012*	0.113	0.375
杀虫剂、除草剂等使用	0.463	0.431	0.732	0.529	0.228	0.018*	0.000***
工业排放/石油泄漏或倾倒	0.195	0.033*	0.009**	0.111	0.015*	0.059	0.019*
泉水中有害化学成分的浓度	0.989	0.424	0.000***	0.179	0.010*	0.013*	0.027*
地下石油储罐泄漏	0.400	0.248	0.302	0.109	0.001**	0.003**	0.001**
地下水位变化	0.677	0.097	0.000***	0.083	0.022*	0.052	0.036*
洞穴滴水的变化	0.011*	0.926	0.000***	0.433	0.057	0.000***	0.005**
地表植被破坏和砍伐	0.018*	0.015*	0.000***	0.227	0.040*	0.066	0.020*
地下洞穴物种丰富度	0.471	0.032*	0.026*	0.039*	0.045*	0.000***	0.667
洞穴生物种群密度	0.277	0.223	0.045*	0.208	0.772	0.006**	0.160

指标	性别	年龄	受教育程度	收入	职业	居住场所	景观保护与管理参与
地下水生物群物种丰富度	0.067	0.064	0.089	0.495	0.312	0.000***	0.060
地下水生物种群密度	0.830	0.395	0.105	0.144	0.744	0.005**	0.018*
文物古迹破坏/移除	0.115	0.338	0.000***	0.055	0.003**	0.029*	0.008**
景观资源的保护管理	0.310	0.773	0.609	0.237	0.123	0.007**	0.039*
法律法规的执行	0.291	0.624	0.000***	0.154	0.159	0.011*	0.151
公众教育、宣传	0.682	0.028*	0.068	0.106	0.060	0.109	0.238
修建道路	0.141	0.437	0.000***	0.056	0.126	0.030*	0.006**
喀斯特景观上的建筑	0.087	0.056	0.000***	0.500	0.201	0.106	0.010*
溶洞和洞穴内施工	0.441	0.183	0.000***	0.698	0.044*	0.039*	0.016*

注：不同的颜色表示差异显著的程度。

*$p<0.05$。

**$p<0.01$。

***$p<0.001$。

8.3 本章小结

　　数千年来，人类活动导致了喀斯特景观的变化，人口增长、城市扩张、科学技术的发展、食品能源的需求以及社会经济的发展都在影响着喀斯特景观的发育演变。喀斯特景观演变需要建立指标来评估演变程度，并制定相应的管理措施。任何进行喀斯特干扰评估的研究人员面临的一个主要挑战是缺乏相关数据。例如，尽管世界各地的研究人员都在试图填补对地下喀斯特生物群落的定量研究这一空白，但其数据资料是极其有限的。人们已经认识到，喀斯特生态系统非常脆弱，极易受到人类的干扰，但在喀斯特地区的建设项目之前，很少有人进行生态环境评估来调查喀斯特洞穴内生物群落、生物粪便及洞穴沉积物，因此目前尚不清楚这些项目可能对洞穴生物种群是否造成了干扰。导致这个问题的主要原因有四个：公众对喀斯特生态系统脆弱性缺乏了解、洞穴生物学家太少、收集数据存在困难，以及世界各地存在大量的洞穴。首先是公众，即使是那些生活在喀斯特地区，从喀斯特含水层获得饮用水的人，也不知道他们所在的喀斯特生态系统的脆弱性，以及施用农药、倾倒垃圾、排放污染物对地下喀斯特演变及生物群落的影响。其次，与其他学科相比，相对较少的生物学家研究地下喀斯特生物或对其有兴趣，限制了地下喀斯特生物的科学研究，导致洞穴生物生态学知识的缺乏。再次是地下喀斯特环境本身，许多洞穴空间狭小，很难进入和深入探索，而洞穴生物可以到达人类无法深入的洞穴深处，致使洞穴生物群落的调查难以继续。最后，世界各地存在大量洞穴数量，其中许多都有特有的物种，使得收集全面的数据变得困难。

　　喀斯特环境中的不准确或不完全的监测与数据会使喀斯特景观干扰评估结果出现偏

差。例如，在确定人为干扰喀斯特地下水的真正程度时，可能最常见的问题是缺乏关于化学物质排放泄漏的报告。工业企业可能会因按照法规处理化学废物而增加成本，或因排放超出标准的化学废物而面临罚款，进而选择非法排放化学废物减少成本或逃避罚款，造成排放数据的缺失。在确定干扰时，还面临的一个问题是对喀斯特景观的物理属性参数的数据缺乏，包括喀斯特地上地下结构的明确边界、水流的方向和速度、喀斯特含水层的面积范围和深度等。对这些数据的准确了解有助于确定化学物质排放泄漏对地下水造成轻微干扰还是严重干扰。管理部门保存的有关造成干扰的人类活动也可能存在数据空白。这些数据空白可能包括采石/采矿活动的数量、规模和位置，或者是天坑的填充。为了实现喀斯特干扰评估这一方法，需要对喀斯特环境质量进行科学、系统、整体监测与记录。

实际上，分析喀斯特景观演变需要尽可能多地了解喀斯特特征（如峰林、峰丛、天坑、洞穴、地下河）及喀斯特地区环境的敏感性、脆弱性。需要对该地区的地质、水文情况以及人类活动对溶蚀和沉降过程的影响进行科学系统的监测、研究，为管理者和规划者提供必要的数据，使他们能够在时间和空间上比较其环境状况，并充分保护、修复脆弱的喀斯特景观。随着地理信息系统的发展，集成在地理信息系统的喀斯特数据库已经发展起来，这是一个有效的规划工具，可以帮助决策者管理喀斯特景观，最大限度地减少喀斯特地区环境问题。

迄今为止，关于景观演变的研究集中在生态指标上，而不是关于人们如何感知这些变化本身，以及这种感知如何随着时间的推移而变化。在景观演变及调查干扰时，还需要考虑时间问题：①喀斯特环境的原始状态是什么？②干扰是什么时候开始的？③自然变化和人为变化之间的关系是什么样的？④随着时间的推移，喀斯特景观是否有一个稳定的退化，还是情况有了改善？⑤自然系统是随着时间的推移而恢复的，还是被永久地改变了？"在时间维度上，景观变化的识别与判断的系统分析领域，目前还存在着较大的研究缺口"（Hedblom et al.，2020）。寻求和判断公众对景观的感知和偏好的研究者和决策者在概念上、方法上和制度上都面临着重大挑战，对景观感知的研究已经形成了大量的理论和论述，如景观感知进化理论、生物基础人类理论、信息处理理论。可以说，最重要的理论来自哲学、生理心理学、环境心理学和景观现象学。感知研究可分为四个关键领域：①公众感知的来源（专家和非专家）；②感知心理和心智结构（心理和认知）；③感知的分析方法（定量或定性）；④感知的测量概念（身体素质、表达习惯或风景体验）（Scott，2010）。

本章探索了一种潜在的方法，将定量的环境数据与公众对景观属性的感知信息联系起来。通过调查问卷获取公众对山水景色特征的感知，将其与环境监测数据相结合，这一方法有助于系统分析喀斯特景观演变及判断其干扰。调查结果显示，97.4%的受访者对从可见的地表喀斯特景观到地下洞穴喀斯特景观有一定的了解，关于喀斯特景观变化的影响因素，42.6%的受访者倾向于将其归因于人类生产、生活活动，地震、塌陷等自然灾害和气候变化是影响喀斯特景观的其他因素，受访者还认为气候变化和人类活动对当地喀斯特景观变化的影响相似。在具体的人类活动中，工业建设和生产是主要因素，其次是喀斯特景观资源的开发利用与土地开发的空间占用。

桂林漓江流域喀斯特干扰总体水平分为中度干扰和显著干扰，主要和直接的干扰是采石/采矿，工业排放/泄漏或倾倒，人工导致土壤侵蚀、水土流失，人为垃圾堵塞洞穴和旅游活动等，也加速了喀斯特景观的退化。喀斯特干扰指数已经应用于许多国家和地区，该方法被认为是一种可以整体、系统地评估人类活动对喀斯特景观干扰程度的方法。通过公众调查和喀斯特景观干扰指标评价，得出干扰等级，确定干扰程度，更好地了解喀斯特景观受到的干扰。此外，识别的喀斯特景观关键干扰指标指示了当前主要干扰严重程度，并凸显出亟须保护的方向，因此可以作为保护当前干扰区的重要提示。利用环境数据和相关信息减轻人类活动造成的负面影响，有助于喀斯特景观管理。该研究提供了一种工具，可以有效地全面评估喀斯特地区受到的干扰，以便制定有关政策或方案，缓解喀斯特景观受到的关键干扰，并传播评估结果，以促进公众教育，进一步实现对宝贵的喀斯特景观资源的可持续利用。

参 考 文 献

Angulo B, Morales T, Uriarte J A, et al. 2013. Implementing a comprehensive approach for evaluating significance and disturbance in protected karst areas to guide management strategies. Journal of Environmental Management, 130: 386-396.

Baker A, Genty D. 1998. Environmental pressures on conserving cave speleothems: Effects of changing surface land use and increased cave tourism. Journal of Environmental Management, 58: 165-176.

Bauer C, Kellerer-Pirklbauer A. 2010. Human impacts on Karst environment: A case study from Central Styria. Zeitschrift für Geomorphologie, Supplementbände, 54 (2): 1-26.

Breg V M, Zorn M, Čarni A. 2018. Bioindication of human-induced soil degradation in enclosed karst depressions (dolines) using Ellenberg indicator values (Classical Karst, Slovenia). Science of the Total Environment, 640-641: 117-126.

Calò F, Parise M. 2006. Evaluating the human disturbance to karst environments in southern Italy. Acta Carsological, 35 (2): 47-56.

Day M, Halfen A, Chenoweth S. 2011. The Cockpit Country, Jamaica: Boundary issues in assessing disturbance and using a Karst disturbance index in protected areas planning. //van Beynen P E. Karst Management. Dortrecht: Springer.

de Waele J. 2009. Evaluating disturbance on Mediterranean karst areas: The example of Sardinia (Italy). Environmental Geology, 58 (2): 239-255.

He G, Zhao X, Yu M. 2021. Exploring the multiple disturbances of karst landscape in Guilin World Heritage Site, China. Catena, 203 (1): 105349.

Hedblom M, Hedenas H, Blicharska M, et al. 2020. Landscape perception: Linking physical monitoring data to perceived landscape properties. Landscape Research, 45 (2): 179-192.

Keith J H, Bassestt J L, Duwelius J A. 1997. Findings from MOU-related karst studies for Indiana State Road 37, Lawrence County, Indiana//Stephenson B F. The Engineering Geology and Hydrogeology of Karst Terrains. Springfield: Proccedings of the 6th Annual Multidisciplinary Conference Sinkholes and the Engineering and Environmental Impacts.

Kovarik J L, van Beyne P E. 2015. Application of the Karst Disturbance Index as a raster-based model in a developing country. Applied Geography, 63: 396-407.

Lenhare B D, Filho W S. 2019. Application of EPIK and KDI methods for identification and evaluation of karst vulnerability at Intervales State Park and surrounding region (Southeastern Brazil). Carbonates Evaporites,

34: 175-187.

Loop C M, White W B. 2001. A conceptual model for DNAPL transport in karst ground water basins. Groundwater, 39: 119-127.

North L A, van Beynen P E, Parise M. 2009. Interregional comparison of karst disturbance: West-central Florida and southeast Italy. Journal of Environmental Management, 90 (5): 1770-1781.

Porter B L, North L A, Polk J S. 2016. Comparing and refining karst disturbance index methods through application in an island karst setting. Environmental Management, 58 (6): 1-19.

Scott A. 2010. Assessing public perception of landscape: Past, present and future perspectives. CAB Reviews: Perspectives in Agriculture, Veterinary Science, Nutrition and Natural Resources, 1 (41): 1-7.

Tlhapiso M, Stephens M. 2020. Application of the Karst Disturbance Index (KDI) to Kobokwe Cave and Gorge, SE Botswana: Implications for the management of a nationally important geoheritage site. Geoheritage, 12 (39): 1-13.

van Beyne P E, Bialkowska-Jelinska E. 2012. Human disturbance of the Waitomo catchment, New Zealand. Journal of Environmental Management, 108: 130-140.

van Beynen P E, Feliciano N, North L, et al. 2006. Application of the Karst disturbance index in Hills borough County, Florida. Environmental Management, 39: 261-277.

van Beynen P E, Townsend K M. 2005. A disturbance index for Karst environments. Environmental Management, 36: 101-116.

第 9 章 | 可持续的喀斯特景观管理

9.1 研究进展和方法

喀斯特是岩石、水、土壤、空气、动植物和微生物等有机生命相互作用，共同塑造以山、水、洞为主的多种地表、地下形态瑰丽的喀斯特景观，拥有较高的经济、科学、教育、美学价值。联合国教育、科学及文化组织的 1150 多个世界遗产地中有 90 多个世界遗产地和 70 多个全球地质公园全部或部分为喀斯特景观，每年吸引数以亿计的游客，为当地带来数十亿美元的经济收入（Williams，2008；United Nations Educational，Scientific，and Cultural Organization，2021）。19 世纪末以来，众多科学家和探险家等从地貌学、地质学、水文学、地理学、水文化学等多学科对喀斯特地貌的成因机制、生态问题、机理、过程等进行了深入研究和详细分析（Cao et al.，2015；Goldscheider，2019；LeGrand，1973；Parise et al.，2018；Pipan and Culver，2013）。在喀斯特景观的开发利用过程中，如何有效保护和管理逐渐成为一个得到管理者和学者关注的议题，特别是面临日益增加的人类活动压力的情况下，发展中国家喀斯特景观可持续管理面临更大挑战。

9.1.1 研究进展

在 20 世纪 70 年代之前，各国政府并未意识到喀斯特景观保护和管理的必要性，甚至喀斯特景观保护和管理并非研究或行动的主题。在世界关注环境问题的浪潮冲击下，1973 年 LeGrand 提出"喀斯特地区的水文和生态问题"，揭开了喀斯特环境与生态学研究的序幕，随着喀斯特景观受到来自矿石开采、城镇化、农业、旅游等越来越多的威胁，喀斯特生态系统及其保护成为许多国家政府关注的问题（Baker and Genty，1998；Brinkmann and Parise，2012；Gutiérrez et al.，2014；He et al.，2021）。

1997 年，世界自然保护联盟世界保护区委员会将喀斯特景观视为重要的保护目标，同时出台喀斯特保护区管理的框架和指南（Watson et al.，1997；Crofts et al.，2020；Vermeulen and Whitten，1999）。许多国家都出台相关法律、政策对喀斯特景观进行保护和管理。鉴于各国自然环境、喀斯特类型、喀斯特景观受破坏程度、喀斯特景观保护能力不同，各国在喀斯特景观保护目标、理念、措施、技术方法方面各异（Angulo et al.，2013；LaMoreaux et al.，1997；Ravbar and Šebela，2015；Turpaud et al.，2018；van Beynen，2011；王克林等，2016）。自 1987 年可持续发展概念提出以来，特别是 2015 年联合国 2030 年可持续发展议程提出 17 项全球可持续发展目标，意味着可持续发展将成为指导未来全球经济社会发展的核心理念，喀斯特景观的保护对地方的可持续发展必将发挥重要作用，有学者从喀斯特对可持续发展作用、可持续战略、可持续评估指标、发展模式等方面进行了探讨（霍斯佳和孙克勤，2011；阮玉龙等，2013；Li et al.，2021；Ribeiro and Zorn，2021；van Beynen et al.，2012）。

中美两国是世界上喀斯特资源十分丰富的国家，喀斯特作为一种具有景观功能、碳汇功能、供给和支持功能等多重生态功能的资源（王克林等，2018；Gong et al.，2021；Lu et al.，2022；Wang et al.，2022），其管理涉及多个机构和多种维度，两国学者对此开展了长期研究（赵翔和贺桂珍，2021；Foster 1999；Harley，2011），但中国在喀斯特景观管理的方法和体制等方面鲜有报道。本章采用历史分析、社会网络分析、比较研究等方法，对中国和美国喀斯特景观保护和管理的历史进程进行全面阐述，分析喀斯特保护和管理的管理机构和管理方法。围绕桂林漓江流域喀斯特景观保护，阐述省级和市级的政策规章、参与机构网络。鉴于喀斯特生态系统的复杂性和部门利益冲突，直接出台喀斯特管理的法规还存在很大障碍，在此构建了一个可持续导向的喀斯特景观管理框架，以期为推动喀斯特景观可持续性治理提供决策支撑。

9.1.2 研究对象与方法

基于以下原因，选取中国和美国作为两个代表性研究国家（表9-1）：首先，两国的喀斯特景观面积分布广泛，中国和美国分别是喀斯特绝对面积最大和第三位国家；其次，两国是较早开展喀斯特研究、保护和管理工作的国家；最后，两国分别在亚洲和美洲，从地理上具有洲际代表性，特别是两国世界遗产地中喀斯特景观类型具有独特的美学和文化价值。

表9-1 中国和美国喀斯特概况

类别	中国	美国
人口（2019 年）/人	1 397 715 000	328 239 523
喀斯特面积/km^2	3 443 000	1 925 800
占土地总面积的比例/%	36	20
喀斯特地貌特点	分布广、面积大、形态多样，各种喀斯特地貌类型齐全，典型的峰林、峰丛洼地、峡谷	50 个州都有分布，特别是中东部地区，喀斯特景观形态多样，具有世界最长的洞穴，数量众多的温泉
已知洞穴数量/个	据估算有 50 万个，中国洞穴数据库记录 1000 余个，开放旅游的洞穴 708 个	截至 2020 年，约有 67746 个，其中纳入国家管理的土地管理局 800 个，国家公园管理局 5000 多个，国家林业和草原局 2000 余个
喀斯特世界遗产数/个	8	4

资料来源：陈伟海等，2014；袁道先，1993；美国国家公园管理局（Nationa Park Service，网址 https://www.nps.gov/subjects/caves/index.htm）；(https://www.caverbob.com/)；美国土地管理局（Bureau of Land Management，网址 https://www.blm.gov/programs/recreation/recreation-programs/caves-and-karst）。

中国喀斯特地貌分布广、面积大，主要分布在碳酸盐岩出露地区，南方占绝对优势，其中以广西、贵州和云南东部所占的面积最大，是世界上最大的喀斯特区之一；西藏和北方一些地区也有分布，但比较分散且面积较小［图9-1（a）］。美国大陆喀斯特分布广泛，东部以碳酸盐岩（石灰岩）喀斯特为主，中部石膏喀斯特和盐喀斯特分布集中，而西部的火山岩喀斯特分布较广，天坑活动的热点在更易受影响的喀斯特地区［图9-1（b）］。

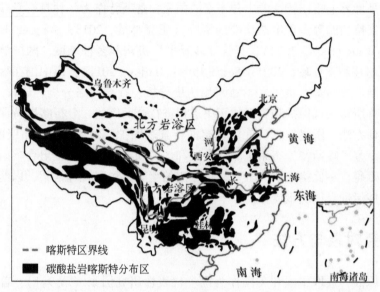

(a)中国

(b)美国

图9-1　喀斯特分布示意图

资料来源：（a）袁道先和蔡桂鸿，1988（略有修改）；（b）https://doi.org/10.5038/9781733375313.1003

本研究获取数据信息的来源包括文献数据、法律政策文本、官方网站，而分析方法包括历史分析、内容分析、比较研究、社会网络分析。历史分析是运用发展、变化的观点分析客观事物和社会现象的方法，本研究通过对喀斯特管理状况进行追溯，了解其发生、发展、演化的全过程。内容分析是通过对喀斯特管理文献进行选择、分类、统计，以对内容进行客观、系统和定量描述的研究方法。比较研究就是对不同国家喀斯特管理相似性或相异程度的研究与判断的方法。社会网络分析将喀斯特管理不同主体的属性抽象为节点，并用连接来展示不同机构之间的关系，通过量化以节点和连接为组件的网络结构指数，从而能够在统一的框架下寻找复杂管理系统的共性（Bastian et al.，2009）。

9.2 喀斯特景观资源管理的演化及管理重点

美国早期主要是开展洞穴的开发与保护，后来国家公园管理中纳入喀斯特景观资源保护，中国喀斯特景观资源保护开展较晚，但近年国家非常重视，发展出了不同的喀斯特治理模式。

9.2.1 中国喀斯特管理演进

中国的喀斯特管理历经 50 余年的科学准备阶段后，逐步关注景观资源问题，并历经分散治理、专项治理、综合及一体化治理三个阶段（表 9-2）。关注重点从早期的岩溶风景资源调查、岩溶地下水资源–喀斯特生态恢复到石漠化综合治理、景观资源保护及可持续管理，目前喀斯特景观资源的保育和一体化管理是各界关注的重点。管理的方法正从早期的工程技术措施、2000 年之后的技术–行政手段结合，向目前的可持续综合治理转变，新的管理方式和方法正不断涌现。国家级治理项目也从最初的分散、相关工程建设发展到大型、专项的喀斯特石漠化治理，投入的资金快速增加。

表 9-2 中国喀斯特管理不同阶段及相关信息

时间	管理阶段	关注重点	管理方法	国家级治理项目
1936 ~ 1980 年	科学准备阶段	地貌学、喀斯特发育规律、喀斯特区水文、地质工程	学术研究、地质调查、工程设计	水土保持小流域试点治理、三小水利工程
1981 ~ 2000 年	分散治理	岩溶风景资源调查、岩溶地下水资源、地下水污染、水土流失、石漠化	行业治理、保护区管理，自然保护区相关法律法规、许可证、环境影响评价	岩溶水资源预测管理、长江流域治理和防护林、珠江流域治理和防护林；农业综合开发
2001 ~ 2017 年	专项治理	岩溶地下水资源管理、喀斯特生态恢复、石漠化综合治理与生态建设、自然保护区管理、世界遗产地保护	环境及资源保护等法律和行政手段、五年规划和专项规划、石漠化分区、集体林权制度改革、保护区（地）管理、自然遗产地保护、税收和补贴等经济手段，自然修复措施	三次全国岩溶地区石漠化监测、长江防护林、珠江防护林、坡改梯、天然林资源保护、退耕还林、石漠化综合治理试点工程、国土整治

时间	管理阶段	关注重点	管理方法	国家级治理项目
2018 年以来	综合及一体化治理	景观资源保护及可持续管理、生态/植被修复与重建、适应性管理、生态文明建设、石漠化综合治理	"山水林田湖草沙"生态保护和修复的系统综合治理、绿色发展、公众参与、国家公园、保护地管理、生态旅游、绩效考核和定期评估制度	国家可持续发展议程创新示范区、《全国重要生态系统保护和修复重大工程总体规划（2021—2035 年）》、岩溶区石漠化综合治理工程

相较于欧美国家和地区，直到 20 世纪上半叶，中国的一些地理学家和地质学家才关注现代喀斯特问题，目前在中国知网数据库中查到的第一篇关于喀斯特的文献发表于 1936 年（高振西，1936），此后还有少数研究工作涉及喀斯特成因和洞穴学。1949 年后，喀斯特研究工作逐步展开，主要是理论探索和科学调查，中国科学院及有关大学、地质部、水利部、铁道部（2013 年改为国家铁路局）等进行了不少工作。直到 1980 年，有关喀斯特的研究集中在喀斯特地貌学论述、区域喀斯特发育规律研究、水文地质结构及成因、地质探测和绘图、喀斯特洞穴开发等方面（沈玉昌，1980）。其间于 1961 年、1966 年及 1979 年分别在广西南宁、桂林及贵州贵阳召开全国喀斯特研究会议，就喀斯特地形地貌分类、水文地质调查、（水利水电建设、铁道、矿产资源开发、建筑）水工设计实际问题、探测技术方法等展开讨论，这为后续的喀斯特管理提供了科学理论指导。

1981 ~ 2000 年为喀斯特景观分散治理阶段。进入 20 世纪 80 年代，喀斯特景观资源保护开始受到关注（杨汉奎，1981），喀斯特区水资源，特别是地下水资源管理和水污染问题是研究的重点，越来越多研究涉及喀斯特地貌和地质，城乡建设、水利建设、矿产资源开发中的喀斯特环境问题，以及植被资源、风景资源等问题。喀斯特洞穴的研究集中在洞穴景观形成机理、景观旅游价值评价、旅游洞穴类型划分、旅游活动对喀斯特洞穴环境影响，以及喀斯特洞穴景观保护等方面（杨晓霞等，2007）。中国学者袁道先在 1988 ~ 1993 年最早提出喀斯特岩漠化/石漠化问题并得到国际学界的公认（袁道先和蔡桂鸿，1988）。1994 年 10 月，中国科学院地学部曾向国务院呈送《关于西南岩溶石山地区持续发展与科技脱贫咨询建议的报告》，喀斯特环境研究逐步拓展成为一门隶属于地球表层科学、多学科交汇的大科学，在消除贫困、区域变化、人地关系、减灾防灾、区域开发的理论和实践方面发挥重要作用（杨汉奎，1992）。

21 世纪以来，中国进入喀斯特专项治理阶段，逐步开展石漠化综合治理。喀斯特研究不但深入到岩溶动力学、生态学、全球变化研究领域，而且迅速扩展到喀斯特地区资源开发与环境治理的各方面。喀斯特景观与洞穴这一学科领域在岩溶景观与洞穴基础研究、洞穴调查探测研究、岩溶景观与洞穴开发及运营管理、洞穴环境与景观保护修复、洞穴生物洞察研究、岩溶景观与洞穴文化、其他岩溶地质及景观旅游研究七大方面取得较大进展（陈伟海等，2014）。喀斯特旅游资源体系构建、生态旅游、地质遗迹和地质公园建设运营、生态系统服务价值评估、自然遗产保护等受到关注。中国政府和澳大利亚政府 2001 年启动喀斯特环境恢复项目，在广西忻城 9 个贫困乡（镇）建立一个以社区为基础的可持续性示范模式（2001 ~ 2005 年）。2002 年 3 ~ 4 月，中国科学院学部组织院士与专家发布了《关于推进西南岩溶地区石漠化综合治理的若干建议》的咨询报告（中国科学院，2003）。2004~2005 年、2011~2012 年、2016~2017 年，国家林业局组织开展了三次全国岩溶地区石漠化监测工作。2007 年，党的十七大报告提出，"加强荒漠化石漠化治理，促进生态修复"。2008 年，国家发展和改革委员会等六部委联合出台《岩溶地区石漠化综合治理规划大纲（2006-2015 年）》，2008~2010 年组织实施了 100 个试点县实施"石漠化综合治理试点"工程，后来扩大到 8 个省（自治区、直辖市）451 个县。党的十八大报告明确提出"要实施重大生态修复工程，增强生态产品生产能力，推进荒漠化、石漠化、水土流失综合治理"，为继续推进石漠化治理提供了行动指南。2016 年，国家发展和改革委员会等四部委联合印发《岩溶地区石漠化综合治理工程"十三五"建设规划》，重点对长江经济带、滇桂黔等区域的 200 个石漠化县实施综合治理。国务院有关部门高度重视石漠化治理工作，曾四次召开石漠化综合治理工程省部际联席会议。相关各省（自治区、直辖市）及市县级人民政府均成立了石漠化综合治理工程领导小组，形成了以发展和改革部门负责工程建设综合协调和管理，林业、农业、水利等部门各司其职的工作机制。

2018 年之后，中国的喀斯特管理进入综合及一体化管理阶段。党的十八大以来，习近平总书记提出"山水林田湖草是生命共同体"的论断，党的十九大报告中提到，要"统筹山水林田湖草系统治理"。2016 以来，财政部、国土资源部、环境保护部在全国 24 个省（自治区、直辖市）共安排 25 个山水林田湖草生态保护修复工程试点，2020 年 6 月 11 日，国家发展和改革委员会、自然资源部正式印发《全国重要生态系统保护和修复重大工程总体规划（2021—2035 年）》，其中南方丘陵山地带的喀斯特保护为七大区域生态保护和修复工程之一。在 2016 年国务院印发的《中国落实 2030 年可持续发展议程创新示范区建设方案》指导下，2018 年以来国务院先后批复桂林、深圳、临沧等建设国家可持续发展议程创新示范区，特别是桂林以景观资源可持续利用为主题，聚焦喀斯特石漠化地区生态修复和环境保护等问题。喀斯特治理的关注重点包括景观资源保护及可持续性管理、生态/植被修复与重建、生态安全格局构建、贫困治理和生态文明建设等不同方面，治理方式采取自上而下的政府治理与自下而上的公众参与及依法治理相结合的方法，治理路径从"输血式"治理方式转向"造血式"治理方式（何霄嘉等，2019；邹细霞等，2019；王权等，2021）。将石漠化防治纳入地方国民经济和社会发展规划，逐级建立健全地方政府行政领导任期目标责任制，依法对脆弱的岩溶生态系统及现有林草植被实行严格保护，统筹山水林田湖草系统治理。同时，要妥善处理经济发展与生态保护的关系，促进无贫穷，零饥饿，良好健康与福祉，以及陆地生物等多个联合国可持续发展目标的实现。

9.2.2 美国喀斯特和洞穴管理演进

美国喀斯特管理始于洞穴保护，而洞穴保护最初主要来自公民而不是政府。1850 年以前，欧洲的探险者开始在北美土地上寻找洞穴，19 世纪 50 年代至第二次世界大战期间越来越多洞穴被发现和居住，1950 年后进入现代洞穴探险阶段（Brick and Alexander Jr.，2021）。喀斯特和洞穴管理先后经历了洞穴开发与保护（1930~1960 年）、分散洞穴资源管理和喀斯特水文研究（1961~1987 年）、喀斯特和洞穴法制化管理（1988~2005 年）、喀斯特生态系统和洞穴综合管理（2006～2015 年）、喀斯特生态系统可持续管理（2016 年至今）五个主要阶段（表9-3）。

表9-3　美国喀斯特和洞穴管理不同阶段及相关信息

时间	管理阶段	关注重点	管理方法	重要治理项目
1930～1960 年	洞穴开发与保护	洞穴探险、地质构造、水文、洞穴开发工程	私人探险和调查、地质调查、工程设计	国家公园管理局洞穴保护项目
1961～1987 年	分散洞穴资源管理和喀斯特水文研究	洞穴开发、喀斯特地质水文学、地表和地下相互作用、含水层及地下水污染、洞穴动物、游客管理	水、资源、考古、土地等相关法律法规、脆弱性评估、环境教育、许可证、环境影响评价、工程治理	林业局飓风溪流域土地管理、水源地蓄水项目、猛犸洞国家公园地下水追踪和洞穴测绘
1988～2005 年	喀斯特和洞穴法制化管理	洞穴资源管理、喀斯特地质和水文、地下水评估、有毒物质/空气研究、生物资源和生物学、古气候、洞穴生态调查与管理	洞穴保护法、环境及资源保护等法律和行政手段、监测、规划、许可证、地理信息技术、生态系统评价、公众环境教育	国家公园喀斯特管理、流域土地管理、国家级洞穴和岩溶计划
2006～2015 年	喀斯特生态系统和洞穴综合管理	喀斯特地质过程和地质特性管理、洞穴生态系统生态学、蝙蝠白鼻综合征、洞穴旅游经济学	场地保护规划、土地规划和管理、生态学清单和监测、遗传生物学技术	国家公园管理局洞穴生态学清单和监测框架、蝙蝠白鼻综合征治理
2016 年以来	喀斯特生态系统可持续管理	喀斯特和洞穴生物多样性和濒危物种管理、自然遗产资源保护评价、蝙蝠白鼻综合征防控、景观尺度协作管理、私人土地上的洞穴和岩溶资源	激光雷达岩溶地貌测绘技术、洞窟保护多层面方法、二氧化碳高分辨率测定、环境DNA检测、跨学科的K-框架管理、公司伙伴关系、风险管理	阿肯色州布法罗河流域尺度的地下水污染管控、巴特勒山谷项目、洞穴工程的外部影响、穿越阿巴拉契亚喀斯特的能源项目

20 世纪 30 年代，美国公众开始参与对一些洞穴的展示性开发，同时开启了对洞穴保护的关注。1930 年，新墨西哥州建立了卡尔斯巴德洞穴国家公园，公园内有 80 多个石灰岩洞，为地质学家研究地质构造进程提供了完整的信息。20 世纪 40～50 年代，国家公园管理局在肯塔基州着手开展洞穴保护。此时美国有两种截然不同的方法：其一是保密，这种方法在西部地区非常突出，因为那里的大部分洞穴都在公共土地上；其二是公开带有位置和描述的洞穴清单，1960 年左右，至少有 11 个州出版了有关洞穴的书籍，从而吸引人们对洞穴的关注。这一时期，除了少数地方政府，私人团体和公众对洞穴探险和开发抱有强烈的热情，特别是 1951 年成立的大自然保护协会，其一直致力于在全球保护具有重要生态价值的洞穴。

20 世纪 60 年代开始，公众对环境问题更加关注，并参与到洞穴保护的行动中。政府颁布一系列相关法律和政策开始保护洞穴和洞穴资源，涉及考古遗址、濒危物种、饮用水保护、地下水和含水层保护、有毒废物等（Foster, 1999; Harley et al., 2011; Van Beynen, 2011）。1966 年，弗吉尼亚州在全美第一个通过了州级喀斯特洞穴管理办法《弗吉尼亚洞穴保护法》（The Virginia Cave Protection Act, 1966）。一些重要项目开始关注实际的洞穴和喀斯特管理，包括洞穴教育与洞穴动物调查及喀斯特地质和水文学，特别是重要洞穴和泉水相关的补给区划定和脆弱性评估。1965 年，美国林业局选取 23 个典型流域研究在不同的水文环境中林业局土地管理的水文效益，其中位于密苏里州中南部的飓风溪是典型的喀斯特流域，开展主要研究项目为地下水污染问题和喀斯特管理。20 世纪 60 年代末和 70 年代初，美国林业局研究喀斯特地区垃圾填埋问题、美国土地管理局实施水源地蓄水项目并关注大型天坑坍塌。国家公园管理局的洞穴管理在 20 世纪 70 年代初开始发生变化，在新墨西哥州的卡尔斯巴德洞穴国家公园聘请专门的洞穴专家参与管理，猛犸洞国家公园的地下水追踪工作与非常详细的洞穴勘探和测绘结合，促成了周边区域污水处理系统的建设，从而使猛犸洞成为洞穴保护和喀斯特管理的试验场。这个时期对喀斯特含水层及地下水污染问题的研究是关注的重点（Vineyard，1976）。1975 年，美国第一次全国洞穴管理研讨会在新墨西哥州举行，其中 31% 的论文是关于游客管理的。当时的洞穴管理主要是管理人，而不是洞穴。1979 年，洞穴和喀斯特研究中心（Center for Cave and Karst Studies）成立。到 20 世纪 80 年代，人类活动对天坑的影响、岩溶水文学、地面沉降和修复、水污染、洪水灾害、垃圾等问题愈发受到重视，美国举办了多次岩溶管理会议。该时期也是洞穴知识普及和环境教育活动高涨的时期，非政府组织、研究机构、私人纷纷开发学习、旅游相结合的培训项目。

1988 年，《联邦洞穴资源保护法》颁布，标志着美国洞穴管理步入法制轨道，美国国家公园管理局、美国林业局、美国土地管理局等都在自己的职责范围内对洞穴进行调查和管理，通过制定洞穴管理计划保护洞穴及其相关的自然系统，如矿物沉积、植物和动物群落。这一阶段的调查涉及长期而非短期管理问题，关注的议题越来越广泛，喀斯特地区可供水源和区域土地利用研究非常普遍，石漠化问题开始受到关注。采用的方法包括监测、规划、许可证、地理信息技术等。联邦管理机构通过支持研讨会等与研究人员、保护组织和个人建立公私伙伴关系，通过购买土地、恢复项目、修缮洞穴等活动以保护洞穴。国家公园管理局最初建立了七个专门保护洞穴的国家公园：卡尔斯巴德岩洞、宝石洞、猛犸洞、俄勒冈山洞、拉塞尔洞、廷帕诺戈斯洞和风洞，至 2001 年，据统计 384 个国家公园中至少有 100 个有洞穴和喀斯特（Ek，2001）。鉴于各种洞穴和喀斯特公园的需要以及卡尔斯巴德洞穴国家公园计划的成功，1995 年 10 月地质资源处设立了国家级洞穴和岩溶计划协调员职位，为喀斯特管理提供技术援助，并从国家角度解决各种问题和满足各种需求。1997 年，美国全国喀斯特和洞穴管理研讨会召开，重点是阿拉斯加州的喀斯特管理；到 1999 年，改为全国洞穴和喀斯特管理研讨会。此后，关注的议题更加广泛，除了一直关注的喀斯特地质和水文、地下水评估、有毒物质/空气研究、岩溶区管理、特定洞穴管理，还拓展到生物资源和生物学、古气候、洞穴生态调查、监测与管理，并且采用新兴的GIS 制图技术进行大尺度的生态系统展示和评价、岩溶和公众教育、洞穴监测及旅游等（Foster，1999；Stitt，1997）。美国第 105 届国会于 1998 年通过《国家洞穴和喀斯特研究法》，同年 10 月授权成立国家洞穴和喀斯特研究所（隶属国家公园管理局），旨在通过促进研究，进一步推进洞穴学科学，加强公众教育，并促进环境友好的洞穴和喀斯特管理。

2006 年开始步入喀斯特生态系统和洞穴综合管理，主要由美国内政部和农业部等负责。内政部下属的国家公园管理局发布了《管理政策 2006》（*Management Policies* 2006），在地质资源管理和荒野资源管理部分包括对喀斯特地质过程的保护和洞穴地质特征管理。2005 年以来，专家对洞穴动物和生态学的关注增加。2006 ~ 2009 年，蝙蝠白鼻综合征在美国各州大面积暴发，导致至少 100 万只蝙蝠死去，被认为是北美有史以来最惨重的野生动物衰退事件，尽管美国鱼类及野生动植物管理局采取了控制措施，但学者对蝙蝠白鼻综合征对洞穴和地面生态系统的影响研究仍关注较少。2008 ~ 2013 年，国家公园管理局制定了洞穴生态学清单和监测框架，列出监测的 4 个区域：陆地洞穴生态系统、水生洞穴生态系统、植物和微生物，并给出规范的监测流程。洞穴生态系统生态学的研究尺度包括洞穴鱼的种群动态、洞穴溪流食物网的营养动态、洞穴生物多样性的生态区域比较，以及州级范围内的洞穴数据库。大自然保护协会作为世界上最大的私人自然保护区管理者通过场地保护规划来有效保护喀斯特景观和洞穴资源。洞穴旅游可带来可观的经济效益，洞穴信息调查、集中和标准化、洞穴旅游经济学也得到多方关注。

2016 年开始，喀斯特生态系统可持续管理逐渐兴盛。虽然方法和技术的进步为喀斯特保护工作者提供了更多选择，但许多问题仍然与 50 年前讨论的问题相似，而喀斯特与洞穴的保护管理需要更长远的战略和可行的技术来推动。生物学家、洞穴探险者、自然资源保护主义者、洞穴学家在阿肯色州布法罗河流域尺度的地下水污染管控、降水–滴水–溪流流量之间的水文联系、洞穴空气二氧化碳的高分辨率测定、洞穴和喀斯特资源清单调查、综合生物多样性清单、自然遗产资源保护评价、生物监测和气候数据的长期分析、蝙蝠白鼻综合征影响评价和防控策略、表观陆地喀斯特生态系统天坑的生物多样性热点、使用百万兆字节（TB）级激光雷达数据集开展洞穴系统的高分辨率模拟、以激光雷达衍生的高程模型和图像作为岩溶地貌测绘和管理的工具等方面进行了更深入的探讨（Brick and Alexander，2021）。喀斯特和洞穴生物多样性和濒危物种管理也在引进分子系统发育学新技术，如 DNA 快速测序技术、序列分析技术（Orndorff et al.，2020）。与传统的调查方法相补充，利用环境 DNA 检测和监测地下水生物可以收集稀有和受威胁地下水生物分布数据，为未来的研究提供基础，并辅助保护和管理决策。在喀斯特管理方面，位于密苏里州托尼县的塔姆岭溪洞穴（Tumbling Creek Cave）通过增强地表和地下栖息地及其相应物种的景观尺度协作管理策略为喀斯特管理提供新的范例。大自然保护协会田纳西分会实施了基于生态学的洞穴和喀斯特森林管理，开展最佳管理实践、地质特征的分级管理等措施保护喀斯特景观。广义的和跨学科的 K-框架是一种喀斯特含水层保护和管理新方法（Kosič and Sasowsky，2018）。除了公共土地，私人土地上的洞穴和喀斯特资源管理更加受到关注，公私伙伴关系正被广泛采用。

9.3 喀斯特景观资源管理的机构和方法

美国喀斯特和洞穴管理已纳入联邦政府和一些州政府的职责范围，并分散在内政部、环境署、农业部等相关部门，采取的方法也与环境保护、土地、资源、国家公园、世界自然遗产地保护等密切相关。在中国，喀斯特管理成为政府的正式行动基本是进入 21 世纪的事情，自然资源部是最主要的管理机构，其他机构还包括生态环境部、文化与旅游部、水利部等。

9.3.1 中国和美国喀斯特管理机构

中美两国喀斯特和洞穴管理的机构类型主要涉及立法机构、行政机构、非政府机构三大类，尽管具体的机构名称和部门有所不同。中国目前没有喀斯特和洞穴的专门立法，但有关的规划、资源、环境等方面的立法机构主要为国家级、省级和社区的市级，国家级立法机关为全国人民代表大会及其常务委员会，下设的环境与资源保护委员会及宪法和法律委员会负责具体事项（图9-2）。根据《中华人民共和国立法法》第七十二条，"省、自治区、直辖市的人民代表大会及其常务委员会根据本行政区域的具体情况和实际需要，在不同宪法、法律、行政法规相抵触的前提下，可以制定地方性法规。设区的市的人民代表大会及其常务委员会根据本市的具体情况和实际需要，在不同宪法、法律、行政法规和本省、自治区的地方性法规相抵触的前提下，可以对城乡建设与管理、环境保护、历史文化保护等方面的事项制定地方性法规"。国务院为中国的最高行政管理机构，下属的部委机构，如自然资源部、生态环境部、水利部、农业农村部等都担任喀斯特和洞穴保护的部分职能，负责贯彻执行法律，实施项目和管理。省级相关机构负责本行政区域内喀斯特和洞

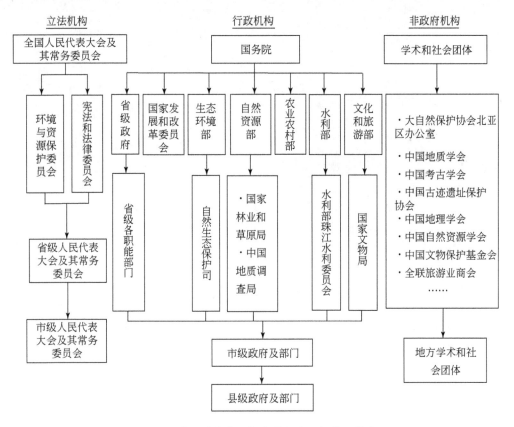

图9-2 中国喀斯特和洞穴管理主要机构和分支

穴保护和管理工作。喀斯特和洞穴相关学术和社会团体主要有国际非政府组织驻中国分支机构以及全国性和地方性地质学会、考古学会、地理学会、自然资源保护协会等，主要通过与政府、企业合作实施自然保护项目、开展国内外学术交流、普及喀斯特和洞穴科学知识等社会公益活动，促进喀斯特和洞穴的保护和管理。网络分析结果显示，国家层面上至少有 76 个节点，涉及的机构包括国家机关、科研机构、大学、新闻、非政府组织，国务院是执行的最高行政机构，自然资源部、生态环境部、文化和旅游部、水利、农业农村部发挥着重要作用（图 9-3）。

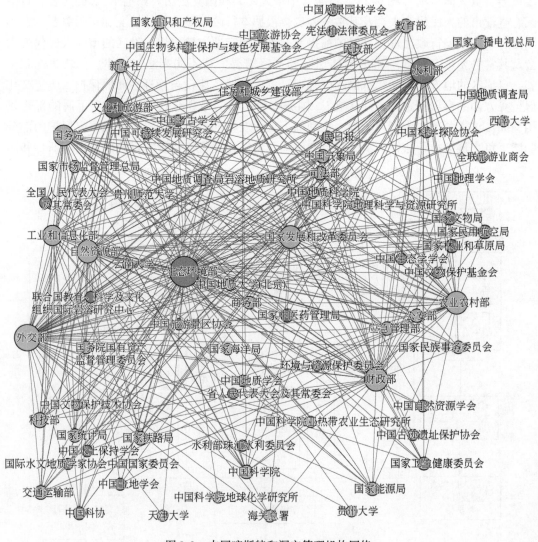

图 9-3　中国喀斯特和洞穴管理机构网络

美国喀斯特和洞穴的立法机构主要为国家级和州级，美国国会是最高立法机关，包括参议院、众议院以及国会内部职能部门（图 9-4）。美国各州议会有立法权，对联邦政府没有规定的任何内容制定州法，可根据本州状况制定出台喀斯特和洞穴保护法。例如，在

《国家历史保护法》指导原则基础上，大多数州根据本州历史遗产状况制定了州历史保护法，市（郡）地方政府在州法律框架下也制定了城市保护法规，目前全美共有 2000 多个城市出台了地方保护条例。联邦政府为国家最高行政管理机构，总统为最高行政长官，有 15 个部和多个独立行政机构，负责贯彻执行法律，提供各种政府管理服务。内政部、环境署、农业部等都担任着喀斯特和洞穴保护的部分职能，特别是内政部负责管理公共土地和矿产、国家公园和野生动物保护区、濒危物种保护和其他环境保护工作，下属的国家公园管理局、土地管理局、地质调查局等在洞穴和喀斯特管理中发挥着重要作用。网络分析显示，美国国家层面喀斯特和洞穴管理的节点至少有 90 个，涵盖联邦各部、独立机构、非政府组织、大学，企业并未纳入，可以看出，美国内政部和农业部及其所属的国家公园管理局、土地管理局为最重要的管理节点，国家洞穴和喀斯特研究所、喀斯特水研究所在洞穴和喀斯特调查、研究、保护和管理中发挥着重要作用（图9-5）。

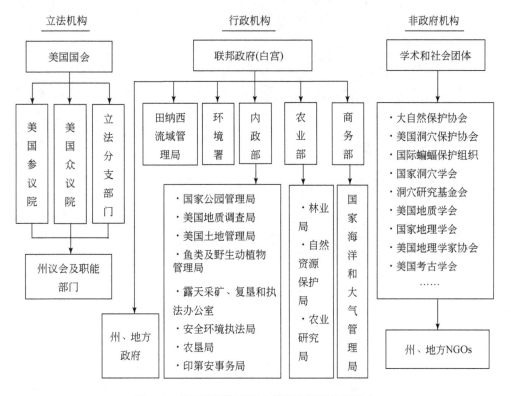

图 9-4　美国喀斯特和洞穴管理主要机构和分支

国家公园管理局负责自然资源管理，其中就包括地质资源管理、水资源管理、生物资源管理等，这都与喀斯特景观有密切关系。地质资源管理是管理的重点，主要包括地质过程和地质特征。地质过程包括但不受限于侵蚀和沉积、冰蚀、岩溶发育、海岸线变迁、地震和火山活动等，保护重点主要是海岸线和喀斯特。对于喀斯特地区，重点保持其水质、泉流、排水方式以及洞穴的内在完整性。地质特征包括岩石、土壤和矿物，地热系统中的间歇泉和温泉，洞穴和岩溶系统，侵蚀景观中的峡谷和拱石，沉积景观中的沙丘、冰碛和

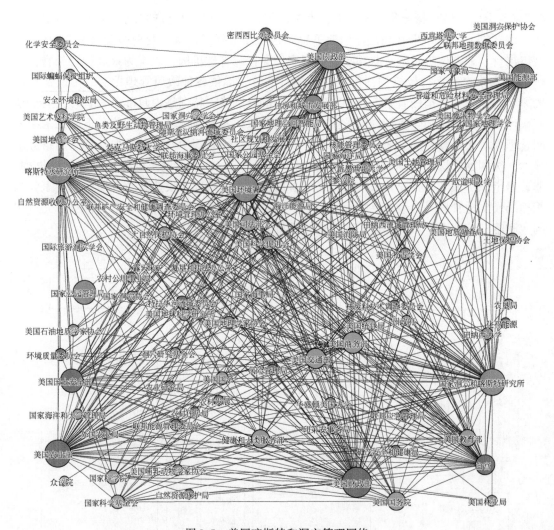

图 9-5　美国喀斯特和洞穴管理网络

梯田，艺术性或罕见的露头岩石和岩层等，重点为古生物资源、洞穴、地热和水热资源、土壤资源 4 类。国家公园管理局的主要职责是通过评估自然过程和人类活动对地质资源的影响，维持并恢复现有地质资源的完整性。国家公园管理局建立了完整的自然资源管理体系和程序，包括制定管理规划、公布资源信息、开展自然资源影响评估、恢复自然生态系统、建立自然资源损害赔偿制度等，同时建立并严格执行自然资源开发利用"申请—审核—评估—许可"制度（周戬等，2020）。美国农业部下设的美国林业局管理着超过78 万 km² 公共土地上的洞穴、岩溶系统和相关资源，这些资源的管理遵循 1988 年《联邦洞穴资源保护法》和其他联邦法律规定，并以《联邦法规》和《森林服务手册》（The Forest Service Manual，FSM）为指导。在过去的半个世纪里，随着公众对喀斯特保护的支持增加，更多非政府保护组织和学术团体相应成立。大自然保护协会现在是美国最大的私人洞穴所有者，在美国至少有 113 个以洞穴生态系统为中心的保护地。各地的土地保护协会在保护喀斯特土地方面是最成功的。美国考古学会、州级保护协会和各种地方洞穴保护协会业已收购或保护了许多洞穴。美国地质学会、美国地理学家协会、国家地理学会都在喀斯特和洞穴的研究、知识普及、教育等方面发挥了重要作用。

9.3.2　中国和美国喀斯特和洞穴法律与管理工具

喀斯特地区的环境问题多种多样，包括地方、区域和全球问题，涉及农药和有毒物质、危险和固体废物处置、水质和水量、城市和农村空气污染、资源利用和管理、土壤侵蚀和稳定性、水生和陆生生态系统退化、海洋污染、生物多样性丧失和气候变化。中美两国都没有统一和专门的喀斯特法规和管理工具，喀斯特管理分散在国家和地方制定的相关法律法规和政策中。通过汇总分析，中国相关的法律有 42 部，而美国相关的法律有 99 部，主要包括直接相关和间接相关两大类，直接相关法律涉及自然资源管理类、环境保护类、文物古迹保护类、洞穴保护类等九大类相关法律（图 9-6），最重要的是自然资源管理类和环境保护类，自然资源管理类法律包括地质矿产资源、水资源、土地、生物资源等。间接相关法律包括程序法、综合法、信息自由等方面。

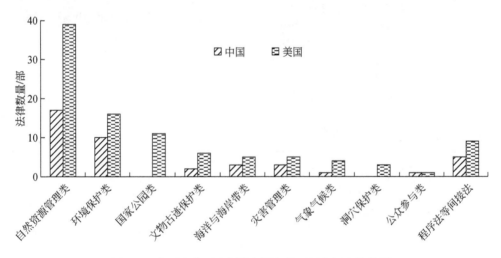

图 9-6　中国和美国喀斯特和洞穴管理国家级法律类别

20 世纪 60 年代的环境运动促使美国联邦政府通过了一系列保护资源、环境、考古遗址和濒危物种等的法律，特别是《清洁水法》《考古资源保护法》。20 世纪 80 年代和 90 年代，美国有两项专门的洞穴保护法律，第一部也是最重要的一部是 1988 年的《联邦洞穴资源保护法》，根据规定，内政部和农业部需记录"重要"洞穴，并在决策过程中考虑对它们的潜在不利影响。特别是土地管理局在公共土地上开发其他项目时，将考虑洞穴和对洞穴的影响，因为在这些土地上，洞穴资源保护只是与放牧、木材生产、石油和天然气开采相竞争的众多土地用途之一。对于以保存和保护资源为使命的国家公园管理局来说，该法律更有价值的方面是将洞穴位置和其他相关信息从《信息自由法》中豁免。第二部法律是 1993 年的《雷修古拉洞穴保护法》，这是专门为保护位于卡尔斯巴德洞穴国家公园内的一个洞穴而制定的，为防止邻近的石油和天然气开采活动的影响，在公园边界外建立了一个洞穴保护区。对美国而言，与国家公园相关的法律高达 11 部，国家公园管理局根据这些法律对喀斯特和洞穴地区进行保护和养护，而且国家公园管理局于 2006 年发布的《管理政策》专门对喀斯特和洞穴保护进行了规定。洞穴探险团体还推动各州制定法律，保护洞穴不受破坏行为的影响。目前，美国至少 22 个州有保护洞穴资源的法律。

尽管喀斯特管理问题纷繁复杂，中美两国采用的方法和实施也不尽相同，但常用的管理手段均包括法律手段、行政手段、经济手段、技术手段、信息和教育手段及综合管理手段（表 9-4），主要是通过激励和强制两种方式，采取强制手段进行"堵"的同时留有"疏"的渠道，使得疏堵结合。

表 9-4 中国和美国喀斯特管理手段

类别	中国	美国
法律手段	●国际法、国际公约 ●国家法律 ●地方法规	●国际法、国际公约 ●联邦法律 ●州级法律
行政手段	●国务院行政规章、条例、政策 ●部级行政部门战略、规章、条例 ●省、市、县地方政府及部门规章 ●国家和地方相关规划（土地、环境、石漠化治理、生态修复等） ●执照、许可证（自然资源、排污） ●财政政策、行政收费、罚款 ●划定自然保护区、风景名胜区	●总统行政命令 ●行政部门和独立行政机构监管条例、政策 ●州、市、县政府及部门规章 ●州、市、县相关规划（土地、国家公园、流域、森林、农业、自然资源等） ●许可证（国家公园特许使用、土地许可、自然资源、放牧）、执照 ●财政、收费 ●划定国家公园、自然保护区、旅游洞穴
经济手段	●资源税、环境税 ●生态补偿 ●环境污染责任保险 ●土壤污染防治基金	●开采税、固体废弃物处理税、二氧化硫税 ●生态补偿，如湿地补偿 ●环境损害责任保险 ●超级基金
技术手段	●清单方法 ●评价方法：资源评价（土地、水、生物、地质遗迹、风景名胜）、环境影响评价、社会影响评价、自然灾害评价、游客承载力评价 ●监测和测绘技术，如 GIS、遥感 ●标准：环境、水利、地质、旅游	●清单方法（洞穴、地表资源、生物、文化） ●评价方法：资源评价（土地、水、生物、洞穴、国家公园、文化资源）、基于地貌的环境影响评价、公民权益影响评估、灾害评估、干扰度评价、游客承载力评价 ●环境监测技术、测绘技术，如 GIS、遥感 ●标准：环境、土地、林业、生物、文化
信息和教育手段	●信息公开 ●宣传、环境教育 ●自愿和主动参与 ●乡规民约	●信息公开：喀斯特地貌数据库 ●宣传推广、环境教育 ●自愿协议、自愿规划 ●伙伴关系，喀斯特周边社区的互动模式
综合管理手段	●山水林田湖草沙一体化管理 ●跨区域协调 ●最佳实践	●综合生态系统管理 ●生态-经济系统耦合 ●可持续发展和可持续性科学

法律手段基本是国际法和国内法，国际法最直接的是 1972 年联合国教育、科学及文化组织发布的《保护世界文化和自然遗产公约》《联合国防治荒漠化公约》，国内法包括国家和地方层面的法律。行政手段是两国主要的实施手段，涉及行政规章和条例、规划和区划、财政、许可证等，喀斯特有关的法规和规划的制定实施，主要通过土地、地上水资源、地下水资源、空气污染治理、地质矿产资源、森林、生物多样性等相关方面来进行。在美国，喀斯特与国家公园及土地管理关系密切，国家公园土地管理可用的手段通常为综合规划、土地开发权计划、分区条例、分户条例和雨水管理条例，但由于一般公众在很大程度上不了解喀斯特和与之相关的规划问题，地方政府通常以被动而非主动的方式管理岩溶问题（Richardson，2003）。法律和行政控制对政府而言最大的好处就是直接、成本低、操作简单。但在实践中，其主要的局限是稳定性有限和灵活性一般。经济手段是 20 世纪 90 年代以来越来越受到关注的方法，美国在这方面远远走在中国的前面，环境损害责任保险、生态补偿、超级基金在美国已经广泛使用，这些手段最初尽管针对的管理对象并非喀斯特生态系统，但对喀斯特保护和管理具有重要作用。技术手段是喀斯特管理的基础，对科学了解喀斯特演化规律和解决喀斯特面临的问题具有重要的支撑作用，特别是现代化的信息技术、生物学技术等逐步用于喀斯特的管理。信息和教育手段成本低，但对公众的科学素养要求较高。综合管理手段效果较好，但技术要求有门槛、管理成本较高。

9.3.3 喀斯特景观资源综合管理框架

喀斯特景观是具有多样化价值的生态资源，一方面受到自然灾害、气候变化的影响，另一方面资源存量跟人类开发之间的冲突伴随着开发强度的不断增加也愈发激烈，在经济、文化、自然、政治多种因素的影响下，可持续管理面临的挑战在中美两国都不可忽视，急需科学的可持续管理方法和模式（图9-7）。

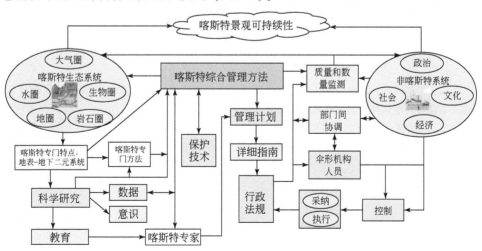

图9-7 喀斯特综合管理框架

（1）可持续发展目标与喀斯特生态系统及外部的社会、经济、政治、文化系统耦合。喀斯特生态系统与大气圈、水圈、地圈、生物圈、岩石圈密切相关，喀斯特生态系统是复杂的地表–地下二元系统，既包括地上的山、水、林、田、湖，也包括地下的洞、泉、石、生物、微生物系统，各种自然系统的特殊性、脆弱性、复杂性对喀斯特生态系统的综合管理提出更高要求。喀斯特系统所在地的经济发展、社会状况、政治制度和文化传统所组成的外部系统既是喀斯特生态系统管理的前提，又是喀斯特得以持续存在而为人类社会所利用的独特价值所在。尤其是中国南方喀斯特地区生活着大量少数民族居民，喀斯特管理过程中应关注少数民族风俗与文化、生态伦理。而将可持续发展目标与喀斯特内外部系统协同管理也是实现喀斯特可持续性的重要方式。

（2）整合法律、技术、经济等各种不同的手段并形成合力。传统的法律和行政手段需要改进适应现代喀斯特系统的特点，管理计划制定要充分与目前已有部门的中长期规划相衔接，并兼顾现实的管理成效。在长期规划的指引下，要制定可具操作性的实施指南，为管理部门提供依据。法律法规制定、对实施效果进行长期的数量和质量监测，随时发现问题，加以改进，最终促进喀斯特生态系统与外部系统的一体化管理。

（3）利用新兴的大数据、人工智能、生物技术。近年来，随着信息技术的飞速发展，遥感技术、无人机技术等已应用于喀斯特生态系统的变化及演化动态，基因测序、环境 DNA 技术等也用于地下微生物系统的研究，而在可能影响洞穴和岩溶地区项目的决策过程中，更准确、长时间序列的科学数据也已经开始使用。新兴技术应用既能拓展喀斯特研究的深度，又能提高喀斯特管理的效率，为喀斯特生态系统的可持续管理提供技术支持。

（4）喀斯特自然、服务"流"与跨部门、跨团体管理方式相协调。喀斯特生态系统及其外部系统都在不断演变的过程中，喀斯特生态系统承载的物质流、能量流、信息流、服务流的性质、结构在不断演变，与之相关的利益相关方在不断变动、不同团体的利益诉求也不断变化，需要考虑自然和社会系统的动态"流"特性，兼顾喀斯特生态系统保护与生态服务提升和民生改善有机结合，最终达到喀斯特景观资源的社会化共同治理。

参 考 文 献

陈伟海，朱德浩，张远海. 2014. 从近十年洞穴会议论文分析岩溶景观 & 洞穴学科现状及趋势. 沂水：中国地质学会洞穴专业委员会全国第十九届洞穴学术会议.

高振西. 1936. 喀斯特地形论略. 地质论评，1（4）：53-142.

何霄嘉，王磊，柯兵，等. 2019. 中国喀斯特生态保护与修复研究进展. 生态学报，39（18）：6577-6585.

霍斯佳，孙克勤. 2011. 中国南方喀斯特地质遗产的可持续发展研究. 中国人口·资源与环境，21（S2）：216-220.

阮玉龙，连宾，安艳玲，等. 2013. 喀斯特地区生态环境保护与可持续发展. 地球与环境，41（4）：388-397.

沈玉昌. 1980. 三十年来我国地貌学研究的进展. 地理学报，35（1）：1-13.

王克林，岳跃民，马祖陆，等．2016．喀斯特峰丛洼地石漠化治理与生态服务提升技术研究．生态学报，36（22）：7098-7102．

王克林，陈洪松，曾馥平，等．2018．生态学研究支撑喀斯特区域生态环境治理与科技扶贫．中国科学院院刊，33（2）：213-222．

王权，唐芳，李阳兵，等．2021．岩溶地区景观格局演变及其生态安全的时空分异——以贵州省东北部槽谷为例．生态学报，41（18）：7273-7291．

杨汉奎．1981．岩溶风景资源简介．环保科技，（2）：20-27．

杨汉奎．1992．喀斯特环境学研究纲要．贵州科学，10（2）：1-7．

杨晓霞，向旭，袁道先，等．2007．喀斯特洞穴旅游研究综述．中国岩溶，26（4）：369-377．

袁道先，蔡桂鸿．1988．岩溶环境学．重庆：重庆出版社．

袁道先．1993．中国岩溶学．北京：地质出版社．

赵翔，贺桂珍．2021．基于 CiteSpace 的驱动力–压力–状态–影响–响应分析框架研究进展．生态学报，41（16）：6692-6705．

中国科学院．2003．关于推进西南岩溶地区石漠化综合治理的若干建议．中国科学院院刊，18（3）：489-492．

周戡，王丽，李想，等．2020．美国国家公园自然资源管理：原则、问题及启示．北京林业大学学报（社会科学版），19（4）：46-54．

邹细霞，陈海旭，陈燕英，等．2019．喀斯特石漠化产生的必要条件及其治理足迹．地球科学前沿，9（11）：1154-1166．

Angulo B, Morales T, Uriarte J A, et al. 2013. Implementing a comprehensive approach for evaluating significance and disturbance in protected karst areas to guide management strategies. Journal of Environmental Management, 130: 386-396.

Baker A, Genty D. 1998. Environmental pressures on conserving cave speleothems: Effects of changing surface land use and increased cave tourism. Journal of Environmental Management, 58: 165-176.

Bastian M, Heymann S, Jacomy M. 2009. Gephi: An open source software for exploring and manipulating networks. San Jose: the Third AAAI International Conference on Weblogs and Social Media: 361-362.

Brick G A, Alexander Jr. E C. 2021. Caves and Karst of the Upper Midwest. New York: Springer, Cham.

Brinkmann R, Parise M. 2012. Karst environments: Problems, management, human impacts, and sustainability. Journal of Cave and Karst Studies, 74: 135-136.

Cao J, Yuan D, Tong L, et al. 2015. An overview of karst ecosystem in Southwest China: Current state and future management. Journal of Resources and Ecology, 6 (4): 247-256.

Crofts R, Gordon J E, Brilha J, et al. 2020. Guidelines for geoconservation in protected and conserved areas. Best Practice Protected Area Guidelines Series No. 31. Gland: IUCN.

Ek D A. 2001. Caves and karst of the National Park Service//Proceedings of the 2001 National Cave and Karst Management Symposium.

Foster D G. 1999. Cave management in the United States: An overview of significant trends and accomplishments//Rea G T. Proceedings of the 1999 National Cave and Karst Management Symposium, Southeastern Cave Conservancy, Chattanooga: 59-63.

Goldscheider N. 2019. A holistic approach to groundwater protection and ecosystem services in karst terrains. Carbonates and Evaporites, 34 (4): 1241-1249.

Gong S H, Wang S J, Bai X Y, et al. 2021. Response of the weathering carbon sink in terrestrial rocks to climate variables and ecological restoration in China. Science of the Total Environment, 750: 141525.

Gutiérrez F, Parise M, de Waele J, et al. 2014. A review on natural and human-induced geohazards and impacts in karst. Earth-Science Reviews, 138: 61-88.

Harley G L, Polk J S, North L A, et al. 2011. Application of a cave inventory system to stimulate development of management strategies: The case of west-central Florida, USA. Journal of Environmental Management, 92 (10): 2547-2557.

He G Z, Zhao X, Yu M Z. 2021. Exploring multi-disturbances of karst landscape in Guilin World Heritage Site, China. Catena, 203 (1): 105349.

Kosič F K, Sasowsky I D. 2018. An interdisciplinary framework for the protection of karst aquifers. Environmental Science & Policy, 89: 41-48.

LaMoreaux P, Powell W, LeGrand H. 1997. Environmental and legal aspects of karst areas. Environmental Geology, 29: 23-36.

LeGrand H E. 1973. Hydrological and ecological problems of karst regions. Science, 179 (4076): 859-864.

Li S L, Liu C Q, Chen J A, et al. 2021. Karst ecosystem and environment: Characteristics, evolution processes, and sustainable development. Agriculture, Ecosystems & Environment, 306: 107173.

Lu Z X, Wang P, Ou H B, et al. 2022. Effects of different vegetation restoration on soil nutrients, enzyme activities, and microbial communities in degraded Karst landscapes in southwest China. Forest Ecology and Management, 508: 120002.

Orndorff W D, Lewis J J, Kosič Ficco K, et al. 2020. 2019 National Cave and Karst Management Symposium Proceedings. Bristol: National Speleological Society.

Parise M, Gabrovsek F, Kaufmann G, et al. 2018. Advances in Karst Research: Theory, Fieldwork and Applications. London: Geological Society.

Pipan T, Culver D C. 2013. Forty years of epikarst: What biology have we learned? . International Journal of Speleology, 42: 215-223.

Ravbar N, Šebela S. 2015. The effectiveness of protection policies and legislative framework with special regard to karst landscapes: Insights from Slovenia. Environmental Science Policy, 51: 106-116.

Ribeiro D, Zorn M. 2021. Sustainability and Slovenian karst landscapes: Evaluation of a low karst plain. Sustainability, 13 (4): 1655.

Richardson J J. 2003. Local land use regulation of karst in the United States//Beck B F. Sinkholes and the Engineering and Environmental Impacts of Karst. Reston: ASCE.

Stitt R R. 1997. 1997 Karst and Cave Management Symposium Proceedings. Bellingham: National Speleological Society.

Turpaud P, Zini L, Ravbar N, et al. 2018. Development of a protocol for the karst water source protection zoning-Application to the classical karst region (NE Italy and SW Slovenia) . Water Resources Management, 32: 1953-1968.

United Nations Educational, Scientific, and Cultural Organization. 2021. World heritage list. https: // whc. unesco. org/en/list/ [2022-09-30] .

Van Beynen P E. 2011. Karst Management. Dordrecht: Springer.

Van Beynen P E, Brinkmann R, van Beynen K. 2012. A sustainability index for karst environments. Journal of Cave and Karst Studies, 74 (2): 221-234.

Vermeulen J, Whitten T. 1999. Biodiversity and cultural property in the management of limestone resources. Washington, D. C. : World Bank.

Vineyard J D. 1976. The concept of a government catalyst in the planning and management of water resources in karst regions//rjevich V. Arst Hydrology and Water Resources 2. Ft. Collins: Water Resources Publications.

Wang Z J, Guo X L, Kuang Y, et al. 2022. Recharge sources and hydrogeochemical evolution of groundwater in a heterogeneous Karst water system in Hubei Province, Central China. Applied Geochemistry, 136: 105165.

Watson J, Hamilton-Smith E, Gillieson D, et al. 1997. Guidelines for Cave and Karst Protection. Gland: IUCN.

Williams P. 2008. World Heritage Caves and Karst: A Thematic Study. Gland: IUCN.